U0354263

Adaptive Control for Nonlinear Input Time Delay Systems

非线性输入时滞系统自适应控制

翟军昌　秦玉平　郑　福　著

中国科学技术大学出版社

内 容 简 介

本书主要介绍基于自适应控制、反步递推和神经网络等技术，研究具有状态约束、输入死区约束、外部时变扰动和未建模动态等非线性现象的一阶非线性输入时滞系统无穷时间稳定性、有限时间稳定性和高阶非线性输入时滞系统固定时间稳定性的基本理论与自适应控制器分析设计的综合方法。

本书可以作为高等学校自动化专业本科生、控制科学与工程相关专业研究生和智能控制相关领域科技工作者的参考书。

图书在版编目(CIP)数据

非线性输入时滞系统自适应控制 / 翟军昌，秦玉平，郑福著. -- 合肥 ：中国科学技术大学出版社，2025.5. -- ISBN 978-7-312-06184-4

Ⅰ. TP273；TP13

中国国家版本馆 CIP 数据核字第 20240S0D92 号

非线性输入时滞系统自适应控制

FEIXIANXING SHURU SHIZHI XITONG ZISHIYING KONGZHI

出版 中国科学技术大学出版社
安徽省合肥市金寨路 96 号，230026
http://press.ustc.edu.cn
https://zgkxjsdxcbs.tmall.com

印刷 安徽国文彩印有限公司

发行 中国科学技术大学出版社

开本 710 mm×1000 mm 1/16

印张 11.25

字数 226 千

版次 2025 年 5 月第 1 版

印次 2025 年 5 月第 1 次印刷

定价 60.00 元

前　言

随着科学技术和现代工业的快速发展，工业控制系统朝着大型化、复杂化以及大规模自动化的方向发展，被控对象和系统结构日益复杂，在对实际系统进行控制的过程中需要考虑和解决的问题也越来越多。一方面，这类具有高度非线性的受控系统表现出强耦合性、不确定性以及动态突变性等特性，这就导致了许多实际控制系统无法用精确的数学模型来刻画。例如，生物化学系统、电力系统、机器人系统以及航空航天系统等受控对象都具有高度非线性和不确定性。然而，经典的线性控制理论和方法难以对实际控制系统中出现的强非线性和不确定性问题进行有效处理。另一方面，在实际工程中，由于信号传输或材料运输等需要时间，输入时滞问题不可避免地存在于实际控制系统中。如果忽略输入时滞的影响，不仅难以保证闭环系统的有限时间收敛性，甚至无法保证系统在无穷时间内达到平衡状态，从而产生灾难性的后果。特别地，在实际工程中，执行器提供的控制力是有限的，实际系统存在的输入时滞、死区和外部时变扰动等非线性现象，给不确定非线性系统控制器的设计带来了困难和挑战。

近几年来，反步递推(Backstepping)技术的提出对非线性系统自适应控制的研究起到了积极的推动作用。但是Backstepping技术要求被控系统中的非线性动力学已知或者未知不确定性能线性参数化。而随着人工智能在计算机等领域的发展和应用，人工神经网络(Artificial Neural Networks)作为一种由大量人工神经元连接而成的系统结构，具有良好的并行处理和自组织学习等能力，可以逼近任意光滑的非线性函数。此外，人工神经网络学习对于训练数据中的错误有非常好的鲁棒性和在线调节的功能，已成功地应用到很多领域。因此，将自适应 Backstepping 技术与神经网络结合，发挥神经网络对被控系统中非线性项的逼近或辨识能力，实现非线性系统自适应智能控制方案的设计，对提高被控系统的控制性能具有重要的理论意义和现实意义。

本书是针对具有输入时滞的非线性系统自适应智能控制的研究，全书共分 8 章。第 1 章简要介绍非线性系统控制发展情况以及自适应智能控制、输入时滞问题和有限时间控制研究现状。第 2 章介绍相关理论和知识基础，主要包括径向基函数神经网络以及非线性系统渐近稳定、有限时间稳定、固定时间稳定的定义及相关引理。第 3 章研究非线性输入时滞系统自适应控制问题。通过引入辅助系统补偿系统输入时滞的影响，基于神经网络和Backstepping技术给出基于状态反馈的镇定方案。第 4 章根据第 3 章提出的输入时滞补偿机制，基于神经网络、Backstepping 技术和障碍李雅普诺夫函数(Barrier Lyapunov Function)解决具有全状态约束的输入时滞非严格反馈非线性系统渐近跟踪控制问题。第 5 章研究具有时变扰动、输入时滞和输入死区的严格非线性系统，借助神经网络和 Backstepping 技术，基于扰动观测器和自适应动态面技术给出自适应跟踪控制方案。第 6 章研究具有外部时变扰动和输入时滞的非严格反馈非线性系统，在有限时间控制理论框架下基于神经网络和 Backstepping 技术给出有限时间自适应跟踪控制方案。第 7 章研究具有未知时变输入时滞和外部扰动的非严格反馈高阶非线性系统固定时间跟踪控制问题。借助神经网络、Backstepping 和幂次积分技术在固定时间控制理论框架下，给出自适应固定时间跟踪控制方案。第 8 章研究在状态不可测量的前提下，具有未建模动态和时变输入时滞的非严格反馈非线性系统有限时间输出反馈控制问题，基于 Backstepping 技术和神经网络给出有限时间自适应输出反馈控制方案。

本书的出版得到国家自然科学基金面上项目(No. 12371446)、辽宁省自然科学基金面上项目(No. 2023-MS-296)、海南省自然科学基金面上项目(No. 123MS004)、辽宁省教育厅一般项目(No. LJKMZ20221498、No. LJKMZ20221883)和渤海大学校内项目(No. 0524xn056)的支持。

著　者

2024 年 6 月

目　　录

第1章　绪　　论

1.1　自适应智能控制

1.1.1　自适应控制

不确定非线性现象普遍存在于实际工程系统中，使得系统的非线性增强。为了提高实际系统运行的稳定性和安全性，非线性系统的控制问题受到了广泛的关注。然而，不确定非线性有时表现在系统内部，有时表现在系统外部，从而导致了实际工程系统难以用精确的数学模型进行描述。这些不确定非线性因素的存在，使得传统经典控制理论不能够满足人们对系统的控制要求，而且其局限性日益突显。当被控对象是不确定系统时，常规控制器不能得到很好的控制品质，因此自适应控制的技术被引入实际控制系统中。自适应控制的特点是受控系统能够根据实际状况的变化自动地调整参数或指标，从而调整控制器的控制作用，进而达到降低成本、提高效率的目的。自适应控制作为解决不确定非线性系统的一种重要方法，近年来取得了巨大的进步。

1954 年 Tsien 在《工程控制论》一书中提出“自适应”这一专业名词，随后 Benner 和 Drenick 也提出一个控制系统具有“自适应”的概念。自适应控制发展的重要标志是 1958 年美国麻省理工学院 Whitaker 教授及其同事设计的一种自适应飞机控制系统。当时为了解决飞行器状态超调量范围控制问题，Whitaker 等人提出飞机自动驾驶仪的自适应控制方法，该方法能根据飞行器动力学特征变化自动调节校正系统控制器参数。[1]但是该方法只能局限于局部参数优化，所以在实际系统中的应用受到了限制。为了保证非线性系统全局渐近稳定，Lyapunov 第二方法随之产生，并且被 Landau 引入自适应控制的研究中。[2] Lyapunov 第二方法是研究控制系统稳定性的一种基本方法。20 世纪 70 年代，随着控制理论和计算机技术的发展，自适应控制理论取得了重大进展。尤其是 20 世纪 90 年代，M. Krstic 和 P. V. Kokotovic 等学者提出了自适应 Backstepping 方法，为非线性系统控制器的设计提供了一种非常有效的工具，对非线性系统控制理论研究产生了深远的影响。[3]在过去的几十年里，将 Backstepping 方法与自适应控制相结合已经成功用于处理不满足匹配条件和线性参数化的不确定非线性系统中。虽然 Backstepping 方法不要求受控系统满足匹配条件的约束，打破了反馈线性化方法对受控系统的限制，极大地推动了非线性控制系统的发展。然而，在实际控制工程中人们很难对系统中的这种非线性项的先验条件进行验证。因此，在这种情况下人们无法利用经典的 Backstepping 控制设计方法来对受控系统进行控制。

1.1.2 自适应智能控制

近年来，随着人工智能技术的快速发展，神经网络和模糊逻辑系统的应用领域也越来越广泛。神经网络通过模拟动物神经系统的基本工作原理，能够学习映射输入和输出的映射关系，从而实现对输入数据的模式识别和模式匹配。模糊逻辑系统基于模糊思维和模糊数学的形式化逻辑体系，对不明确或者模糊的信息和数据有很好的处理和推理能力，从而提供了一种有效的方式来处理不确定的、模糊的输入信息。为了进一步放宽经典的 Backstepping 控制设计对被控系统中的非线性动力学要求是已知或是具有未知参数的线性形式的条件，近几年来国内外许多学者利用了神经网络或者模糊逻辑系统对实际系统中非线性项的逼近或辨识能力，并结合自适应 Backstepping 控制设计方法，提出了一系列基于 Backstepping 设计的自适应智能控制策略，为不确定非线性系统的研究指明了新的方向。

目前，大量的研究成果表明，把自适应 Backstepping 控制、自适应神经控制[4]、模糊自适应控制和鲁棒控制相结合是处理复杂不确定非线性系统的一个行之有效的控制方法。这种方法已被众多研究者和工程设计人员所接受。例如，针对一类严格反馈的非线性系统，Zhang 等人利用多层神经网络对系统非线性项进行学习，结合自适应 Backstepping 设计方法，提出了半全局一致稳定的跟踪控制设计方案。[5] Wang 和 Huang 利用神经网络和 Backstepping 设计方法解决了一类单输入单输出的纯反馈非线性系统的控制设计问题。[6] Tong 等人结合神经网络和自适应 Backstepping 控制技术，利用分散输出反馈控制策略解决了状态不可测的时滞非线性大系统的跟踪控制问题。同时，国内外学者在模糊自适应控制方面也取得了一系列有价值的研究成果。[7]例如，Chen 等人针对一类单输入单输出的严格反馈系统，提出了一种直接自适应模糊跟踪控制设计方案，该方案通过把模糊基函数的权重向量范数的上界作为在线估计的参数，极大地减少了在线调节的自适应参数的个数，减轻了计算负担。[8]对于复杂的非严格反馈系统，Chen 等人提出了一种变量分离原则，解决了非线性非严格反馈结构的变量分离问题。[9]此外，基于

Backstepping 设计方案中，需要对设计的虚拟控制律重复求导，从而产生了“计算膨胀”问题。Swaroop 等人提出了动态面技术，通过引入一阶滤波器避免了这一问题。[10]然而上述研究成果只适用于严格反馈或纯反馈系统。与严格反馈控制系统相比，非严格反馈控制系统在实际工程中应用更为广泛。遗憾的是，对于非严格反馈系统而言，系统中的虚拟控制律以及未知的非线性函数与系统的所有状态有关。在这种情况下，使用自适应 Backstepping 方法很难设计出有效的控制方法，并且会产生代数环问题。针对这一问题，一部分学者提出了基于模糊控制系统或神经网络的自适应控制的策略。例如，Chen 等人根据系统边界函数的结构特点和单调递增性质，提出了一种适用于非严格反馈非线性系统的变量分离方法。[11-12]虽然上述研究结果针对特定的不确定非线性系统，基于 Backstepping 方法构造了许多有效的自适应模糊或神经网络控制方案。但是，上述研究结果都是基于无穷时间内的渐近稳定问题。针对具有输入时滞、外部时变扰动和死区输入的不确定非线性系统有限时间控制问题的研究成果并不多。

1.2 输入时滞问题研究现状

时滞是一种普遍现象，广泛存在于各种工业生产过程中。在实际工程中，时滞会引起被控系统不能及时反映系统当前状态、控制器不能够及时动作等问题，从而导致系统的性能衰减，甚至影响系统的稳定性。近年来，广大学者对控制系统中的状态时滞问题进行了深入的探索与研究，并基于 Lyapunov-Krasovskii 泛函[13]和 Lyapunov-Razumikhin[14]稳定性定理给出了时滞控制系统的设计方案。其中，Lyapunov-Krasovskii 泛函充分利用了时滞信息，通过构造与时滞相关的正定泛函进行控制器设计，但是其计算量较大。Lyapunov-Razumikhin 稳定性定理则是通过选取合适的 Lyapunov 函数获得系统稳定的充分条件。输入时滞在实际控制系统中也是一种常见且不可避免的现象，如在化工过程、车辆主动悬架系统、不确定机械系统、网络控制系统和生物系统等。产生输入时滞的原因很多，比如信号传输、物料运输或能量交换需要时间等。相比于状态时滞，输入时滞的控制问题更加困难。

为了解决被控系统中存在输入时滞的问题，1957 年 Smith 提出了 Smith 预测器技术，即利用频域的方法来解决一类单输入单输出系统的开环稳定问题。[15]随后，Artstein 于 1982 年在 Smith 预测器的基础上将预测因子进行改进，为时域方法提出了 Artstein 模型约简预测器，解决了多输入多输出时滞的问题。[16]该类预测器控制技术是通过预测未来一段时间内系统的状态，并将其运用到控制器设计中，从而消除输入时滞对被控系统的影响。然而 Smith 预测器和 Artstein 模型约简预测器依赖于控制对象的精确模型信息，因此早期的预测器控制技术主要用于处理线性系统输入时滞问题。

需要指出的是，在实际系统中广泛存在未知的非线性动力学和其他不确定性，因此研究具有输入时滞的非线性系统控制问题具有重要的现实意义。但是，由于非线性系统中的非线性和不确定性会使系统在延迟周期内的状态难以预测，因此基于预测器的技术很难直接用于解决具有输入时滞的非线性系统控制问题。为了解决具有输入时滞的严格反馈非线性系统稳定性问题，Krstic 在 Smith 预测器的基础上提出了一种基于补偿器机制的非线性预测器，从而实现对具有输入时滞的严格反馈非线性系统控制。[17] Fischer 提出了一种新的饱和补偿控制器设计技术，实现对非线性系统输入时滞的预测和补偿。[18] 进而，基于非线性预测方法来补偿输入时滞的策略被引入具有输入时滞的非线性系统控制问题的研究。例如，Ponomarev 利用非线性预测器反馈技术提出了具有输入时滞的输入仿射系统控制方案。[19] Bekiaris-Liberis 和 Krstic 基于预测器控制策略解决了具有输入时滞的多输入非线性系统的稳定性问题。[20] Sharma 等人研究了具有输入时滞的不确定 Euler-Lagrange 系统，提出了一类改进的 PID 控制器，有效地补偿了系统的输入时滞，并结合 Lyapunov-Krasovskii 泛函进行稳定性分析得到半全局一致最终有界结果。[21] 针对具有时变状态时滞和输入时滞的二阶非线性系统，Kamalapurkar 等人利用时滞间隔的有限积分与预测器来估计未知时变时滞。[22] 随后，针对具有时变输入时滞的不确定非线性系统，Obuz 等人利用时滞间隔的有限积分与预测器来估计未知时变输入时滞从而实现对输入时滞的补偿，实现了闭环系统半全局一致渐近有界跟踪。[23] 遗憾的是，这些结果大多依赖于系统只含有匹配的非线性项，并且非线性函数及其一阶、二阶导数必须有界，且上界已知。此外，对于基于预测器的控制方法来说，系统的状态变量难以预测，使得上述结果难以应用于实际工程。

近年来，基于拉普拉斯变换技术使用 Pade 近似方法处理输入时滞问题受到了学者的关注。Khanesar 最早利用 Pade 拟合方法处理非线性系统中的输入时滞问题，结合模糊系统和 Backstepping 技术设计了非线性系统自适应控制器，并且基于 Lyapunov-Krasovskii 泛函证明了闭环系统的一致渐近有界性。[24] 随后，基于拉普拉斯变换技术，Li 等人采用 Pade 近似方法结合模糊逻辑系统研究了具有输入时滞和输出约束的严格反馈非线性系统。[25] 进一步，Li 等人结合神经网络和 Pade 近似技术，研究了具有全状态约束和输入时滞的严格反馈非线性系统的自适应跟踪控制方法。[26] 然而，上述成果所提出的方法仅适用于严格反馈非线性系统，而且 Pade 近似方法对于长输入时滞是无效的。此外，虽然上述方法通过引入新颖的坐标变换，补偿了时滞对控制器设计的影响，但是在控制器设计的过程中忽略了补偿项对设计过程的影响。针对具有输入时滞的高阶非线性系统,Shi 等人通过在坐标变换时引入积分项和差分项补偿系统的输入时滞,并借助人工神经网络和 Backstepping 技术给出了自适应跟踪控制方案。[27] Niu 和 Li 通过在坐标变换时引入积分项和差分项用于补偿系统的输入时滞策略,研究了具有输入时滞的多输入多输出切换系统自适应神经控制。[28] 但是这类方法在控制器设计之前,需要假定系统输入是有界的。最近,利用辅助系统补偿机制消除输入时滞的影响,并借助神经网络和 Backstepping 技术,Ma 等人研究了具有输入时滞和饱和的不确定严格反馈系统自适应跟踪控制问题[29],Wang 等人研究了具有输入时滞的非严格反馈非线性系统的自适应神经控制。[30] Xia 等人利用构造辅助信号的策略,考虑了具有未知输入时滞和量化输入的纯反馈系统的自适应事件触发动态面控制。[31]

1.3 有限时间控制发展现状

人们对实际系统的动力学特征有了更为深入的认识,对受控系统的控制性能要求也越来越高,人们不仅关心其渐近稳定性,还考虑系统在有限时间间隔内是否保持暂态性能。为此,人们关注系统的状态轨迹受扰运动后,在一个确定的时间区间内是否会越出预先给定的误差范围,于是有限时间控制理论受到了学者的广泛关注。有限时间稳定性的概念最早由 Kamenkovz 在 1953 年提出,主要研究参数随时间变化的线性时变系统。[32] 有限时间稳定性的思想是当扰动引起的初始受扰运动限制在某个范围内时,系统的受扰运动在一个确定的时间区间内是否会越出规定的误差范围。早期的有限时间控制多应用于开环系统中,鲁棒性和抗干扰能力较差。Bhat 和 Bernstein 为了提高闭环系统的收敛速度,给出了有限时间稳定的判别方法。[33-34] 自此以后,该方法成为了解决非线性系统有限时间控制设计问题的重要判断工具。随着有限时间李雅普诺夫理论和齐次系统理论的产生和完善,有限时间控制理论得到了蓬勃发展。

近年来,有限时间稳定性的思想在严格反馈或纯反馈非线性系统中得到了广泛的关注。Li 等人针对具有状态约束和输入死区的严格反馈非线性系统提出了自适应有限时间跟踪控制方案。[35] Cui 等人基于神经网络和 Backstepping 技术研究了具有状态约束的严格反馈非线性系统,并提出了无奇异的有限时间跟踪控制方案。[36] Sun 等人基于模糊逼近技术,提出了严格反馈非线性系统有限时间容错控制方案。Wang 等人基于障碍李雅普诺夫函数研究了具有状态约束的纯反馈非线性系统有限时间跟踪控制问题。然而,这些方法大多数不能推广到非严格反馈非线性系统。在非严格反馈非线性系统的所有状态可测的假设下，Sun 等人研究了具有跟踪误差约束的饱和非线性系统有限时间控制问题。[37] Wang 等人基于模糊逼近技术，研究了具有状态约束的非线性系统自适应有限时间控制策略。[38] Sun 等人基于神经网络逼近机制和 Backstepping 技术研究了非严格反馈非线性系统有限时间跟踪控制方案。[39] Liu 等人基于模糊逻辑系统和 Backstepping 技术研究了非严格反馈非线性系统有限时间跟踪控问题，进一步基于神经网络和 Backstepping 技术研究了具有时滞和量化输入的非严格反馈非线性系统有限时间控制方案。[40-41] 然而，系统状态通常是不可测的，很难得到系统状态的全部信息。因此，上述有限时间控制方法不适用于状态变量不可测的非严格反馈非线性系统。为了克服这一缺点，Li 等人基于模糊逻辑系统和 Backstepping 技术研究了多输入和多输出非严格反馈非线性系统输出反馈控制问题并提出了输出反馈动态面控制方案。[42] Ji 等人利用模糊观测器研究了一类 MIMO 非严格反馈系统的有限时间自适应模糊控制。[43] 此外，考虑 MIMO 非严格反馈系统中执行器的故障和饱和现象，Li 等人研究了有限时间模糊跟踪控制问题。[44] 针对具有全状态约束的非三角结构非线性系统，Zhang 等人给出了基于模糊观测器的输出反馈有限时间控制方案。[45] Cui 等人究了具有预定义性能的非严格反馈非线性系统自适应模糊输出反馈有限时间控制策略。[46] 基于神经网络和 Backstepping 技术，Wang 等人研究了具有不可测状态的非线性量化系统，并提出了自适应神经有限时间输出跟踪控制方案。[47] Zhao 等人基于 Backstepping 和命令滤波技术研究了高阶非线性系统输出反馈控制问题，并且给出了基于神经网络的有限时间输出反馈控制方案。[48] 进一步，针对具有执行器故障、外部扰动和内部不确定性的刚性航天器模型，Zhao 等人基于神经网络设计状态观测器估计未知状态，并给出了基于神经网络的自适应有限时间输出反馈跟踪控制方案。[49]

然而，上述研究结果没有考虑输入时滞问题。众所周知，执行机构提供的控制力在实际中是有限的。特别地，当出现输入时滞时，观测器提供的输出不能及时反馈作用于系统之中。因此，如果实际系统中存在输入时滞，上述研究结果是无效的。

参考文献

[1] Whitaker H P, Yamron J, Kezer A. Design of model-reference adaptive control systems for aircraft[R]. Instrumentation Laboratory, Massachusetts Institute of Technology, 1958.

[2] Landau Y D. Adaptive control: the model reference approach[J]. IEEE Transactions on Systems, Man, and Cybernetics, 1984, 14(1): 169-170.

[3] Krstic M, Kokotovic P V, Kanellakopoulos I. Nonlinear and adaptive control design [M]. New York: John Wiley & Sons, Inc., 1995.

[4] Sanner R M , Slotine J J E. Gaussian networks for direct adaptive control[J]. IEEE Transactions on Neural Networks, 1992, 3(6): 837-863.

[5] Zhang T, Ge S S, Hang C C. Adaptive neural network control for strict-feedback nonlinear systems using backstepping design[J]. Automatica, 2000, 36(12): 1835-1846.

[6] Wang D, Huang J. Adaptive neural network control for a class of uncertain nonlinear systems in pure-feedback form [J]. Automatica, 2002, 38(8): 1365-1372.

[7] Tong S C, Li Y, Zhang H. Adaptive neural network decentralized backstepping output-feedback control for nonlinear large-scale systems with time delays [J]. IEEE Transactions on Neural Networks, 2011, 22(7): 1073-1086.

[8] Chen B, Liu X, Liu K, et al. Direct adaptive fuzzy control of nonlinear strict-feedback systems [J]. Automatica, 2009, 45(6): 1530-1535.

[9] Chen B, Liu X P, Ge S S, et al. Adaptive fuzzy control of a class of nonlinear systems by fuzzy approximation approach [J]. IEEE Transactions on Fuzzy Systems, 2012, 20(6): 1012-1021.

[10] Swaroop D, Hedrick J K, Yip P P, et al. Dynamic surface control for a class of nonlinear systems [J]. IEEE Transactions on Automatic Control, 2000, 45(10): 1893-1899.

[11] Chen B, Liu X P, Ge S S, et al. Adaptive fuzzy control of a class of nonlinear systems by fuzzy approximation approach [J]. IEEE Transactions on Fuzzy Systems, 2012, 20(6): 1012-1021.

[12] Chen B, Lin C, Liu X, et al. Adaptive fuzzy tracking control for a class of MIMO nonlinear systems in nonstrict-feedback form [J]. IEEE Transactions on Cybernetics, 2014, 45(12): 2744-2755.

[13] Hale J K, Lunel S M V. Introduction to functional differential equations[M]. New York: Springer, 1993.

[14] Haddock J R, Terjéki J. Liapunov-Razumikhin functions and an invariance principle for functional differential equations[J]. Journal of Differential Equations, 1983, 48(1): 95-122.

[15] Smith O J M. Closer control of loops with dead time [J]. Chemical Engineering Progress, 1957, 53(2): 217-219.

[16] Artstein Z. Linear systems with delayed controls: a reduction[J]. IEEE Transactions on Automatic Control, 1982, 27(4): 869-879.

[17] Krstic M. Input delay compensation for forward complete and strict-feed forward nonlinear systems [J]. IEEE Transactions on Automatic Control, 2010, 55(2): 287-303.

[18] Fischer N, Dani A, Sharma N, et al. Saturated control of an uncertain nonlinear system with input delay[J]. Automatica, 2013, 49(6): 1741-1747.

[19] Ponomarev A. Nonlinear predictor feedback for input-affine systems with distributed

input delays[J]. IEEE Transactions on Automatic Control, 2015, 61(9): 2591-2596.

[20] Bekiaris-Liberis N, Krstic M. Predictor-feedback stabilization of multi-input nonlinear systems [J]. IEEE Transactions on Automatic Control, 2017, 62(2): 516-531.

[21] Sharma N, Bhasin S, Wang Q, et al. Predictor-based control for an uncertain Euler - Lagrange system with input delay[J]. Automatica, 2011, 47(11): 2332-2342.

[22] Kamalapurkar R, Fischer N, Obuz S, et al. Time-varying input and state delay compensation for uncertain nonlinear systems[J]. IEEE Transactions on Automatic Control, 2015, 61(3): 834-839.

[23] Obuz S, Klotz J R, Kamalapurkar R, et al. Unknown time-varying input delay compensation for uncertain nonlinear systems[J]. Automatica, 2017, 76: 222-229.

[24] Khanesar M A, Kaynak O, Yin S, et al. Adaptive indirect fuzzy sliding mode controller for networked control systems subject to time-varying network-induced time delay[J]. IEEE Transactions on Fuzzy Systems, 2014, 23(1): 205-214.

[25] Li H, Wang L, Du H, et al. Adaptive fuzzy backstepping tracking control for strict-feedback systems with input delay [J]. IEEE Transactions on Fuzzy Systems, 2017, 25(3): 642-652.

[26] Li D, Liu Y, Tong S, et al. Neural networks-based adaptive control for nonlinear state constrained systems with input delay [J]. IEEE Transactions on Cybernetics, 2019, 49(4): 1249-1258.

[27] Shi C, Liu Z, Dong X, et al. A novel error-compensation control for a class of high-order nonlinear systems with input delay[J]. IEEE Transactions on Neural Networks and Learning Systems, 2017, 29(9): 4077-4087.

[28] Niu B, Li L. Adaptive backstepping-based neural tracking control for MIMO nonlinear switched systems subject to input delays[J]. IEEE Transactions on Neural Networks and Learning Systems, 2017, 29(6): 2638-2644.

[29] Ma J, Xu S, Zhuang G, et al. Adaptive neural network tracking control for uncertain nonlinear systems with input delay and saturation[J]. International Journal of Robust and Nonlinear Control, 2020, 30(7): 2593-2610.

[30] Wang H, Liu S, Yang X. Adaptive neural control for non-strict-feedback nonlinear systems with input delay [J]. Information Sciences, 2020, 514: 605-616.

[31] Xia X, Zhang T, Kang G, et al. Adaptive event-triggered control of pure-feedback systems with quantized input and unknown input delay [J]. International Journal of Robust and Nonlinear Control, 2021, 31(18): 9074-9093.

[32] Kamenkov G. On stability of motion over a finite interval of time[J]. Journal of Applied Mathematics and Mechanics, 1953, 17(2): 529-540.

[33] Bhat S P, Bernstein D S. Continuous finite-time stabilization of the translational and rotational double integrators[J]. IEEE Transactions on Automatic Control, 1998, 43(5): 678-682.

[34] Bhat S P, Bernstein D S. Finite-time stability of continuous autonomous systems[J]. SIAM Journal on Control and Optimization, 2000, 38(3): 751-766.

[35] Li H, Zhao S, He W, et al. Adaptive finite-time tracking control of full state constrained nonlinear systems with dead-zone[J]. Automatica, 2019, 100: 99-107.

[36] Cui B, Xia Y, Liu K, et al. Finite-time tracking control for a class of uncertain strict-feedback nonlinear systems with state constraints: a smooth control approach[J]. IEEE Transactions on Neural Networks and Learning Systems, 2020, 31(11): 4920-4932.

[37] Sun K, Liu L, Qiu J, et al. Fuzzy adaptive finite-time fault-tolerant control for strict-feedback nonlinear systems [J]. IEEE Transactions on Fuzzy Systems, 2020, 29(4): 786-796.

[38] Wang N, Fu Z, Song S, et al. Barrier Lyapunov-based adaptive fuzzy finite-time tracking of pure-feedback nonlinear systems with constraints [J]. IEEE Transactions on Fuzzy Systems, 2021, 30(4):1139-1148.

[39] Sun K, Qiu J, Karimi H R, et al. A novel finite-time control for nonstrict feedback saturated nonlinear systems with tracking error constraint [J]. IEEE Transactions on Systems, Man, and Cybernetics: Systems, 2021, 51(6): 3968-3979.

[40] Liu Y, Liu X, Jing Y, et al. A novel finite-time adaptive fuzzy tracking control scheme for nonstrict feedback systems [J]. IEEE Transactions on Fuzzy Systems, 2019, 27(4): 646-658.

[41] Liu Y, Liu X, Jing Y, et al. Direct adaptive preassigned finite-time control with time-delay and quantized input using neural network [J]. IEEE Transactions on Neural Networks and Learning Systems, 2020, 31(4): 1222-1231.

[42] Li Y, Li K, Tong S. Finite-time adaptive fuzzy output feedback dynamic surface control for MIMO nonstrict feedback systems [J]. IEEE Transactions on Fuzzy Systems, 2018, 27(1): 96-110.

[43] Ji R, Ma J, Li D, et al. Finite-time adaptive output feedback control for MIMO nonlinear systems with actuator faults and saturations [J]. IEEE Transactions on Fuzzy Systems, 2021, 29(8): 2256-2270.

[44] Li K, Tong S, Li Y. Finite-time adaptive fuzzy decentralized control for nonstrict-feedback nonlinear systems with output-constraint [J]. IEEE Transactions on Systems, Man, and Cybernetics: Systems, 2018, 50(12): 5271-5284.

[45] Zhang H, Liu Y, Wang Y. Observer-based finite-time adaptive fuzzy control for nontriangular nonlinear systems with full-state constraints [J]. IEEE Transactions on Cybernetics, 2020, 51(3): 1110-1120.

[46] Cui G, Yu J, Shi P. Observer-based finite-time adaptive fuzzy control with prescribed performance for nonstrict-feedback nonlinear systems [J]. IEEE Transactions on Fuzzy Systems, 2022, 30(3): 767-778.

[47] Wang F, Chen B, Lin C, et al. Adaptive neural network finite-time output feedback

control of quantized nonlinear systems[J]. IEEE Transactions on Cybernetics, 2018, 48(6): 1839-1848.

[48] Zhao L, Yu J, Wang Q G. Finite-time tracking control for nonlinear systems via adaptive neural output feedback and command filtered backsteping [J]. IEEE Transactions on Neural Networks and Learning Systems, 2021, 32(4): 1474-1485.

[49] Zhao L, Yu J, Chen X. Neural-network-based adaptive finite-time output feedback control for spacecraft attitude tracking[J]. IEEE Transactions on Neural Networks and Learning Systems, 2023, 34(10): 8116-8123.

第 2 章　相关理论和知识基础

2.1　人工神经网络

2.1.1　人工神经网络

人工神经网络是一种由大量处理单元互联组成的非线性、自适应信息处理系统。人工神经网络从信息处理角度，通过简单的数学模型对人脑神经元网络进行模拟和抽象实现逻辑表达，然后按不同的连接方式组成不同的网络。人工神经网络本身各节点没有显在的物理意义，但是整个网络通过训练反复迭代建立输入和输出之间的函数映射关系，可以实现从数据集中提取特征并进行拟合。人工神经网络具有自组织、自适应和自学习等特点，可以充分逼近任意非线性特性。

人工神经网络的研究最早可以追溯到人类开始研究自己的智能时期。在这一时期，人类开始对自身的思维行为进行推测，并且神经解剖学家和神经生理学家提出了人脑"通信连接"机制。随着神经元的功能及其功能模式的研究结果产生，研究人员可以通过建立数学模型来检验他们提出的各种猜想。这一阶段是人工神经网络的萌芽时期。1943 年，美国科学家 Warren S. McCulloch 和 Walter Pitts 利用逻辑数学对神经元进行了描述，建立了神经网络和数学模型，称为 MP 模型。[1] MP 模型给出了神经元的形式化数学描述和网络结构方法，并且证明了单个神经元能执行逻辑功能，从此开启了神经网络的理论研究时期。1982 年，美国物理学家 Hopfield 提出了 Hopfield 神经网络模型，引入了"计算能量"概念，并给出了网络稳定性判断。[2] 随后，Hopfield 又提出了连续时间 Hopfield 神经网络模型，开创了神经网络用于联想记忆和优化计算的新途径，有力地推动了神经网络的研究。[3] 进入 20 世纪 80 年代中期，误差反向传播算法（Error Back Propagation Training）的出现系统解决了多层神经网络隐含层连接权学习问题，并在数学上给出了完整推导。该算法也被称为误差校正多层前馈网络模型，简称为 BP 神经网络。[4] 自此以后，不同类型的人工神经网络被研究者提出，并且在自动控制、人工智能和统计学等领域的应用也越来越广泛。[5]

2.1.2 径向基函数神经网络

自 Powell 等人[6]提出多变量插值径向基函数技术后，Broomhead 和 Lowe 利用具有多个变量进行插值的径向基函数来进行神经网络的设计，进而将得到的神经网络称为径向基函数（Radial Basis Function，RBF）神经网络，简称 RBF 神经网络。[5]RBF 神经网络具有局部拟合的特性，并且有关学者已经证明它能以任意的精度去拟合任意一个充分光滑的非线性函数。RBF 神经网络是含有一个隐含层的一种双层前向网络的结构，其拓扑结构如图 2.1 所示。

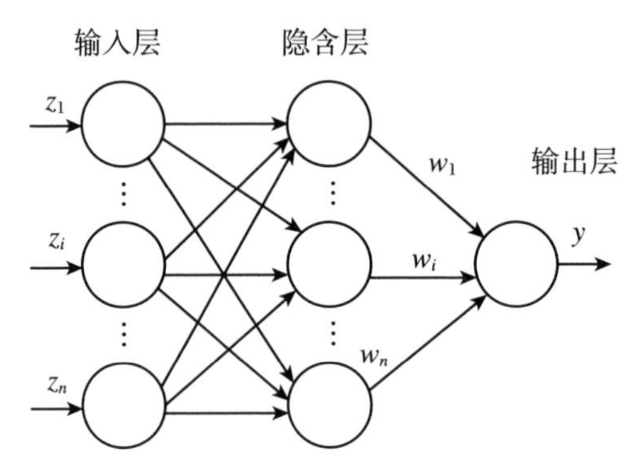

图 2.1 径向基函数神经网络

RBF 神经网络是一个线性参数化的神经网络。在 RBF 神经网络中，首先通过隐含层将输入空间映射到一个新的空间，从而实现不可调参数的非线性转化；然后，在输出层通过在新的空间实现线性组合。RBF 神经网络的数学表达式可以描述为

$$f_{nn}(Z) = W^{\mathrm{T}}\Phi(Z) \tag{2.1}$$

其中，$Z \in \Omega \subset \mathbf{R}^q$ 是输入向量；$W = [w_1, w_2, \cdots, w_l]^{\mathrm{T}} \in \mathbf{R}^l$ 表示在隐含层与输出层之间的权重向量；$\Phi(Z) = [s_1(Z), s_2(Z), \cdots, s_k(Z)]^{\mathrm{T}} \in \mathbf{R}^k$ 表示基函数向量，$k(k>1)$是 RBF 神经网络中节点的数量。

在实际应用中，由于高斯函数具有表达式简单和适合多变量输入的优点，所以通常将基函数 $s_i(Z)$选取为高斯函数。高斯函数的具体形式如下：

$$s_i(Z) = \exp\left[-\frac{(Z - v_i)^{\mathrm{T}}(Z - v_i)}{\eta^2}\right] \tag{2.2}$$

其中，$v_i = [v_{i1}, v_{i2}, \cdots, v_{iq}]^{\mathrm{T}}$ 是高斯函数的中心，η 代表高斯函数的宽度。

根据 Sanner 和 Slotine 的研究结果，可以利用径向基函数神经网络对在紧集 Ω 上给定的任意含有非线性项的光滑函数 $f(Z)$以及任意 $\varepsilon>0$，近似拟合。[7]选取合适的 $v_i = [v_{i1}, v_{i2}, \cdots, v_{iq}]^{\mathrm{T}}$ 和 η 以及足够多的节点数量，就一定存在最优的

$W^{*\mathrm{T}}$和 $\Phi(Z)$满足如下关系：

$$f(Z) = W^{*\mathrm{T}}\Phi(Z) + \delta(Z), \quad \forall Z \in \Omega \tag{2.3}$$

其中，$\delta(Z)$是逼近误差且满足$|\delta(Z)|<\varepsilon$。理想权重向量 $W^{*\mathrm{T}}$定义如下：

$$W^{*} = \arg\min_{W\in\mathbf{R}^k}\{\sup_{Z\in\Omega}|f(Z) - W^{\mathrm{T}}\Phi(Z)|\} \tag{2.4}$$

2.2 预备知识

2.2.1 非线性系统稳定性定义

本小节将介绍非线性系统稳定性的相关定义。

定义 2.1 考虑如下非线性系统：

$$\begin{cases} \dot{x} = f(x), & x \in \mathbf{R}^n \\ t \geqslant t_0 \end{cases} \tag{2.5}$$

对于任何紧集 $\Omega\subset\mathbf{R}^n$ 和$\forall x(t_0) = x_0\in\Omega$，如果存在常数 $\delta>0$ 和时间常数 $T(\delta, x_0)$，对于$\forall t\geqslant t_0 + T(\delta, x_0)$，使得$\|x(t)\|<\delta$，则系统(2.5)式的解是半全局一致有界的。

定义 2.2 对于非线性系统 $\dot{x} = f(x)$，在包括原点的凸集 U 上存在一个函数 $V(x)$，$V(x)>0$ 是一个连续的标量函数且在 U 上的每一点都具有连续的一阶偏导数，当 x 接近 U 的边界时，$V(x)\to\infty$，对于微分方程 $\dot{x} = f(x)$和某个正常数 b，在初值 $x(0)\in U$ 的情况下满足 $V(x(t))\leqslant b$，$\forall t\geqslant 0$，则称 $V(x)$是 Barrier 李雅普诺夫函数。

本书中选取的 Barrier 李雅普诺夫函数为

$$V(x) = \frac{1}{2}\log\frac{k_b^2}{k_b^2 - x^2} \tag{2.6}$$

其中，$\log(\cdot)$表示自然对数。

定义 2.3[8] 假设 $x = 0$ 是非线性系统 $\dot{x} = f(x)$的平衡点，如果对于任何初始条件 $x(t_0) = x_0$，都存在常数 $\varepsilon>0$ 和一个时间点 $T(\varepsilon, x_0)<+\infty$ 使得$\forall t>t_0 + T$ 都有$\|x\|<\varepsilon$ 成立，则称非线性系统 $\dot{x} = f(x)$的平衡状态 $x = 0$ 是半全局实际有限时间稳定的。

定义 2.4[9] 如果非线性系统 $\dot{x} = f(x)$是有限时间稳定的，并且稳定时间点

$T(\varepsilon, x_0)$有界,则非线性系统 $\dot{x}=f(x)$是固定时间稳定的。

2.2.2 不等式引理

本小节将介绍一些主要引理。

引理 2.1 考虑非线性系统(2.5)式,对于任意的初始条件,如果存在一个连续可微的正定函数 $V(x,t)$满足 $\alpha_1(|x|)\leqslant V(x,t)\leqslant \alpha_2(|x|)$,且 $V(x,t)$沿系统(2.5) 式的轨迹满足如下关系:

$$\dot{V}\leqslant -CV+D \tag{2.7}$$

$$0\leqslant V(t)\leqslant V(0)\mathrm{e}^{-Ct}+\frac{D}{C} \tag{2.8}$$

则系统的解 $x(t)$是半全局一致有界的。

引理 2.2[8] 考虑非线性系统 $\dot{x}=f(x)$,对于光滑且正定的函数 $V(x)$,如果存在正常数 c,β 和 d 使得

$$\dot{V}(x)\leqslant -cV^{\beta}(x)+d,\quad t\geqslant 0 \tag{2.9}$$

成立,则非线性系统 $\dot{x}=f(x)$是半全局实际有限时间稳定的。

引理 2.3[9] 考虑非线性系统 $\dot{x}=f(x)$,对于光滑且正定的函数 $V(x)$,如果存在数 $\pi_1>0,\pi_2>0,0<\kappa_1<1,0<\kappa_2<1$ 和 $d>0$ 使得

$$\dot{V}(x)\leqslant -(\pi_1 V^{\kappa_1}(x)+\pi_2 V^{\kappa_2}(x))+d \tag{2.10}$$

成立,其中,$0<d<\min\{(1-\varepsilon)\pi_1,(1-\varepsilon)\pi_2\}(\varepsilon\in(0,1))$,则非线性系统 $\dot{x}=f(x)$是半全局固定时间稳定的,并且收敛时间满足如下关系:

$$T_s<\frac{1}{\pi_1\varepsilon(1-\kappa_1)}+\frac{1}{\pi_2\varepsilon(1-\kappa_2)} \tag{2.11}$$

引理 2.4[10] 对于任意的实数 $z\in\mathbf{R}$,存在常数 $k>0$ 使得$|z|<k$,则有

$$\log\frac{z^2}{k^2-z^2}<\frac{z^2}{k^2-z^2} \tag{2.12}$$

引理 2.5[9] 对于任意的变量 ξ 和 ω,存在正常数 ς_1,ς_2 和 ς_3 使得如下不等式成立:

$$|\xi|^{\varsigma_1}|\omega|^{\varsigma_2}\leqslant\frac{\varsigma_1}{\varsigma_1+\varsigma_2}\varsigma_3|\xi|^{\varsigma_1+\varsigma_2}+\frac{\varsigma_2}{\varsigma_1+\varsigma_2}\varsigma_3^{-\frac{\varsigma_1}{\varsigma_2}}|\omega|^{\varsigma_1+\varsigma_2} \tag{2.13}$$

引理 2.6[9] 对于任意的实数 $\xi_i\in\mathbf{R},1\leqslant i\leqslant n$ 和 $0\leqslant\omega\leqslant 1$,如下不等式成立:

$$\left(\sum_{i=1}^{n}|\xi_i|\right)^{\omega}\leqslant\sum_{i=1}^{n}|\xi_i|^{\omega}\leqslant n^{(1-\omega)}\left(\sum_{i=1}^{n}|\xi_i|\right)^{\omega} \tag{2.14}$$

引理 2.7[9] 对于任意的实数 $\xi_i>0,1\leqslant i\leqslant n$,如下不等式成立:

$$\left(\sum_{i=1}^{n}\xi_i\right)^2 \leqslant n\sum_{i=1}^{n}\xi_i^2 \tag{2.15}$$

引理 2.8[8]　假设 $\Phi(Z)=[s_1(Z),s_2(Z),\cdots,s_l(Z)]^{\mathrm{T}}$ 是 RBF 神经网络中的基函数向量，$Z=[z_1,z_2,\cdots,z_n]^{\mathrm{T}}$ 是输入向量。对于任意的正整数 $m\leqslant n$，令 $Z_m=[z_1,z_2,\cdots,z_m]^{\mathrm{T}}$，则有 $\|\Phi(Z)\|^2\leqslant\|\Phi(Z_m)\|^2$。

参考文献

[1] McCulloch W S, Pitts W. A logical calculus of the ideas immanent in nervous activity[J]. The Bulletin of Mathematical Biophysics, 1943, 5(4): 115-133.

[2] Hopfield J J. Neural networks and physical systems with emergent collective computational abilities[J]. Proceedings of the National Academy of Sciences, 1982, 79(8): 2554-2558.

[3] Hopfield J J. Neurons with graded response have collective computational properties like those of two-state neurons[J]. Proceedings of the National Academy of Sciences, 1984, 81(10): 3088-3092.

[4] Hagan M T, Demuth H B, Beale M. Neural network design[M]. Boston, USA: PWS Publishing Company, 1997.

[5] Broomhead D S, Lowe D. Multivariable functional interpolation and adaptative networks[J]. Complex Systems, 1988, 2(3): 321-355.

[6] Powell M J D. Radial basis function for multivariable interpolation: a review[C]//IMA Conference on Algorithms for the Approximation of Functions and Data. Oxford: Clarendon Press, 1987.

[7] Sanner R M , Slotine J J E. Gaussian networks for direct adaptive control[J]. IEEE Transactions on Neural Networks, 1992, 3(6): 837-863.

[8] Sun Y, Chen B, Lin C, et al. Finite-time adaptive control for a class of nonlinear systems with nonstrict feedback structure [J]. IEEE Transactions on Cybernetics, 2017, 48(10): 2774-2782.

[9] Chen M, Wang H, Liu X. Adaptive fuzzy practical fixed-time tracking control of nonlinear systems [J]. IEEE Transactions on Fuzzy Systems, 2021, 29(3): 664-673.

[10] Li D J, Lu S M, Liu Y J, et al. Adaptive fuzzy tracking control based barrier functions of uncertain nonlinear MIMO systems with full-state constraints and applications to chemical process[J]. IEEE Transactions on Fuzzy Systems, 2017, 26(4): 2145-2159.

第3章 非线性输入时滞系统自适应控制

3.1 引 言

在过去的几十年里，非线性系统控制的问题受到了广泛的关注，人们提出了各种先进的控制方法，如自适应 Backstepping 控制[1-3]、动态面控制[4-5]、滑模控制[6-7]等。此外，由于人工神经网络和模糊逻辑系统能很好地逼近系统动力学中的未知非线性项，因此将神经网络或模糊逻辑系统与自适应 Backstepping 技术结合设计自适应控制器，并结合动态面控制技术和滑模控制技术等智能控制方案受到了广泛的关注。[8-9]这些智能控制方案不仅有效地解决了系统中未知的非线性难以建模的问题，而且还降低了控制器设计的复杂性。

一般来说，相对于严格的反馈非线性系统，非严格反馈非线性系统具有更一般性的系统结构模型，而且在实际工程中有着更广泛的应用。然而，由于非严格反馈控制系统的函数与系统的所有状态信号有关，所以在使用自适应 Backstepping 方法设计控制器的过程中会出现代数环问题。针对非严格反馈非线性系统，Chen 等人根据系统边界函数的结构特征和单调递增性质，提出了一种变量分离方法，并给出了自适应模糊控制方案。[10]进一步，Chen 等人将其推广到具有非严格反馈形式的多输入多输出非线性系统。[11]针对具有未知滞环的随机非严格反馈非线性系统，Wang 等人借助神经网络结合变量分离方法，提出了自适应神经控制方案。[12]针对一类单输入单输出不确定非严格反馈非线性系统，Tong 等人研究了一种基于逼近的状态反馈和输出反馈自适应模糊控制方案。[13]针对不确定切换非严格反馈非线性系统，Li 和 Tong 提出了一种具有规定性能的自适应神经网络输出反馈分散控制方案。[14]Li 等人考虑了具有死区和输出约束的不确定随机非严格反馈非线性系统，并提出一种自适应神经控制方案。[15]然而，上述结果并没有考虑输入时滞的问题。实际工程中，如生物系统、化学过程、网络控制系统中，由于材料运输和信号传输需要时间，不可避免地存在输入时滞问题。输入时滞是时滞系统的基本问题之一，它会导致控制系统不稳定。因此，基于人工神经网络结合 Backstepping 技术，研究具有输入时滞的非严格反馈控制系统问题对实际工程具有重要的现实意义。

本章将结合 Backstepping 技术和 RBF 神经网络研究具有输入时滞的非严格反馈非线性系统自适应控制方案。

3.2 问题描述

考虑如下一类具有输入时滞的非严格反馈不确定非线性动态系统：

$$\begin{cases}\dot{x}_i = f_i(x) + x_{i+1} + d_i, \quad 1 \leqslant i \leqslant n-1 \\ \dot{x}_n = f_n(x) + u(t-\tau) + d_n \\ y = x_1\end{cases} \tag{3.1}$$

其中，$x=[x_1,x_2,\cdots,x_n]^{\mathrm{T}}$ 是状态变量，$u(t-\tau)\in\mathbf{R}$ 是控制输入，τ 是输入时滞，$y\in\mathbf{R}$是系统输出。对于 $1\leqslant i\leqslant n$，$f_i(\cdot)$是未知的光滑非线性函数，d_i 是未知的外部时变扰动。

假设 3.1 未知的外部扰动 d_i 是有界的，即存在一个未知的正常数 $\bar{d}_i$ 满足 $|d_i|\leqslant\bar{d}_i$，$i=1,2,\cdots,n$。

控制任务 对于非线性系统(3.1)式，基于神经网络设计一个自适应控制器，使闭环系统的所有信号都是半全局一致最终有界的。

为了补偿输入时滞对控制器设计的影响，引入如下辅助系统：

$$\begin{cases}\dot{\mu}_1 = \mu_2 - p_1\mu_1 \\ \dot{\mu}_i = \mu_{i+1} - p_i\mu_i - g_{i-1}\mu_{i-1}, \quad i = 2,3,\cdots,n-1 \\ \dot{\mu}_n = -p_n\mu_n - g_{n-1}\mu_{n-1} + u(t-\tau) - u(t)\end{cases} \tag{3.2}$$

其中，输入时滞 $\tau\geqslant0$；$p_1-\dfrac{|1-g_1|}{2}>0$；$p_i-\dfrac{|1-g_i|+|1-g_{i-1}|}{2}>0$，$i=2,3,\cdots,n-1$；$p_n-\dfrac{|1-g_{n-1}|+\tilde{\omega}}{2}>0$，且 $\tilde{\omega}$ 是已知的正数。辅助系统中的状态信号 μ_i 的初值$\mu_i(0)=0$，$1<i<n$。

由(3.2)式的定义可知，如果输入时滞 $\tau=0$ 且 $\mu_i(0)=0$，则辅助系统(3.2)式中的状态信号 μ_i 仍然为 0。

3.3 自适应控制器设计

在本节中,我们将基于 Backstepping 方法为非线性系统(3.1) 式设计一种自适应神经控制方案。

首先,我们给出如下坐标变换:

$$\begin{cases} z_1 = x_1 - \mu_1 \\ z_i = x_i - \alpha_{i-1} - \mu_i, \quad i = 2,3,\cdots,n \end{cases} \tag{3.3}$$

其中,α_i 是虚拟控制律,并且将在稍后进行设计;实际控制器 u 将在最后一步给出。

第 1 步 根据(3.1) 式～(3.3) 式,z_1 的时间导数计算如下:

$$\begin{aligned} \dot{z}_1 &= \dot{x}_1 - \dot{\mu}_1 \\ &= f_1(x) + x_2 + d_1 - \mu_2 + p_1\mu_1 \end{aligned} \tag{3.4}$$

根据 $z_2 = x_2 - \alpha_1 - \mu_2$ 和 Backstepping 设计方法,用虚拟控制律 α_1 替换 x_2,于是

$$\begin{aligned} \dot{z}_1 &= \dot{x}_1 - \dot{\mu}_1 \\ &= f_1(x) + z_2 + \alpha_1 + \mu_2 + d_1 - \mu_2 + p_1\mu_1 \\ &= f_1(x) + z_2 + \alpha_1 + d_1 + p_1\mu_1 \end{aligned} \tag{3.5}$$

选择一个正定的李雅普诺夫函数 V_1 并定义为

$$V_1 = \frac{1}{2}z_1^2 + \frac{1}{2\gamma_1}\tilde{\theta}_1^2 \tag{3.6}$$

其中,$\gamma_1>0$ 是设计参数,$\tilde{\theta}_1 = \theta_1 - \hat{\theta}_1$ 是估计误差。

进一步,可以得到 V_1 的时间导数为

$$\begin{aligned} \dot{V}_1 &= z_1\dot{z}_1 - \frac{1}{\gamma_1}\tilde{\theta}_1\dot{\hat{\theta}}_1 \\ &= z_1(f_1(x) + z_2 + \alpha_1 + d_1 + p_1\mu_1) - \frac{1}{\gamma_1}\tilde{\theta}_1\dot{\hat{\theta}}_1 \end{aligned} \tag{3.7}$$

对于(3.7) 式中的 z_1d_1,根据完全平方公式可以得到下面的不等式:

$$z_1d_1 \leqslant \frac{1}{2\beta_1^2}z_1^2 + \frac{1}{2}\beta_1^2d_1^2 \leqslant \frac{1}{2\beta_1^2}z_1^2 + \frac{1}{2}\beta_1^2\bar{d}_1^2 \tag{3.8}$$

其中,$\beta_1>0$ 是设计参数。

将(3.8) 式代入(3.7) 式中,可以得到

$$\dot{V}_1 \leqslant z_1\left(f_1(x) + z_2 + \alpha_1 + \frac{1}{2\beta_1^2}z_1 + p_1\mu_1\right) + \frac{1}{2}\beta_1^2\bar{d}_1^2 - \frac{1}{\gamma_1}\tilde{\theta}_1\dot{\hat{\theta}}_1 \tag{3.9}$$

接下来，令 $\Lambda_1 = f_1(x) + \frac{1}{2\beta_1^2} z_1 + \frac{1}{2} z_1$，则有

$$\dot{V}_1 \leqslant z_1(\Lambda_1 + \alpha_1 + p_1\mu_1) + z_1 z_2 + \frac{1}{2}\beta_1^2 \bar{d}_1^2 - \frac{1}{\gamma_1}\tilde{\theta}_1 \dot{\hat{\theta}}_1 - \frac{1}{2} z_1^2 \tag{3.10}$$

Λ_1 中出现了未知非线性函数 $f_1(x)$，而 RBF 神经网络可以对未知函数 Λ_1 进行逼近。根据(2.3) 式，对于任意的 $\varepsilon_1 > 0$，存在一个神经网络 $W_1^{*\mathrm{T}}\Phi_1(Z_1)$ 使得

$$\Lambda_1 = W_1^{*\mathrm{T}}\Phi_1(Z_1) + \delta_1(Z_1), \quad |\delta_1(Z_1)| \leqslant \varepsilon_1 \tag{3.11}$$

其中，$Z_1 = [x_1, x_2, \cdots, x_n, \mu_1]^{\mathrm{T}}$。

根据杨不等式和引理 2.8，有

$$\begin{aligned} z_1\Lambda_1 &= z_1(W_1^{*\mathrm{T}}\Phi_1(Z_1) + \delta_1(Z_1)) \\ &\leqslant |z_1|(\|W_1^{*\mathrm{T}}\| \|\Phi_1(Z_1)\| + \varepsilon_1) \\ &\leqslant |z_1|(\|W_1^{*\mathrm{T}}\| \|\Phi_1(X_1)\| + \varepsilon_1) \\ &\leqslant \frac{1}{2a_1^2} z_1^2 \theta_1 \Phi_1^{\mathrm{T}}(X_1)\Phi_1(X_1) + \frac{1}{2}a_1^2 + \frac{1}{2}z_1^2 + \frac{1}{2}\varepsilon_1^2 \end{aligned} \tag{3.12}$$

其中，$a_1 > 0$ 是设计参数，$\theta_1 = \|W_1^*\|^2$，$X_1 = [x_1, \mu_1]^{\mathrm{T}}$。

将(3.12)式代入(3.10)式中，则有

$$\begin{aligned} \dot{V}_1 \leqslant{}& z_1\left(\frac{1}{2a_1^2} z_1 \theta_1 \Phi_1^{\mathrm{T}}(X_1)\Phi_1(X_1) + \alpha_1 + p_1\mu_1\right) + z_1 z_2 \\ & - \frac{1}{\gamma_1}\tilde{\theta}_1 \dot{\hat{\theta}}_1 + \frac{1}{2}\beta_1^2 \bar{d}_1^2 + \frac{1}{2}a_1^2 + \frac{1}{2}\varepsilon_1^2 \end{aligned} \tag{3.13}$$

接下来，为了镇定系统，设计如下虚拟控制律和自适应参数：

$$\alpha_1 = -k_1 z_1 - \frac{1}{2a_1^2}\hat{\theta}_1 z_1 \Phi_1^{\mathrm{T}}(X_1)\Phi_1(X_1) - p_1\mu_1 \tag{3.14}$$

$$\dot{\hat{\theta}}_1 = \frac{\gamma_1}{2a_1^2} z_1^2 \Phi_1^{\mathrm{T}}(X_1)\Phi_1(X_1) - \sigma_1\hat{\theta}_1, \quad \hat{\theta}_1 \geqslant 0 \tag{3.15}$$

其中，$k_1 > 0$ 和 $\sigma_1 > 0$ 是设计参数。

将(3.14)式和(3.15)式代入(3.13)式中，则有

$$\dot{V}_1 \leqslant -k_1 z_1^2 + z_1 z_2 + \frac{1}{\gamma_1}\sigma_1\tilde{\theta}_1\hat{\theta}_1 + \frac{1}{2}\beta_1^2 \bar{d}_1^2 + \frac{1}{2}a_1^2 + \frac{1}{2}\varepsilon_1^2 \tag{3.16}$$

第 2 步　根据坐标变换(3.3)式和 $z_2 = x_2 - \alpha_1 - \mu_2$，则 z_2 的时间导数计算如下：

$$\begin{aligned} \dot{z}_2 &= \dot{x}_2 - \dot{\alpha}_1 - \dot{\mu}_2 \\ &= f_2(x) + x_3 + d_2 - \dot{\alpha}_1 - \mu_3 + p_2\mu_2 + g_1\mu_1 \\ &= f_2(x) + z_3 + \alpha_2 + \mu_3 + d_2 - \dot{\alpha}_1 - \mu_3 + p_2\mu_2 + g_1\mu_1 \\ &= f_2(x) + z_3 + \alpha_2 + d_2 - \dot{\alpha}_1 + p_2\mu_2 + g_1\mu_1 \end{aligned} \tag{3.17}$$

其中，$z_3=x_3-\alpha_2-\mu_3$，$\dot{\alpha}_1=\frac{\partial\alpha_1}{\partial x_1}\dot{x}_1+\frac{\partial\alpha_1}{\partial\mu_1}\dot{\mu}_1+\frac{\partial\alpha_1}{\partial\hat{\theta}_1}\dot{\hat{\theta}}_1$。

选取如下正定的李雅普诺夫函数：

$$V_2=V_1+\frac{1}{2}z_2^2+\frac{1}{2\gamma_2}\tilde{\theta}_2^2 \tag{3.18}$$

其中，$\gamma_2>0$ 是设计参数，$\tilde{\theta}_2=\theta_2-\hat{\theta}_2$ 是估计误差。

进一步，得到 V_2 的时间导数为

$$\dot{V}_2=\dot{V}_1+z_2(f_2(x)+z_3+\alpha_2-\dot{\alpha}_1+d_2+p_2\mu_2+g_1\mu_1)-\frac{1}{\gamma_2}\tilde{\theta}_2\dot{\hat{\theta}}_2 \tag{3.19}$$

类似第 1 步，对于(3.19)式中的 z_2d_2，根据完全平方公式可以得到下面的不等式：

$$z_2d_2\leqslant\frac{1}{2\beta_2^2}z_2^2+\frac{1}{2}\beta_2^2\bar{d}_2^2 \tag{3.20}$$

其中，$\beta_2>0$ 是设计参数。

同时，可以很容易地得到

$$\begin{aligned}\dot{V}_2\leqslant&-k_1z_1^2+z_1z_2+\frac{1}{\gamma_1}\sigma_1\tilde{\theta}_1\hat{\theta}_1+\frac{1}{2}\beta_1^2\bar{d}_1^2+\frac{1}{2}a_1^2+\frac{1}{2}\varepsilon_1^2-\frac{1}{2}z_2^2\\&+z_2(\Lambda_2+z_3+\alpha_2+p_2\mu_2+g_1\mu_1)-\frac{1}{\gamma_2}\tilde{\theta}_2\dot{\hat{\theta}}_2+\frac{1}{2}\beta_2^2\bar{d}_2^2\end{aligned} \tag{3.21}$$

其中，$\Lambda_2=f_2(x)-\dot{\alpha}_1+\frac{1}{2\beta_2^2}z_2+\frac{1}{2}z_2$。

对于未知的非线性函数 Λ_2，可以用 RBF 神经网络进行逼近。根据(2.3)式，对于任意的 $\varepsilon_2>0$，存在一个神经网络 $W_2^{*\mathrm{T}}\Phi_2(Z_2)$满足如下关系：

$$\Lambda_2=W_2^{*\mathrm{T}}\Phi_2(Z_2)+\delta_2(Z_2),\quad |\delta_2(Z_2)|\leqslant\varepsilon_2 \tag{3.22}$$

且 $Z_2=[x_1,x_2,\cdots,x_n,\hat{\theta}_1,\mu_1,\mu_2]^{\mathrm{T}}$。

与第 1 步类似，根据引理 2.8，可以容易得到

$$z_2\Lambda_2\leqslant\frac{1}{2a_2^2}z_2^2\theta_2\Phi_2^{\mathrm{T}}(X_2)\Phi_2(X_2)+\frac{1}{2}a_2^2+\frac{1}{2}z_2^2+\frac{1}{2}\varepsilon_2^2 \tag{3.23}$$

其中，$a_2>0$ 是设计参数，$X_2=[x_1,x_2,\hat{\theta}_1,\mu_1,\mu_2]^{\mathrm{T}}$ 且 $\theta_2=\|W_2^{*\mathrm{T}}\|^2$。

由(3.21)式～(3.23)式，有

$$\begin{aligned}\dot{V}_2\leqslant&-k_1z_1^2+z_1z_2+\frac{1}{\gamma_1}\sigma_1\tilde{\theta}_1\hat{\theta}_1+\frac{1}{2}\beta_1^2\bar{d}_1^2+\frac{1}{2}a_1^2+\frac{1}{2}\varepsilon_1^2\\&+z_2\left(\frac{1}{2a_2^2}z_2\theta_2\Phi_2^{\mathrm{T}}(X_2)\Phi_2(X_2)+z_3+\alpha_2+p_2\mu_2+g_1\mu_1\right)\\&+\frac{1}{2}a_2^2+\frac{1}{2}\varepsilon_2^2+\frac{1}{2}\beta_2^2\bar{d}_2^2-\frac{1}{\gamma_2}\tilde{\theta}_2\dot{\hat{\theta}}_2\end{aligned} \tag{3.24}$$

成立。

设计如下虚拟控制律和自适应参数：

$$\alpha_2 = -z_1 - k_2 z_2 - \frac{1}{2a_2^2}\hat{\theta}_2 z_2 \Phi_2^{\mathrm{T}}(X_2)\Phi_2(X_2) - p_2\mu_2 - g_1\mu_1 \tag{3.25}$$

$$\dot{\hat{\theta}}_2 = \frac{\gamma_2}{2a_2^2}z_2^2\Phi_2^{\mathrm{T}}(X_2)\Phi_2(X_2) - \sigma_2\hat{\theta}_2,\quad \hat{\theta}_2(0) \geqslant 0 \tag{3.26}$$

其中，$k_2>0$ 和 $\sigma_2>0$ 是设计参数。

于是，将 (3.25)式和(3.26)式代入(3.24)式中，则有

$$\dot{V}_2 \leqslant -\sum_{r=1}^{2}k_r z_r^2 + \sum_{r=1}^{2}\left(\frac{1}{2}\beta_r^2\bar{d}_r^2 + \frac{1}{2}a_r^2 + \frac{1}{2}\varepsilon_r^2\right) + \sum_{r=1}^{2}\frac{1}{\gamma_r}\sigma_r\tilde{\theta}_r\hat{\theta}_r + z_2 z_3 \tag{3.27}$$

第 i 步（$3\leqslant i\leqslant n-1$）　类似第2步，$z_i = x_i - \alpha_{i-1} - \mu_i$ 的时间导数可以描述如下：

$$\begin{aligned}\dot{z}_i &= \dot{x}_i - \dot{\alpha}_{i-1} - \dot{\mu}_i \\ &= f_i(x) + z_{i+1} + \alpha_i + d_i - \dot{\alpha}_{i-1} + p_i\mu_i + g_{i-1}\mu_{i-1}\end{aligned} \tag{3.28}$$

定义如下李雅普诺夫函数 V_i：

$$V_i = V_{i-1} + \frac{1}{2}z_i^2 + \frac{1}{2\gamma_i}\tilde{\theta}_i^2 \tag{3.29}$$

其中，$\gamma_i>0$ 是设计参数，$\tilde{\theta}_i = \theta_i - \hat{\theta}_i$ 是估计误差。

对李雅普诺夫函数 V_i 求导，则有

$$\dot{V}_i = \dot{V}_{i-1} + z_i(f_i(x) + z_{i+1} + \alpha_i - \dot{\alpha}_{i-1} + d_i + p_i\mu_i + g_{i-1}\mu_{i-1}) - \frac{1}{\gamma_i}\tilde{\theta}_i\dot{\hat{\theta}}_i \tag{3.30}$$

对于(3.30)式中的 $z_i d_i$，类似第1步，根据完全平方公式可得如下不等式：

$$z_i d_i \leqslant \frac{1}{2\beta_i^2}z_i^2 + \frac{1}{2}\beta_i^2\bar{d}_i^2 \tag{3.31}$$

其中，$\beta_i>0$ 是设计参数。

将不等式(3.31)代入(3.30)式中，则有

$$\begin{aligned}\dot{V}_i \leqslant &-\sum_{r=1}^{i-1}k_r z_r^2 + \sum_{r=1}^{i}\frac{1}{2}\beta_r^2\bar{d}_r^2 + \sum_{r=1}^{i-1}\frac{1}{\gamma_r}\sigma_r\tilde{\theta}_r\hat{\theta}_r + \sum_{r=1}^{i-1}\left(\frac{1}{2}a_r^2 + \frac{1}{2}\varepsilon_r^2\right) \\ &+ z_i(\Lambda_i + z_{i+1} + \alpha_i + p_i\mu_i + g_{i-1}\mu_{i-1}) - \frac{1}{2}z_i^2 - \frac{1}{\gamma_i}\tilde{\theta}_i\dot{\hat{\theta}}_i\end{aligned} \tag{3.32}$$

其中，

$$\Lambda_i = f_i(x) - \dot{\alpha}_{i-1} + \frac{1}{2\beta_i^2}z_i + \frac{1}{2}z_i \tag{3.33}$$

$$\dot{\alpha}_{i-1} = \sum_{r=1}^{i-1} \frac{\partial \alpha_{i-1}}{\partial x_r}\dot{x}_r + \sum_{r=1}^{i-1} \frac{\partial \alpha_{i-1}}{\partial \hat{\theta}_r}\dot{\hat{\theta}}_r + \sum_{r=1}^{i-1} \frac{\partial \alpha_{i-1}}{\partial \mu_r}\dot{\mu}_r \tag{3.34}$$

类似第 2 步,可以用 RBF 神经网络对未知的非线性函数 Λ_i 进行逼近。于是根据 (2.3)式,对于任意的 $\varepsilon_i>0$,存在一个神经网络 $W_i^{*\mathrm{T}}\Phi_i(Z_i)$满足

$$\Lambda_i = W_i^{*\mathrm{T}}\Phi_i(Z_i) + \delta_i(Z_i), \quad |\delta_i(Z_i)| \leqslant \varepsilon_i \tag{3.35}$$

且 $Z_i=[x_1,x_2,\cdots,x_n,\hat{\theta}_1,\hat{\theta}_2,\cdots,\hat{\theta}_{i-1},\mu_1,\mu_2,\cdots,\mu_i]^{\mathrm{T}}$。

进一步,类似第 2 步,根据引理 2.8 有

$$z_i\Lambda_i \leqslant \frac{1}{2a_i^2}z_i^2\theta_i\Phi_i^{\mathrm{T}}(X_i)\Phi_i(X_i) + \frac{1}{2}a_i^2 + \frac{1}{2}z_i^2 + \frac{1}{2}\varepsilon_i^2 \tag{3.36}$$

其中,$a_i>0$ 是设计参数,$X_i=[x_1,x_2,\cdots,x_i,\hat{\theta}_1,\hat{\theta}_2,\cdots,\hat{\theta}_{i-1},\mu_1,\mu_2,\cdots,\mu_i]^{\mathrm{T}}$ 且 $\theta_i=\|W_i^{*\mathrm{T}}\|^2$。

由 (3.32)式~(3.36)式有

$$\begin{aligned}\dot{V}_i \leqslant & -\sum_{r=1}^{i-1} k_r z_r^2 + \sum_{r=1}^{i}\left(\frac{1}{2}\beta_r^2\bar{d}_r^2 + \frac{1}{2}a_r^2 + \frac{1}{2}\varepsilon_r^2\right) + \sum_{r=1}^{i-1}\frac{1}{\gamma_r}\sigma_r\tilde{\theta}_r\hat{\theta}_r \\ & + z_i\left(\frac{1}{2a_i^2}z_i\theta_i\Phi_i^{\mathrm{T}}(X_i)\Phi_i(X_i) + \alpha_i + z_{i+1} + p_i\mu_i + g_{i-1}\mu_{i-1}\right) - \frac{1}{\gamma_i}\tilde{\theta}_i\dot{\hat{\theta}}_i\end{aligned} \tag{3.37}$$

进而,设计如下虚拟控制律和自适应参数:

$$\alpha_i = -z_{i-1} - k_i z_i - \frac{1}{2a_i^2}\hat{\theta}_i z_i\Phi_i^{\mathrm{T}}(X_i)\Phi_i(X_i) - p_i\mu_i - g_{i-1}\mu_{i-1} \tag{3.38}$$

$$\dot{\hat{\theta}}_i = \frac{\gamma_i}{2a_i^2}z_i^2\Phi_i^{\mathrm{T}}(X_i)\Phi_i(X_i) - \sigma_i\hat{\theta}_i, \quad \hat{\theta}_i(0) \geqslant 0 \tag{3.39}$$

其中,$k_i>0$ 和 $\sigma_i>0$ 是设计参数。

根据(3.37)式~(3.39)式,有

$$\dot{V}_i \leqslant -\sum_{r=1}^{i} k_r z_r^2 + \sum_{r=1}^{i}\left(\frac{1}{2}\beta_r^2\bar{d}_r^2 + \frac{1}{2}a_r^2 + \frac{1}{2}\varepsilon_r^2\right) + \sum_{r=1}^{i}\frac{1}{\gamma_r}\sigma_r\tilde{\theta}_r\hat{\theta}_r + z_i z_{i+1} \tag{3.40}$$

第 n 步 根据(3.1)式~(3.3)式对 z_n 求导,有

$$\begin{aligned}\dot{z}_n &= \dot{x}_n - \dot{\alpha}_{n-1} - \dot{\mu}_n \\ &= f_n(x) + u(t-\tau) + d_n - \dot{\alpha}_{n-1} + p_n\mu_n + g_{n-1}\mu_{n-1} - u(t-\tau) + u(t) \\ &= f_n(x) + d_n - \dot{\alpha}_{n-1} + p_n\mu_n + g_{n-1}\mu_{n-1} + u(t)\end{aligned} \tag{3.41}$$

选择如下李雅普诺夫函数 V_n:

$$V_n = V_{n-1} + \frac{1}{2}z_n^2 + \frac{1}{2\gamma_n}\tilde{\theta}_n^2 \tag{3.42}$$

其中,$\gamma_n>0$ 是设计参数,$\tilde{\theta}_n=\theta_n-\hat{\theta}_n$ 是估计误差。

显然,李雅普诺夫函数 V_n 的导数满足

$$\dot{V}_n \leqslant -\sum_{r=1}^{n-1} k_r z_r^2 + \sum_{r=1}^{n-1} \frac{1}{2}\beta_r^2 \bar{d}_r^2 + \sum_{r=1}^{n-1}\left(\frac{1}{2}a_r^2 + \frac{1}{2}\varepsilon_r^2\right) + \sum_{r=1}^{n-1} \frac{1}{\gamma_r}\sigma_r \tilde{\theta}_r \hat{\theta}_r + z_n(f_n(x) + z_{n-1} + d_n - \dot{\alpha}_{n-1} + p_n\mu_n + g_{n-1}\mu_{n-1} + u(t)) - \frac{1}{\gamma_n}\tilde{\theta}_n \dot{\hat{\theta}}_n \tag{3.43}$$

同时,(3.43)式中的 $z_n d_n$ 满足

$$z_n d_n \leqslant \frac{1}{2\beta_n^2} z_n^2 + \frac{1}{2}\beta_n^2 \bar{d}_n^2 \tag{3.44}$$

其中,$\beta_n > 0$ 是设计参数。

由(3.43)式和(3.44)式,有

$$\dot{V}_n \leqslant -\sum_{r=1}^{n-1} k_r z_r^2 + \sum_{r=1}^{n} \frac{1}{2}\beta_r^2 \bar{d}_r^2 + \sum_{r=1}^{n-1}\left(\frac{1}{2}a_r^2 + \frac{1}{2}\varepsilon_r^2\right) + \sum_{r=1}^{n-1} \frac{1}{\gamma_r}\sigma_r \tilde{\theta}_r \hat{\theta}_r + z_n(\Lambda_n + z_{n-1} + p_n\mu_n + g_{n-1}\mu_{n-1} + u(t)) - \frac{1}{2}z_n^2 - \frac{1}{\gamma_n}\tilde{\theta}_n \dot{\hat{\theta}}_n \tag{3.45}$$

其中,$\Lambda_n = f_n(x) - \dot{\alpha}_{n-1} + \frac{1}{2\beta_n^2} z_n + \frac{1}{2} z_n$。

类似第 i 步,对于任意的 $\varepsilon_n > 0$,存在一个神经网络 $W_n^{*\mathrm{T}}\Phi_n(Z_n)$ 可以对未知非线性函数 Λ_n 逼近,且 $z_n\Lambda_n$ 满足

$$z_n\Lambda_n \leqslant \frac{1}{2a_n^2} z_n^2 \theta_n \Phi_n^{\mathrm{T}}(X_n)\Phi_n(X_n) + \frac{1}{2}a_n^2 + \frac{1}{2}z_n^2 + \frac{1}{2}\varepsilon_n^2 \tag{3.46}$$

其中,$a_n > 0$ 是设计参数,$X_n = [x_1, x_2, \cdots, x_n, \hat{\theta}_1, \hat{\theta}_2, \cdots, \hat{\theta}_{n-1}, \mu_1, \mu_2, \cdots, \mu_n]^{\mathrm{T}}$,$\theta_n = \| W_n^{*\mathrm{T}} \|^2$。

此时,设计如下实际控制器 u 和自适应参数 θ_n:

$$u(t) = -z_{n-1} - k_n z_n - \frac{1}{2a_n^2}\hat{\theta}_n z_n \Phi_n^{\mathrm{T}}(X_n)\Phi_n(X_n) - p_n\mu_n - g_{n-1}\mu_{n-1} \tag{3.47}$$

$$\dot{\hat{\theta}}_n = \frac{\gamma_n}{2a_n^2} z_n^2 \Phi_n^{\mathrm{T}}(X_n)\Phi_n(X_n) - \sigma_n\hat{\theta}_n \tag{3.48}$$

其中,$k_n > 0$ 和 $\sigma_n > 0$ 是设计参数。

因此,将(3.46)式～(3.48)式代入(3.45)式中,则有

$$\dot{V}_n \leqslant -\sum_{r=1}^{n} k_r z_r^2 + \sum_{r=1}^{n}\left(\frac{1}{2}\beta_r^2 \bar{d}_r^2 + \frac{1}{2}a_r^2 + \frac{1}{2}\varepsilon_r^2\right) + \sum_{r=1}^{n} \frac{1}{\gamma_r}\sigma_r \tilde{\theta}_r \hat{\theta}_r \tag{3.49}$$

3.4 稳定性分析

接下来,我们在下面的定理中总结我们的主要结果。

定理 3.1 考虑非线性系统(3.1)式满足假设 3.1 的条件下,由实际控制器(3.47)式,虚拟控制律(3.14)式、(3.38)式($2\leqslant i\leqslant n-1$)和自适应参数(3.39)式($1\leqslant i\leqslant n$)所组成的控制方案能够确保闭环系统的所有信号都是有界的。

证明 为了证明闭环系统的稳定性,首先定义李雅普诺夫函数 $V=V_n$。然后,由 $\tilde{\theta}_i$ 的定义有

$$\tilde{\theta}_i\hat{\theta}_i\leqslant\frac{\theta_i^2}{2}-\frac{\tilde{\theta}_i^2}{2}\tag{3.50}$$

将(3.50)式代入(3.49)式中,则有

$$\begin{aligned}\dot{V}&=\dot{V}_n\\&\leqslant-\sum_{i=1}^{n}k_iz_i^2+\sum_{i=1}^{n}\left(\frac{1}{2}\beta_i^2\bar{d}_i^2+\frac{1}{2}a_i^2+\frac{1}{2}\varepsilon_i^2\right)-\sum_{i=1}^{n}\frac{\sigma_i\tilde{\theta}_i^2}{2\gamma_i}+\sum_{i=1}^{n}\frac{\sigma_i\theta_i^2}{2\gamma_i}\\&\leqslant-C\sum_{i=1}^{n}\frac{z_i^2}{2}-C\sum_{i=1}^{n}\frac{\tilde{\theta}_i^2}{2\gamma_i}+\sum_{i=1}^{n}\left(\frac{1}{2}\beta_i^2\bar{d}_i^2+\frac{a_i^2}{2}+\frac{\varepsilon_i^2}{2}+\frac{\sigma_i\theta_i^2}{2\gamma_i}\right)\\&=-C\sum_{i=1}^{n}\left(\frac{z_i^2}{2}+\frac{\tilde{\theta}_i^2}{2\gamma_i}\right)+\sum_{i=1}^{n}\left(\frac{1}{2}\beta_i^2\bar{d}_i^2+\frac{a_i^2}{2}+\frac{\varepsilon_i^2}{2}+\frac{\sigma_i\theta_i^2}{2\gamma_i}\right)\\&\leqslant-CV_n+D\end{aligned}\tag{3.51}$$

其中,$C=\min\{2k_i,\sigma_i:1\leqslant i\leqslant n\}$,$D=\sum\limits_{i=1}^{n}\left(\frac{1}{2}\beta_i^2\bar{d}_i^2+\frac{a_i^2}{2}+\frac{\varepsilon_i^2}{2}+\frac{\sigma_i\theta_i^2}{2\gamma_i}\right)$。

对(3.51)式的左右两边同时积分,则有

$$V_n(t)\leqslant V_n(0)\mathrm{e}^{-Ct}+\frac{D}{C}(1-\mathrm{e}^{-Ct})\tag{3.52}$$

根据 V_n 的定义和(3.52)式,误差信号 $z_i=x_i-\alpha_{i-1}-\mu_i$ 和 $\tilde{\theta}_i$ 有界。

接下来,为了保证系统状态信号 x_i 是有界的,我们讨论辅助系统(3.2)式的有界性。

首先,定义李雅普诺夫函数 V_{μ_0} 为

$$V_{\mu_0}=\frac{1}{2}\sum_{i=1}^{n}\mu_i^2+\frac{1}{\kappa}\int_{t-\tau}^{t}\int_{\theta}^{t}\|\dot{u}(s)\|^2\mathrm{d}s\mathrm{d}\theta\tag{3.53}$$

对 V_{μ_0} 求导,则有

$$\begin{aligned}\dot{V}_{\mu_0} &\leqslant \mu_1(\mu_2 - p_1\mu_1) + \sum_{i=2}^{n-1}\mu_i(\mu_{i+1} - p_i\mu_i - g_{i-1}\mu_{i-1}) + \frac{\tau}{\kappa}\|\dot{u}(t)\|^2 \\ &\quad + \mu_n(-p_n\mu_n - g_{n-1}\mu_{n-1} + u(t-\tau) - u(t)) - \frac{1}{\kappa}\int_{t-\tau}^{t}\|\dot{u}(s)\|^2 \mathrm{d}s \\ &= \sum_{i=1}^{n-1}((1-g_i)\mu_i\mu_{i+1}) + \sum_{i=1}^{n-1}(-p_i\mu_i^2) + \frac{\tau}{\kappa}\|\dot{u}(t)\|^2 \\ &\quad - p_n\mu_n^2 + (u(t-\tau) - u(t))\mu_n - \frac{1}{\kappa}\int_{t-\tau}^{t}\|\dot{u}(s)\|^2 \mathrm{d}s \\ &\leqslant \sum_{i=1}^{n-1}\frac{|1-g_i|}{2}(\mu_i^2 + \mu_{i+1}^2) + \sum_{i=1}^{n-1}(-p_i\mu_i^2) + \frac{\tau}{\kappa}\|\dot{u}(t)\|^2 \\ &\quad - p_n\mu_n^2 + (u(t-\tau) - u(t))\mu_n - \frac{1}{\kappa}\int_{t-\tau}^{t}\|\dot{u}(s)\|^2 \mathrm{d}s \\ &\leqslant -\left(p_1 - \frac{|1-g_1|}{2}\right)\mu_1^2 - \sum_{i=2}^{n-1}\left(p_i - \frac{|1-g_{i-1}| + |1-g_i|}{2}\right)\mu_i^2 \\ &\quad + \frac{\tau}{\kappa}\|\dot{u}(t)\|^2 - \left(p_n - \frac{|1-g_{n-1}| + \tilde{\omega}}{2}\right)\mu_n^2 \\ &\quad + \frac{1}{2\omega}\|u(t-\tau) - u(t)\|^2 - \frac{1}{\kappa}\int_{t-\tau}^{t}\|\dot{u}(s)\|^2 \mathrm{d}s \end{aligned} \tag{3.54}$$

根据 Cauchy-Schwartz 不等式，有

$$\frac{1}{2\omega}\|u(t-\tau) - u(t)\|^2 \leqslant \frac{\tau}{2\omega}\int_{t-\tau}^{t}\|\dot{u}(s)\|^2 \mathrm{d}s \tag{3.55}$$

由(3.54)式和(3.55)式可知

$$\dot{V}_{\mu_0} \leqslant -\sum_{i=1}^{n}\bar{p}_i\mu_i^2 - \left(\frac{1}{\kappa} - \frac{\tau}{2\omega}\right)\int_{t-\tau}^{t}\|\dot{u}(s)\|^2 \mathrm{d}s + \frac{\tau}{\kappa}\|\dot{u}(t)\|^2 \tag{3.56}$$

其中，$\bar{p}_1 = p_1 - \dfrac{|1-g_1|}{2}$；$\bar{p}_i = p_i - \dfrac{|1-g_i| + |1-g_{i-1}|}{2}$，$i = 2,3,\cdots,n-1$；$\bar{p}_n = p_n - \dfrac{|1-g_{n-1}| + \tilde{\omega}}{2}$，且 $\tilde{\omega}$ 是可选的正数。

接下来，讨论(3.56)式中的$\dfrac{\tau}{\kappa}\|\dot{u}(t)\|^2$ 的有界性。

根据(3.3)式、(3.14)式、(3.15)式、(3.38)式、(3.39)式、(3.47)式和(3.48)式，则容易得到

$$u(t) = \zeta_1(z_n, \hat{\theta}_n) + \zeta_2\mu_n + \zeta_3\mu_{n-1} \tag{3.57}$$

$$\dot{u}(t) = \zeta_4(z_{n-1}, z_n, \hat{\theta}_{n-1}, \hat{\theta}_n) + \sum_{j=1}^{n}\zeta_{6j}(z,\theta)\mu_j + \zeta_5(z,\hat{\theta})u(t-\tau) \tag{3.58}$$

其中，$\zeta_1(\cdot)$，$\zeta_2(\cdot)$，$\zeta_3(\cdot)$，$\zeta_4(\cdot)$，$\zeta_5(\cdot)$和 $\zeta_{6j}(\cdot)(j=1,2,\cdots,n)$是 C^1 函数。因为 $z_{n-1}, z_n, \hat{\theta}_{n-1}$和 $\hat{\theta}_n$ 是有界的，所以可以得到下面的结果：

$$\|\zeta_i\| \leqslant \lambda_i,\quad i = 1,2,\cdots,5 \tag{3.59}$$

$$\| \zeta_{jk} \| \leqslant \lambda_{jk} \tag{3.60}$$

其中，λ_i 和$\lambda_{jk}(j=6;k=1,2,\cdots,n)$是正常数。

进一步有

$$\begin{aligned}\| u(t) \|^2 &\leqslant (\| \zeta_1(z_n,\hat{\theta}_n) + \zeta_2\mu_n + \zeta_3\mu_{n-1} \|)^2 \\ &\leqslant (\| \zeta_1(z_n,\hat{\theta}_n) \| + \| \zeta_2 \| \mu_n + \| \zeta_3 \| \mu_{n-1})^2 \\ &\leqslant (\lambda_1 + \lambda_2\mu_n + \lambda_3\mu_{n-1})^2 \\ &\leqslant 3\lambda_1^2 + 3\lambda_2^2\mu_n^2 + 3\lambda_3^2\mu_{n-1}^2 \\ &= \lambda_1' + \lambda_2'\mu_n^2 + \lambda_3'\mu_{n-1}^2\end{aligned} \tag{3.61}$$

其中，$\lambda_1'=3\lambda_1^2,\lambda_2'=3\lambda_2^2,\lambda_3'=3\lambda_3^2$。

经过简单计算有

$$\| u(t-\tau) \|^2 \leqslant \lambda_1' + \lambda_2'\mu_n^2(t-\tau) + \lambda_3'\mu_{n-1}^2(t-\tau) \tag{3.62}$$

于是，可以得到如下结果：

$$\begin{aligned}&\frac{\tau}{\kappa} \| \dot{u}(t) \|^2 \\ &\leqslant \frac{\tau}{\kappa}\left\| \zeta_4 + \sum_{j=1}^{n}\zeta_{6j}\mu_j + \zeta_5 u(t-\tau) \right\|^2 \\ &\leqslant \frac{\tau}{\kappa}3\left(\lambda_4^2 + n\sum_{j=1}^{n}\lambda_{6j}^2\mu_j^2 + \lambda_5^2 u^2(t-\tau)\right) \\ &\leqslant \frac{\tau}{\kappa}\left(3\lambda_4^2 + 3\lambda_5^2\lambda_1' + 3n\sum_{j=1}^{n}\lambda_{6j}^2\mu_j^2 + 3\lambda_5^2\lambda_2'\mu_n^2(t-\tau) + 3\lambda_5^2\lambda_3'\mu_{n-1}^2(t-\tau)\right) \\ &= \frac{\tau}{\kappa}\left(\lambda_4' + \sum_{j=1}^{n}\lambda_{6j}'\mu_j^2 + \lambda_5'\mu_n^2(t-\tau) + \lambda''_5\mu_{n-1}^2(t-\tau)\right)\end{aligned} \tag{3.63}$$

其中，$\lambda_4'=3\lambda_4^2+3\lambda_5^2\lambda_1',\lambda_{6j}'=3n\lambda_{6j}^2,\lambda_5'=3\lambda_5^2\lambda_2',\lambda_5''=3\lambda_5^2\lambda_3'$。

根据(3.63)式，(3.56)式满足

$$\begin{aligned}\dot{V}_{\mu_0} \leqslant &-\sum_{i=1}^{n}\tilde{p}_i\mu_i^2 - \left(\frac{1}{\kappa} - \frac{\tau}{2\omega}\right)\int_{t-\tau}^{t} \| \dot{u}(s) \|^2 \mathrm{d}s \\ &+ \frac{\tau}{\kappa}\lambda_4' + \frac{\tau\lambda_5'}{\kappa}\mu_n^2(t-\tau) + \frac{\tau\lambda''_5}{\kappa}\mu_{n-1}^2(t-\tau)\end{aligned} \tag{3.64}$$

其中，$\tilde{p}_i=\bar{p}_i-\frac{\tau}{\kappa}\lambda_{6i}',i=1,2,\cdots,n$。

下面，针对辅助系统(3.2)式定义下面的李雅普诺夫函数：

$$\begin{aligned}V_\mu = V_{\mu_0} &+ \frac{\tau\lambda_5'}{\kappa}\int_{t-\tau}^{t}\mu_n^2(s)\mathrm{d}s + \frac{1}{\nu_1}\int_{t-\tau}^{t}\int_{\theta}^{t}\mu_n^2(s)\mathrm{d}s\mathrm{d}\theta \\ &+ \frac{\tau\lambda''_5}{\kappa}\int_{t-\tau}^{t}\mu_{n-1}^2(s)\mathrm{d}s + \frac{1}{\nu_2}\int_{t-\tau}^{t}\int_{\theta}^{t}\mu_{n-1}^2(s)\mathrm{d}s\mathrm{d}\theta\end{aligned} \tag{3.65}$$

进而，V_μ 的导数满足

$$\dot{V}_{\mu} \leqslant -\sum_{i=1}^{n} \hat{p}_i \mu_i^2 - \left(\frac{1}{\kappa} - \frac{\tau}{2\omega}\right) \int_{t-\tau}^{t} \| \dot{u}(s) \|^2 \mathrm{d}s - \frac{1}{v_1} \int_{t-\tau}^{t} \mu_n^2(s) \mathrm{d}s - \frac{1}{v_2} \int_{t-\tau}^{t} \mu_{n-1}^2(s) \mathrm{d}s + \frac{\tau}{\kappa} \lambda'_4 \tag{3.66}$$

其中，$\hat{p}_i = \tilde{p}_i (i = 1, 2, \cdots, n-2)$，$\hat{p}_{n-1} = \tilde{p}_{n-1} + \frac{\tau}{\kappa} \lambda''_5 - \frac{\tau}{v_2}$，$\hat{p}_n = \tilde{p}_n + \frac{\tau}{\kappa} \lambda'_5 - \frac{\tau}{v_1}$。

适当选取参数 p_i, κ, v_1, v_2 和 ω，则有

$$\hat{p}_i > 0 \quad 和 \quad \frac{1}{\kappa} - \frac{\tau}{2\omega} > 0 \tag{3.67}$$

此外，可以得到下面的结果：

$$\int_{t-\tau}^{t} \int_{\theta}^{t} \| \dot{u}(s) \|^2 \mathrm{d}s \mathrm{d}\theta \leqslant \tau \sup_{\theta \in [t-\tau, t]} \int_{t-\tau}^{t} \| \dot{u}(s) \|^2 \mathrm{d}s = \tau \int_{t-\tau}^{t} \| \dot{u}(s) \|^2 \mathrm{d}s \tag{3.68}$$

$$\int_{t-\tau}^{t} \int_{\theta}^{t} \mu_i^2(s) \mathrm{d}s \mathrm{d}\theta \leqslant \tau \sup_{\theta \in [t-\tau, t]} \int_{t-\tau}^{t} \mu_i^2(s) \mathrm{d}s = \tau \int_{t-\tau}^{t} \mu_i^2(s) \mathrm{d}s, \quad i = n-1, n \tag{3.69}$$

因此，由上面的结果可以得到

$$\begin{aligned}
\dot{V}_{\mu} \leqslant & -\sum_{i=1}^{n} \hat{p}_i \mu_i^2 - \left(\frac{1}{\kappa} - \frac{\tau}{2\omega}\right) \int_{t-\tau}^{t} \| \dot{u}(s) \|^2 \mathrm{d}s + \frac{\tau}{\kappa} \lambda'_4 \\
& - \left(\frac{1}{v_1} - \frac{\tau \lambda'_5}{\kappa}\right) \int_{t-\tau}^{t} \mu_n^2(s) \mathrm{d}s - \frac{\tau \lambda'_5}{\kappa} \int_{t-\tau}^{t} \mu_n^2(s) \mathrm{d}s \\
& - \left(\frac{1}{v_2} - \frac{\tau \lambda''_5}{\kappa}\right) \int_{t-\tau}^{t} \mu_{n-1}^2(s) \mathrm{d}s - \frac{\tau \lambda''_5}{\kappa} \int_{t-\tau}^{t} \mu_{n-1}^2(s) \mathrm{d}s \\
\leqslant & -\sum_{i=1}^{n} \hat{p}_i \mu_i^2 - \left(\frac{1}{\tau} - \frac{\kappa}{2\omega}\right) \frac{1}{\kappa} \int_{t-\tau}^{t} \int_{\theta}^{t} \| \dot{u}(s) \|^2 \mathrm{d}s \mathrm{d}\theta \\
& - \left(\frac{1}{\tau} - \frac{v_1 \lambda'_5}{\kappa}\right) \frac{1}{v_1} \int_{t-\tau}^{t} \int_{\theta}^{t} \mu_n^2 \mathrm{d}s \mathrm{d}\theta - \frac{\tau \lambda'_5}{\kappa} \int_{t-\tau}^{t} \mu_n^2(s) \mathrm{d}s \\
& - \left(\frac{1}{\tau} - \frac{v_2 \lambda''_5}{\kappa}\right) \frac{1}{v_2} \int_{t-\tau}^{t} \int_{\theta}^{t} \mu_{n-1}^2 \mathrm{d}s \mathrm{d}\theta - \frac{\tau \lambda''_5}{\kappa} \int_{t-\tau}^{t} \mu_{n-1}^2(s) \mathrm{d}s + \frac{\tau}{\kappa} \lambda'_4 \\
\leqslant & -\varsigma V_{\lambda} + \lambda
\end{aligned} \tag{3.70}$$

其中，$\varsigma = \min\left\{2\hat{p}_i, \frac{1}{\tau} - \frac{\kappa}{2\omega}, 1, \frac{1}{\tau} - \frac{v_1 \lambda'_5}{\kappa}, \frac{1}{\tau} - \frac{v_2 \lambda''_5}{\kappa}, i = 1, 2, \cdots, n\right\}$，$\lambda = \frac{\tau}{\kappa} \lambda'_4$。

对(3.70)式两端积分，则有

$$V_{\mu}(t) \leqslant V_{\mu}(0) \mathrm{e}^{-\varsigma t} + \frac{\lambda}{\varsigma}(1 - \mathrm{e}^{-\varsigma t}) \tag{3.71}$$

由(3.71)式可知，辅助信号 μ_i 是有界的。因为 $z_1 = x_1 - \mu_1$，$z_i = x_i - \alpha_{i-1} - \mu_i$，故状态信号 x_i 是有界的。因此，闭环系统中所有信号都是有界的。

3.5 实验仿真

例 3.1 考虑如下具有输入时滞的非线性系统：

$$\begin{cases}\dot{x}_1 = x_2 + 0.5x_2^2x_3(1 + x_1^2) + d_1 \\ \dot{x}_2 = x_3 + 0.2x_1x_2\sin(x_3^2) + d_2 \\ \dot{x}_3 = u(t - \tau) + x_2^2x_3^2\sin(x_1^2) + d_3\end{cases} \tag{3.72}$$

其中，x_1，x_2 和 x_3 是系统的状态变量；$d_1 = 0.02\sin(t)$，$d_2 = 0.03\cos(t)$ 和 $d_3 = 0.2\cos(1.5t)$ 是外部时变扰动；输入时滞 $\tau = 3$ s。

控制目标 设计一个自适应神经控制器，确保闭环系统的信号有界。

根据定理 3.1，虚拟控制律 α_i 和实际控制器 $u(t)$ 定义为

$$\alpha_1 = -k_1z_1 - \frac{1}{2a_1^2}\hat{\theta}_1z_1\Phi_1^{\mathrm{T}}(X_1)\Phi_1(X_1) - p_1\mu_1 \tag{3.73}$$

$$\alpha_2 = -z_1 - k_2z_2 - \frac{1}{2a_2^2}\hat{\theta}_2z_2\Phi_2^{\mathrm{T}}(X_2)\Phi_2(X_2) - p_2\mu_2 - g_1\mu_1 \tag{3.74}$$

$$u(t) = -z_2 - k_3z_3 - \frac{1}{2a_3^2}\hat{\theta}_3z_3\Phi_3^{\mathrm{T}}(X_3)\Phi_3(X_3) - p_3\mu_3 - g_2\mu_2 \tag{3.75}$$

并且，自适应参数 θ_i 定义为

$$\dot{\hat{\theta}}_i = \frac{\gamma_i}{2a_i^2}z_i^2\Phi_i^{\mathrm{T}}(X_i)\Phi_i(X_i) - \sigma_i\hat{\theta}_i,\quad i = 1,2,3 \tag{3.76}$$

其中，$z_1 = x_1 - \mu_1$，$z_2 = x_2 - \alpha_1 - \mu_2$，$z_3 = x_3 - \alpha_2 - \mu_3$，$X_1 = [x_1, \mu_1]^{\mathrm{T}}$，$X_2 = [x_1, x_2, \hat{\theta}_1, \mu_1, \mu_2]^{\mathrm{T}}$，$X_3 = [x_1, x_2, x_3, \hat{\theta}_1, \hat{\theta}_2, \mu_1, \mu_2, \mu_3]^{\mathrm{T}}$。

在仿真过程中，系统状态的初值为 $x_1(0) = 1$，$x_2(0) = 2$ 和 $x_3(0) = -2$，辅助系统初值为 $\mu_1(0) = 0$，$\mu_2(0) = 0$ 和 $\mu_3(0) = 0$，自适应参数的初值为 $\hat{\theta}_1(0) = 0$，$\hat{\theta}_2(0) = 0$，$\hat{\theta}_3(0) = 0$。其他设计参数设置为 $k_1 = 4$，$k_2 = 7$，$k_3 = 12$，$a_1 = 1$，$a_2 = 1$，$a_3 = 1$，$p_1 = 2$，$p_2 = 2$，$p_3 = 2$，$g_1 = 2$，$g_2 = 2$，$\gamma_1 = 1$，$\gamma_2 = 1$，$\gamma_3 = 1$，$\delta_1 = 1$，$\delta_2 = 1$，$\delta_3 = 1$。实验仿真结果如图 3.1～图 3.4 所示。

图 3.1 给出了系统状态变量 x_1，x_2 和 x_3 的运动轨迹。由图 3.1 中的仿真结果可知，系统状态变量稳定。仿真结果表明，辅助系统的引入可以有效补偿系统中的输入时滞问题。

图 3.2 给出了辅助系统状态变量轨迹。图 3.2 中的仿真结果表明，辅助系统

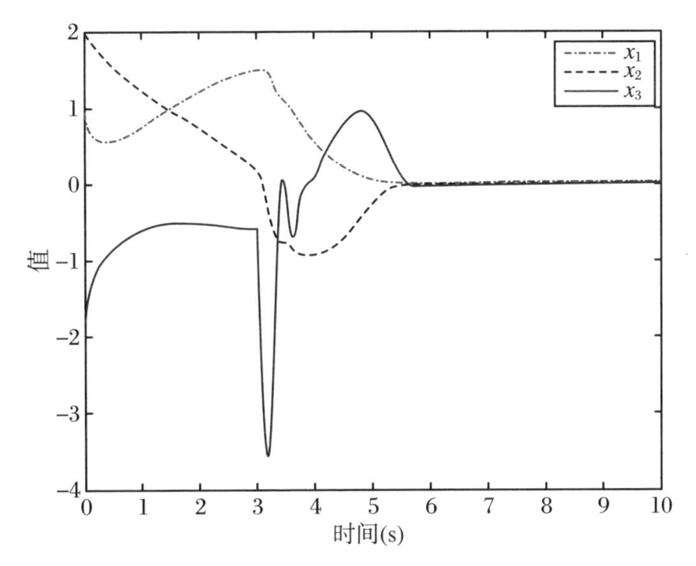

图 3.1　系统状态变量

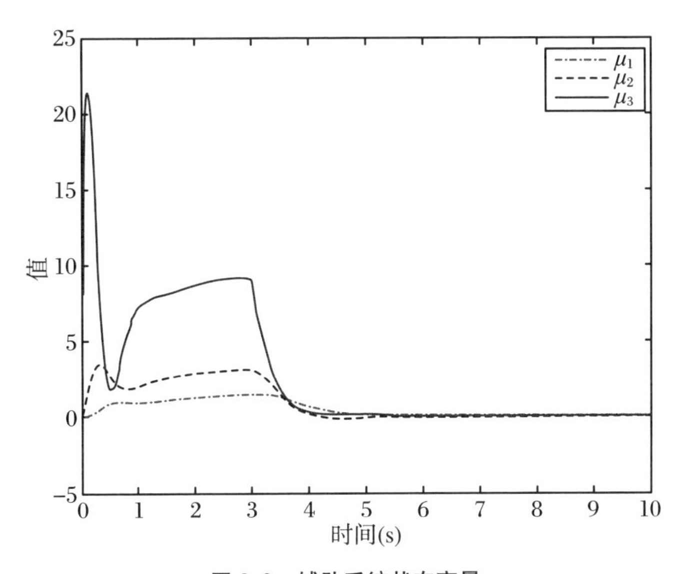

图 3.2　辅助系统状态变量

状态变量 μ_1,μ_2 和 μ_3 渐近稳定。仿真结果验证了前面对辅助系统稳定性的理论分析。

图 3.3 给出了自适应参数收敛轨迹。由图 3.3 中的仿真结果可知,尽管系统存在外部扰动、输入时滞和未知非线性等不确定性问题,自适应参数仍然是渐近稳定的。

图 3.4 表明系统输入信号是有界的。

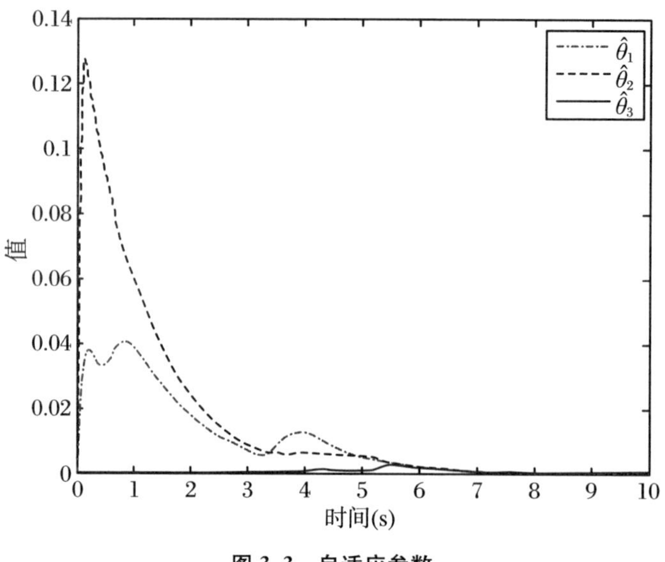

图 3.3 自适应参数

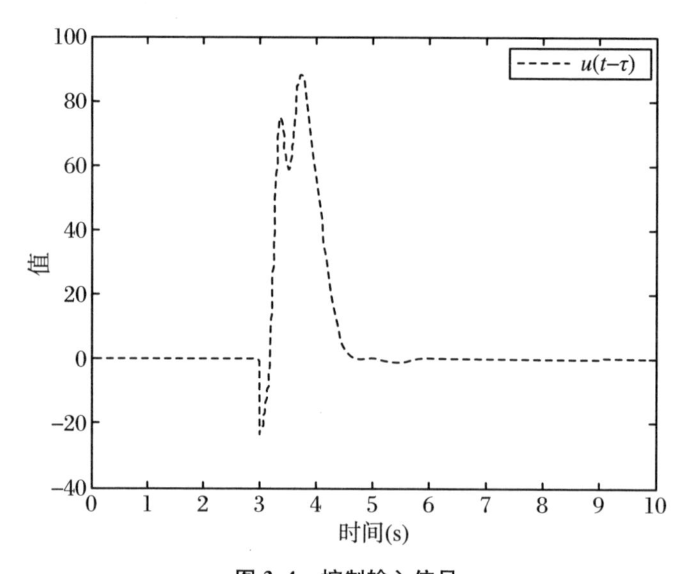

图 3.4 控制输入信号

由图 3.1～图 3.4 的仿真结果可知，当系统存在外部扰动、输入时滞和未知非线性等不确定性问题时，利用所提出的自适应神经控制器可以有效镇定系统，保证闭环系统中所有信号有界。

例 3.2 考虑单连杆机器人机械臂系统，如图 3.5 所示。由欧拉－拉格朗日方程给出的机器人动力学方程如下式所示：

$$ml\ddot{\theta}(t) = u(t) - mg\sin(\theta(t)) - bl\dot{\theta}(t) \tag{3.77}$$

其中，θ 表示连杆位置，$\dot{\theta}$ 表示速度，$\ddot{\theta}$ 表示加速度，m 表示连杆的质量，l 表示连杆的长度，g 表示重力加速度，b 表示未知的黏滞摩擦系数。系统参数设置为 $m=1\ \text{kg}, l=2\ \text{m}, g=9.8\ \text{m/s}^2$，$b=2$。

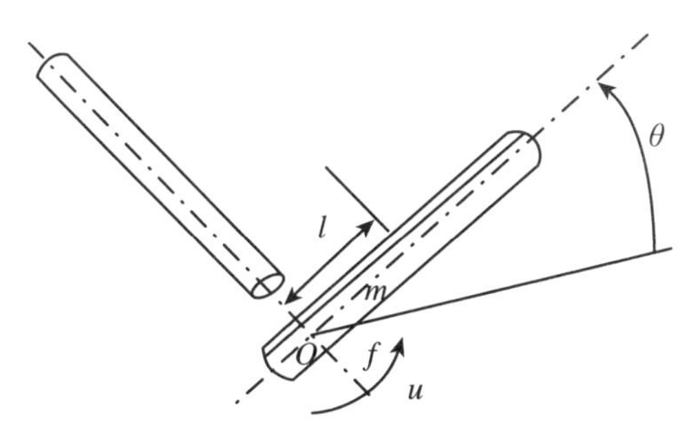

图 3.5　单连杆机器人机械臂系统

令 $x_1=\theta, x_2=\dot{\theta}$，并假设系统存在输入时滞 $\tau=2$ s，则(3.77)式可以重写为

$$\begin{cases}\dot{x}_1 = x_2 \\ \dot{x}_2 = \dfrac{1}{ml}u(t-\tau) - \dfrac{g}{l}\sin(x_1) - \dfrac{b}{m}x_2\end{cases} \tag{3.78}$$

控制目标　设计一个自适应神经控制器，确保闭环系统的信号有界。

根据定理 3.1，虚拟控制律 α_1 和实际控制器 $u(t)$ 定义为

$$\alpha_1 = -k_1 z_1 - \frac{1}{2a_1^2}\hat{\theta}_1 z_1 \Phi_1^{\mathrm{T}}(X_1)\Phi_1(X_1) - p_1\mu_1 \tag{3.79}$$

$$u(t) = -z_1 - k_2 z_2 - \frac{1}{2a_2^2}\hat{\theta}_2 z_2 \Phi_2^{\mathrm{T}}(X_2)\Phi_2(X_2) - p_2\mu_2 - g_1\mu_1 \tag{3.80}$$

并且，自适应参数 θ_i 定义为

$$\dot{\hat{\theta}}_i = \frac{\gamma_i}{2a_i^2}z_i^2\Phi_i^{\mathrm{T}}(X_i)\Phi_i(X_i) - \sigma_i\hat{\theta}_i,\quad i=1,2 \tag{3.81}$$

其中，$z_1=x_1-\mu_1, z_2=x_2-\alpha_1-\mu_2, X_1=[x_1,\mu_1]^{\mathrm{T}}, X_2=[x_1,x_2,\hat{\theta}_1,\mu_1,\mu_2]^{\mathrm{T}}$。

在仿真过程中，系统状态的初值为 $x_1(0)=0.5, x_2(0)=0.5$，辅助系统初值为 $\mu_1(0)=0, \mu_2(0)=0$，自适应参数的初值为 $\hat{\theta}_1(0)=0, \hat{\theta}_2(0)=0$。其他设计参数设置为 $k_1=1, k_2=1, a_1=1, a_2=1, p_1=1, p_2=1, g_1=1, \gamma_1=1, \gamma_2=1, \delta_1=1, \delta_2=1$。实验仿真结果如图 3.6～图 3.9 所示。

图 3.6 给出了系统状态变量 x_1 和 x_2 的运动轨迹。由图 3.6 中的仿真结果可知，当系统存在输入时滞 $\tau=2$ s 时，通过引入辅助系统对输入时滞进行补偿，可以确保系统状态变量渐近稳定。

图 3.7 描述了辅助系统状态变量的运动轨迹。图 3.7 中的仿真结果表明，辅助系统状态变量 μ_1 和 μ_2 渐近稳定。

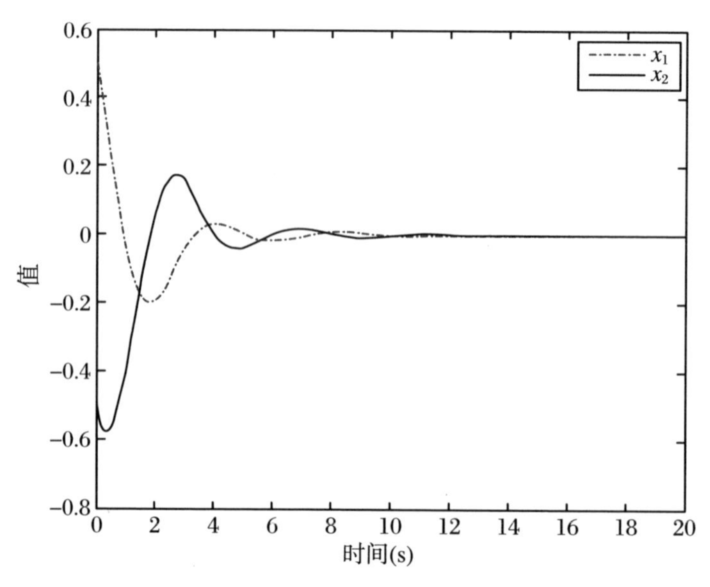

图 3.6 系统状态变量

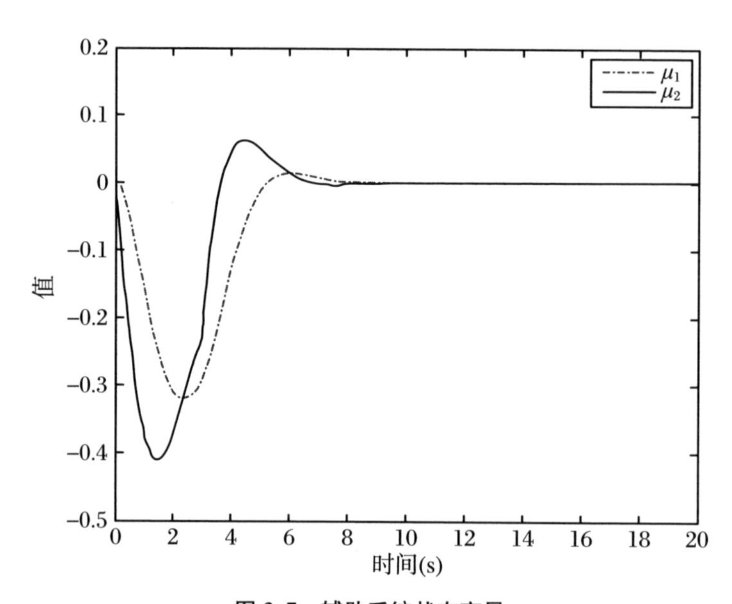

图 3.7 辅助系统状态变量

图 3.8 给出了自适应参数收敛轨迹。由图 3.8 中的仿真结果可知，当统存在输入时滞时，自适应参数渐近稳定。仿真结果表明，辅助系统的引入可以有效补偿系统中的输入时滞问题。

图 3.9 表明统输入信号是有界的。

由图 3.6～图 3.9 中的仿真结果可知，当系统存在输入时滞和未知非线性等不确定性问题时，利用所提出的自适应神经控制器可以有效镇定系统，并且保证闭环系统中所有信号有界。

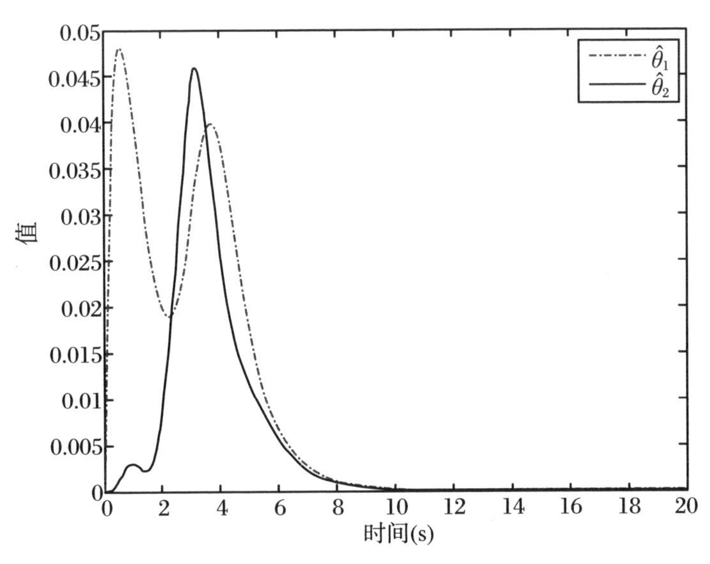

图 3.8　自适应参数

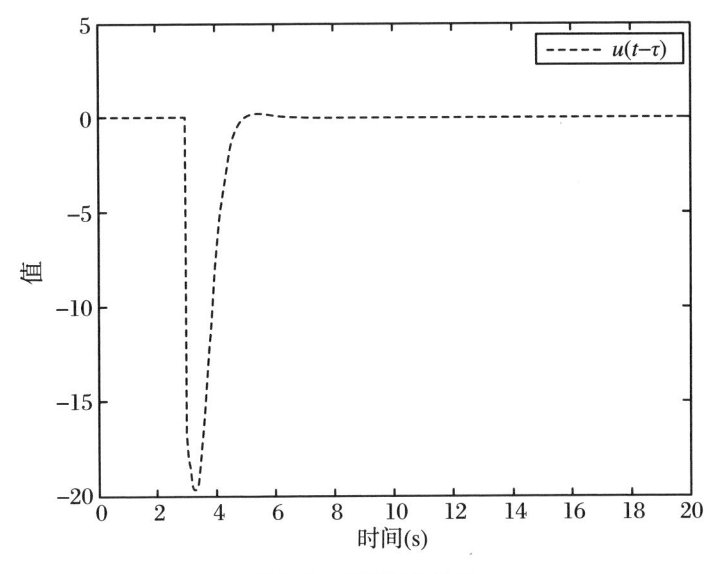

图 3.9　控制输入信号

小　结

本章研究了具有输入时滞和外部扰动的非严格反馈不确定非线性系统的自适应神经控制问题。通过构造一种新的辅助系统来补偿输入时滞的影响,所提出的补偿机制可以克服含有输入时滞的非严格反馈非线性系统的设计困难。为了实现控制目标，采用径向基函数神经网络逼近未知的非线性函数和处理系统中的不确定性，并借助 Backstepping 技术设计了一种新的自适应控制器。利用李雅普诺夫稳定性定理证明了闭环系统中所有信号的有界性。最后，仿真结果验证了该方法的有效性和优越性。

参考文献

[1] Zhou J, Wen C, Wang W, et al. Adaptive backsteping control of nonlinear uncertain systems with quantized states [J]. IEEE Transactions on Automatic Control, 2019, 64(11): 4756-4763.

[2] Yu X, Lin Y. Adaptive backsteping quantized control for a class of nonlinear systems [J]. IEEE Transactions on Automatic Control, 2016, 62(2): 981-985.

[3] Cai J, Wen C, Su H, et al. Adaptive backsteping control for a class of nonlinear systems with non-triangular structural uncertainties [J]. IEEE Transactions on Automatic Control, 2016, 62(10): 5220-5226.

[4] Swaroop D, Hedrick J K, Yip P P, et al. Dynamic surface control for a class of nonlinear systems [J]. IEEE Transactions on Automatic Control, 2000, 45 (10): 1893-1899.

[5] Peng Z, Wang D, Chen Z, et al. Adaptive dynamic surface control for formations of autonomous surface vehicles with uncertain dynamics [J]. IEEE Transactions on Control Systems Technology, 2012, 21(2): 513-520.

[6] Laghrouche S, Plestan F, Glumineau A. Higher order sliding mode control based on integral sliding mode[J]. Automatica, 2007, 43(3): 531-537.

[7] Pan Y, Yang C, Pan L, et al. Integral sliding mode control: performance, modification, and improvement[J]. IEEE Transactions on Industrial Informatics, 2017, 14(7): 3087-3096.

[8] Chen M, Tao G, Jiang B. Dynamic surface control using neural networks for a class of uncertain nonlinear systems with input saturation [J]. IEEE Transactions on Neural Networks and Learning Systems, 2014, 26(9): 2086-2097.

[9] Ma Z, Ma H. Adaptive fuzzy backsteping dynamic surface control of strict-feedback fractional-order uncertain nonlinear systems [J]. IEEE Transactions on Fuzzy Systems, 2019, 28(1): 122-133.

[10] Chen B , Zhang H , Liu X ,et al. Neural observer and adaptive neural control design for a class of nonlinear systems [J]. IEEE Transactions on Neural Networks and Learning Systems, 2018, 29(9): 4261-4271.

[11] Chen B, Lin C, Liu X, et al. Adaptive fuzzy tracking control for a class of MIMO nonlinear systems in nonstrict-feedback form [J]. IEEE Transactions on Cybernetics, 2014, 45(12): 2744-2755.

[12] Wang H , Chen B , Liu K ,et al. Adaptive neural tracking control for a class of

nonstrict-feedback stochastic nonlinear systems with unknown backlash-like hysteresis [J]. IEEE Transactions on Neural Networks and Learning Systems, 2014, 25(5): 947-958.

[13] Tong S, Li Y, Sui S. Adaptive fuzzy tracking control design for SISO uncertain nonstrict feedback nonlinear systems[J]. IEEE Transactions on Fuzzy Systems, 2016, 24(6): 1441-1454.

[14] Li Y, Tong S. Adaptive neural networks prescribed performance control design for switched interconnected uncertain nonlinear systems[J]. IEEE Transactions on Neural Networks and Learning Systems, 2017, 29(7): 3059-3068.

[15] Li H, Bai L, Wang L, et al. Adaptive neural control of uncertain nonstrict-feedback stochastic nonlinear systems with output constraint and unknown dead zone[J]. IEEE Transactions on Systems, Man, and Cybernetics: Systems, 2017, 47(8): 2048-2059.

第4章 具有约束的输入时滞系统跟踪控制

4.1 引 言

在实际工程中，许多物理系统都会受到性能约束的影响，例如网络化监控机器人系统[1]、机械手[2]、连续搅拌槽反应器[3]、化工过程[4]和非均匀起重机[5]等。若在操作过程中违反了性能约束，则会对控制系统造成极大的危害。这就要求设计的控制方案在保证被控系统的稳定性或相应的性能指标的同时，还要确保被控系统中受约束的状态信号或输出信号在约束限制的范围内。因此，对于带有状态约束的非线性系统的控制研究受到了学术界的广泛关注。

目前在解决带有约束的控制问题方案中，Barrier 李雅普诺夫函数作为一种有效的工具经常用于约束非线性系统的控制器设计。Barrier 李雅普诺夫函数的基本思想是将输出或状态约束转换为误差约束，然后根据误差变量和误差变量对应的约束来构造李雅普诺夫函数。Barrier 李雅普诺夫函数方法又可以分为对数型 Barrier 李雅普诺夫函数处理方法[6]、正切型 Barrier 李雅普诺夫函数处理方法[7]以及积分型 Barrier 李雅普诺夫函数处理方法[8]。例如，针对具有全状态约束的不确定严格反馈非线性系统，Liu 等人基于对数型 Barrier 李雅普诺夫函数和 Backstepping 技术设计了自适应神经控制器。[9]此外，Liu 和 Tong 利用均值定理将纯反馈非线性系统转化为具有非仿射项的严格反馈结构，并基于对数型 Barrier 李雅普诺夫函数提出了一种具有全状态约束的纯反馈系统的自适应控制方案。[10]对于具有时变全状态约束的严格反馈系统，Liu 等人通过引入非对称时变 Barrier 李雅普诺夫函数提出了一种自适应神经网络控制器。[11] Wang 和 Wu 针对具有时变输出约束的严格反馈非线性系统，利用正切型 Barrier 李雅普诺夫函数提出了有限时间跟踪控制方案。[12]Jin 和 Xu 基于迭代学习的方法利用正切型 Barrier 李雅普诺夫函数研究了参数化和非参数化系统的输出约束控制问题。[13] Rahimi 等人基于神经网络和正切型 Barrier 李雅普诺夫函数研究了机械臂系统具有时变约束的自适应跟踪控制问题。[14] Liu 等人基于积分型 Barrier 李雅普诺夫函数提出了具有全状态约束的不确定非线性系统自适应控制方案。[15] Tang 等人基于积分型

Barrier 李雅普诺夫函数和神经网络，研究了具有时变扰动的单输入单输出非线性状态约束的纯反馈系统自适应神经跟踪控制方案。[16] 对于严格反馈非线性系统的状态和输入约束，Zhang 借助神经网络提出了一种新的基于积分型 Barrier 李雅普诺夫函数的鲁棒神经跟踪控制方法。[17] 然而，需要注意的是，这些研究成果关注的是具有状态约束的纯反馈或严格反馈非线性系统，并且所提出的方案不能推广到非严格反馈非线性系统。此外，上述研究成果对于具有输入时滞的非线性系统也是无效的。

本章将在第 3 章研究结果的基础上，研究具有全状态约束的非严格反馈不确定非线性系统自适应跟踪控制设计。

4.2 问题描述

考虑如下一类具有输入时滞的非严格反馈不确定非线性动态系统：

$$\begin{cases} \dot{x}_i = f_i(x) + x_{i+1} + d_i, \quad 1 \leqslant i \leqslant n-1 \\ \dot{x}_n = f_n(x) + u(t-\tau) + d_n \\ y = x_1 \end{cases} \tag{4.1}$$

其中，$x=[x_1, x_2, \cdots, x_n]^{\mathrm{T}}$ 是状态变量，$u(t-\tau) \in \mathbf{R}$ 是控制输入，τ 是输入时滞，$y \in \mathbf{R}$ 是系统输出。对于 $1 \leqslant i \leqslant n$，$f_i(\cdot)$ 是未知的光滑非线性函数，d_i 是未知的外部时变扰动。

假设 4.1　未知的外部扰动 d_i 是有界的，即存在一个未知的正常数 $\bar{d}_i$ 满足 $|d_i| \leqslant \bar{d}_i, i=1,2,\cdots,n$。

假设 4.2[10]　参考信号 $y_d(t)$ 及其 j 阶时间导数 $y_d^{(j)}(t)$ 连续有界，即存在常数 k_{c1} 和 $A_0, A_1, \cdots, A_n$ 使得 $|y_d(t)| \leqslant A_0 \leqslant k_{c1}$ 且 $y_d^{(j)}(t) \leqslant A_j, 1 \leqslant j \leqslant n$。

控制任务　设计一种有效的自适应神经跟踪控制方案，该方案能够在非线性系统(4.1)式存在外部时变扰动、状态约束和输入时滞的情况下使系统输出信号有效跟踪参考信号 $y_d(t)$。

4.3 自适应跟踪控制器设计

在本节中，对于非严格反馈非线性系统(4.1)式，我们将基于 Backstepping 技术设计一种自适应神经跟踪控制方案。

首先，给出如下坐标变换：

$$\begin{cases} z_1 = x_1 - y_d - \mu_1 \\ z_i = x_i - \alpha_{i-1} - \mu_i, \quad i = 2,3,\cdots,n \end{cases} \tag{4.2}$$

其中，α_i 是虚拟控制律，并且将在稍后进行设计；实际控制器 u 将在最后一步给出；μ_i 是补偿信号，用于处理系统时滞问题，$\mu_i(i=1,2,\cdots,n)$定义如(3.2)式所示。

第1步　根据(4.1)式、(4.2)式和(3.2)式，z_1 的时间导数计算如下：

$$\begin{aligned} \dot{z}_1 &= \dot{x}_1 - \dot{y}_d - \dot{\mu}_1 \\ &= f_1(x) + x_2 + d_1 - \dot{y}_d - \mu_2 + p_1\mu_1 \end{aligned} \tag{4.3}$$

用虚拟控制律 α_1 替换状态变量 x_2，由坐标变换(4.2)式 $z_2 = x_2 - \alpha_1 - \mu_2$，可以得到

$$\begin{aligned} \dot{z}_1 &= f_1(x) + z_2 + \alpha_1 + \mu_2 + d_1 - \dot{y}_d - \mu_2 + p_1\mu_1 \\ &= f_1(x) + z_2 + \alpha_1 + d_1 - \dot{y}_d + p_1\mu_1 \end{aligned} \tag{4.4}$$

选取如下 Barrier 李雅普诺夫函数：

$$V_1 = \frac{1}{2}\log\frac{k_{b1}^2}{k_{b1}^2 - z_1^2} + \frac{1}{2\gamma_1}\tilde{\theta}_1^2 \tag{4.5}$$

其中，$k_{b1}>0$ 和 $\gamma_1>0$ 是设计参数；$\tilde{\theta}_1 = \theta_1^* - \hat{\theta}_1$ 是估计误差，$\hat{\theta}_1$ 是最优权向量 θ_1^* 的估计。

对 V_1 求导，则有

$$\dot{V}_1 = \frac{z_1\dot{z}_1}{k_{b1}^2 - z_1^2} - \frac{1}{\gamma_1}\tilde{\theta}_1\dot{\hat{\theta}}_1 \tag{4.6}$$

将(4.4)式代入(4.6)式中，根据完全平方公式和引理 2.4，$\frac{z_1}{k_{b1}^2 - z_1^2}d_1$ 满足

$$\frac{z_1}{k_{b1}^2 - z_1^2}d_1 \leqslant \frac{1}{2}\left(\frac{z_1}{k_{b1}^2 - z_1^2}\right)^2 + \frac{1}{2}\bar{d}_1^2 \tag{4.7}$$

根据(4.6)式和(4.7)式，有

$$\dot{V}_1 \leqslant \frac{z_1}{k_{b1}^2 - z_1^2}\left(f_1(x) + z_2 + \alpha_1 + p_1\mu_1 + \frac{z_1}{2(k_{b1}^2 - z_1^2)} - \dot{y}_d\right) - \frac{1}{\gamma_1}\tilde{\theta}_1\dot{\hat{\theta}}_1 + \frac{1}{2}\bar{d}_1^2 \tag{4.8}$$

令 $\Omega_1 = f_1(x) + z_2 + \frac{z_1}{k_{b1}^2 - z_1^2} - \dot{y}_d$，则有

$$\dot{V}_1 \leqslant \frac{z_1}{k_{b1}^2 - z_1^2}(\Omega_1 + \alpha_1 + p_1\mu_1) - \frac{1}{\gamma_1}\tilde{\theta}_1\dot{\hat{\theta}}_1 + \frac{1}{2}\bar{d}_1^2 - \frac{1}{2}\left(\frac{z_1}{k_{b1}^2 - z_1^2}\right)^2 \tag{4.9}$$

对于未知非线性函数 Ω_1，利用 RBF 神经网络进行逼近。根据(2.3)式，对于任意的 $\varepsilon_1>0$，存在一个神经网络 $W_1^{*\mathrm{T}}\Phi_1(Z_1)$使得

$$\Omega_1 = W_1^{*\mathrm{T}}\Phi_1(Z_1) + \delta_1(Z_1), \quad |\delta_1(Z_1)| \leqslant \varepsilon_1 \tag{4.10}$$

其中，$Z_1 = [x_1, x_2, \cdots, x_n, \mu_1, y_d, \dot{y}_d]^{\mathrm{T}}$。

根据杨不等式和引理 2.8 有

$$\begin{aligned}\frac{z_1}{k_{b1}^2 - z_1^2}\Omega_1 &= \frac{z_1}{k_{b1}^2 - z_1^2}(W_1^{*\mathrm{T}}\Phi_1(Z_1) + \delta_1(Z_1)) \\ &\leqslant \left|\frac{z_1}{k_{b1}^2 - z_1^2}\right|(\| W_1^{*\mathrm{T}}\| \| \Phi_1(Z_1)\| + \varepsilon_1) \\ &\leqslant \left|\frac{z_1}{k_{b1}^2 - z_1^2}\right|(\| W_1^{*\mathrm{T}}\| \| \Phi_1(X_1)\| + \varepsilon_1) \\ &\leqslant \frac{1}{2a_1^2}\left(\frac{z_1}{k_{b1}^2 - z_1^2}\right)^2\theta_1\Phi_1^{\mathrm{T}}(X_1)\Phi_1(X_1) + \frac{1}{2}a_1^2 + \frac{1}{2}\left(\frac{z_1}{k_{b1}^2 - z_1^2}\right)^2 + \frac{1}{2}\varepsilon_1^2\end{aligned} \tag{4.11}$$

其中，$a_1>0$ 是设计参数，$\theta_1 = \| W_1^* \|^2$，$X_1 = [x_1, \mu_1, y_d, \dot{y}_d]^{\mathrm{T}}$。

将(4.11)式代入(4.9)式中，则有

$$\begin{aligned}\dot{V}_1 \leqslant & \frac{z_1}{k_{b1}^2 - z_1^2}\left(\frac{z_1}{2a_1^2(k_{b1}^2 - z_1^2)}\theta_1\Phi_1^{\mathrm{T}}(X_1)\Phi_1(X_1) + \alpha_1 + p_1\mu_1 + \frac{z_1}{2(k_{b1}^2 - z_1^2)}\right) \\ & - \frac{1}{\gamma_1}\tilde{\theta}_1\dot{\hat{\theta}}_1 + \frac{1}{2}\bar{d}_1^2 + \frac{1}{2}a_1^2 + \frac{1}{2}\varepsilon_1^2 - \frac{1}{2}\left(\frac{z_1}{k_{b1}^2 - z_1^2}\right)^2\end{aligned} \tag{4.12}$$

设计如下虚拟控制律和自适应参数：

$$\alpha_1 = -k_1 z_1 - \frac{1}{2a_1^2(k_{b1}^2 - z_1^2)}\hat{\theta}_1 z_1\Phi_1^{\mathrm{T}}(X_1)\Phi_1(X_1) - p_1\mu_1 \tag{4.13}$$

$$\dot{\hat{\theta}}_1 = \frac{\gamma_1}{2a_1^2(k_{b1}^2 - z_1^2)}z_1^2\Phi_1^{\mathrm{T}}(X_1)\Phi_1(X_1) - \sigma_1\hat{\theta}_1, \quad \hat{\theta}_1 \geqslant 0 \tag{4.14}$$

其中，$k_1>0$ 和 $\sigma_1>0$ 是设计参数。

将(4.13)式和(4.14)式代入(4.12)式中，则有

$$\dot{V}_1 \leqslant -k_1\frac{z_1^2}{k_{b1}^2 - z_1^2} + \frac{1}{\gamma_1}\sigma_1\tilde{\theta}_1\hat{\theta}_1 + \frac{1}{2}\bar{d}_1^2 + \frac{1}{2}a_1^2 + \frac{1}{2}\varepsilon_1^2 \tag{4.15}$$

第 2 步　根据坐标变换(4.2)式和 $z_2 = x_2 - \alpha_1 - \mu_2$，对 z_2 求导，则有

$$\begin{aligned}\dot{z}_2 &= \dot{x}_2 - \dot{\alpha}_1 - \dot{\mu}_2 \\ &= f_2(x) + x_3 + d_2 - \dot{\alpha}_1 - \mu_3 + p_2\mu_2 + g_1\mu_1 \\ &= f_2(x) + z_3 + \alpha_2 + \mu_3 + d_2 - \dot{\alpha}_1 - \mu_3 + p_2\mu_2 + g_1\mu_1 \\ &= f_2(x) + z_3 + \alpha_2 + d_2 - \dot{\alpha}_1 + p_2\mu_2 + g_1\mu_1\end{aligned} \tag{4.16}$$

其中，$z_3 = x_3 - \alpha_2 - \mu_3$。

定义如下正定的 Barrier 李雅普诺夫函数：

$$V_2 = \frac{1}{2}\log\frac{k_{b2}^2}{k_{b2}^2 - z_2^2} + \frac{1}{2\gamma_2}\tilde{\theta}_2^2 \tag{4.17}$$

其中，$k_{b2}>0$ 和 $\gamma_2>0$ 是设计参数；$\tilde{\theta}_2=\theta_2^*-\hat{\theta}_2$ 是估计误差，$\hat{\theta}_2$ 是最优权向量 θ_2^* 的估计。

接下来，对 V_2 求导，则有

$$\begin{aligned}\dot{V}_2&=\frac{z_2\dot{z}_2}{k_{b2}^2-z_2^2}-\frac{1}{\gamma_2}\tilde{\theta}_2\dot{\hat{\theta}}_2\\&=\frac{z_2}{k_{b2}^2-z_2^2}(f_2(x)+z_3+\alpha_2-\dot{\alpha}_1+d_2+p_2\mu_2+g_1\mu_1)-\frac{1}{\gamma_2}\tilde{\theta}_2\dot{\hat{\theta}}_2\end{aligned}\tag{4.18}$$

类似(4.7)式，根据完全平方公式和引理2.4，则(4.18)式中的$\frac{z_2}{k_{b2}^2-z_2^2}d_2$ 满足

$$\frac{z_2}{k_{b2}^2-z_2^2}d_2\leqslant\frac{1}{2}\left(\frac{z_2}{k_{b2}^2-z_2^2}\right)^2+\frac{1}{2}\bar{d}_2^2\tag{4.19}$$

根据(4.18)式和(4.19)式，有

$$\begin{aligned}\dot{V}_2\leqslant&\frac{z_2}{k_{b2}^2-z_2^2}\left(f_2(x)+z_3+\alpha_2-\dot{\alpha}_1+p_2\mu_2+g_1\mu_1+\frac{z_2}{2(k_{b2}^2-z_2^2)}\right)\\&-\frac{1}{\gamma_2}\tilde{\theta}_2\dot{\hat{\theta}}_2+\frac{1}{2}\bar{d}_2^2\\\leqslant&\frac{z_2}{k_{b2}^2-z_2^2}(\Omega_2+\alpha_2+p_2\mu_2+g_1\mu_1)-\frac{1}{\gamma_2}\tilde{\theta}_2\dot{\hat{\theta}}_2+\frac{1}{2}\bar{d}_2^2-\frac{1}{2}\left(\frac{z_2}{k_{b2}^2-z_2^2}\right)^2\end{aligned}\tag{4.20}$$

其中，

$$\Omega_2=f_2(x)+z_3-\dot{\alpha}_1+\frac{z_2}{k_{b2}^2-z_2^2}\tag{4.21}$$

在(4.21)式中，$\dot{\alpha}_1$ 可以描述为

$$\dot{\alpha}_1=\frac{\partial\alpha_1}{\partial x_1}\dot{x}_1+\frac{\partial\alpha_1}{\partial\hat{\theta}_1}\dot{\hat{\theta}}_1+\frac{\partial\alpha_1}{\partial\mu_1}\dot{\mu}_1+\sum_{r=0}^{1}\frac{\partial\alpha_1}{\partial y_d^{(r)}}y_d^{(r+1)}\tag{4.22}$$

类似(4.10)式，对于任意的 $\varepsilon_2>0$，存在一个神经网络 $W_2^{*\mathrm{T}}\Phi_2(Z_2)$ 对未知非线性函数 Ω_2 进行逼近，即有

$$\Omega_2=W_2^{*\mathrm{T}}\Phi_2(Z_2)+\delta_2(Z_2),\quad|\delta_2(Z_2)|\leqslant\varepsilon_2\tag{4.23}$$

其中，$Z_2=[x_1,x_2,\cdots,x_n,\hat{\theta}_1,\mu_1,\mu_2,y_d,\dot{y}_d,\ddot{y}_d]^{\mathrm{T}}$。

根据杨不等式和引理2.8有

$$\begin{aligned}\frac{z_2}{k_{b2}^2-z_2^2}\Omega_2&=\frac{z_2}{k_{b2}^2-z_2^2}(W_2^{*\mathrm{T}}\Phi_2(Z_2)+\delta_2(Z_2))\\&\leqslant\left|\frac{z_2}{k_{b2}^2-z_2^2}\right|(\|W_2^{*\mathrm{T}}\|\|\Phi_2(Z_2)\|+\varepsilon_2)\end{aligned}$$

$$\leqslant \left|\frac{z_2}{k_{b2}^2 - z_2^2}\right| (\|W_2^{*\mathrm{T}}\| \|\Phi_2(X_2)\| + \varepsilon_2)$$

$$\leqslant \frac{1}{2a_2^2}\left(\frac{z_2}{k_{b2}^2 - z_2^2}\right)^2 \theta_2 \Phi_2^{\mathrm{T}}(X_2)\Phi_2(X_2) + \frac{1}{2}a_2^2 + \frac{1}{2}\left(\frac{z_2}{k_{b2}^2 - z_2^2}\right)^2 + \frac{1}{2}\varepsilon_2^2 \tag{4.24}$$

其中,$a_2>0$ 是设计参数,$X_2=[x_1, x_2, \hat{\theta}_1, \mu_1, \mu_2, y_d, \dot{y}_d, \ddot{y}_d]^{\mathrm{T}}$,$\theta_2=\|W_2^{*\mathrm{T}}\|^2$。

由(4.20)式~(4.24)式可知

$$\dot{V}_2 \leqslant \frac{z_2}{k_{b2}^2 - z_2^2}\left(\frac{z_2}{2a_2^2(k_{b2}^2 - z_2^2)}\theta_2 \Phi_2^{\mathrm{T}}(X_2)\Phi_2(X_2) + \alpha_2 + p_2\mu_2 + g_1\mu_1\right)$$

$$- \frac{1}{\gamma_2}\tilde{\theta}_2 \dot{\hat{\theta}}_2 + \frac{1}{2}\bar{d}_2^2 + \frac{1}{2}a_2^2 + \frac{1}{2}\varepsilon_2^2 \tag{4.25}$$

接下来,设计如下虚拟控制律和自适应参数:

$$\alpha_2 = -k_2 z_2 - \frac{1}{2a_2^2(k_{b2}^2 - z_2^2)}\hat{\theta}_2 z_2 \Phi_2^{\mathrm{T}}(X_2)\Phi_2(X_2) - p_2\mu_2 - g_1\mu_1 \tag{4.26}$$

$$\dot{\hat{\theta}}_2 = \frac{\gamma_2}{2a_2^2(k_{b2}^2 - z_2^2)} z_2^2 \Phi_2^{\mathrm{T}}(X_2)\Phi_2(X_2) - \sigma_2\hat{\theta}_2, \quad \hat{\theta}_2(0) \geqslant 0 \tag{4.27}$$

其中,$k_2>0$ 和 $\sigma_2>0$ 是设计参数。进而,由(4.25)式~(4.27)式可知

$$\dot{V}_2 \leqslant -k_2\frac{z_2^2}{k_{b2}^2 - z_2^2} + \frac{1}{\gamma_2}\sigma_2\tilde{\theta}_2\hat{\theta}_2 + \frac{1}{2}\bar{d}_2^2 + \frac{1}{2}a_2^2 + \frac{1}{2}\varepsilon_2^2 \tag{4.28}$$

第 i 步($3\leqslant i\leqslant n-1$) 类似第2步,对 $z_i = x_i - \alpha_{i-1} - \mu_i$ 求导,则有

$$\begin{aligned}\dot{z}_i &= \dot{x}_i - \dot{\alpha}_{i-1} - \dot{\mu}_i \\ &= f_i(x) + z_{i+1} + \alpha_i + d_i - \dot{\alpha}_{i-1} + p_i\mu_i + g_{i-1}\mu_{i-1}\end{aligned} \tag{4.29}$$

其中,$\dot{\alpha}_{i-1} = \sum_{r=1}^{i-1}\frac{\partial\alpha_{i-1}}{\partial x_r}\dot{x}_r + \sum_{r=1}^{i-1}\frac{\partial\alpha_{i-1}}{\partial\hat{\theta}_r}\dot{\hat{\theta}}_r + \sum_{r=1}^{i-1}\frac{\partial\alpha_{i-1}}{\partial\mu_r}\dot{\mu}_r + \sum_{r=0}^{i-1}\frac{\partial\alpha_{i-1}}{\partial y_d^{(r)}}y_d^{(r+1)}$。

选取如下李雅普诺夫函数 V_i:

$$V_i = \frac{1}{2}\log\frac{k_{bi}^2}{k_{bi}^2 - z_i^2} + \frac{1}{2\gamma_i}\tilde{\theta}_i^2 \tag{4.30}$$

其中,$k_{bi}>0$ 和 $\gamma_i>0$ 是设计参数;$\tilde{\theta}_i = \theta_i^* - \hat{\theta}_i$ 是估计误差,$\hat{\theta}_i$ 是最优权向量 θ_i^* 的估计。

对李雅普诺夫函数 V_i 求导,则有

$$\dot{V}_i = \frac{z_i}{k_{bi}^2 - z_i^2}(f_i(x) + z_{i+1} + \alpha_i - \dot{\alpha}_{i-1} + d_i + p_i\mu_i + g_{i-1}\mu_{i-1}) - \frac{1}{\gamma_i}\tilde{\theta}_i\dot{\hat{\theta}}_i \tag{4.31}$$

类似(4.7)式,根据完全平方公式和引理2.4,(4.31)式中的$\frac{z_i}{k_{bi}^2 - z_i^2}d_i$ 满足

$$\frac{z_i}{k_{bi}^2 - z_i^2}d_i \leqslant \frac{1}{2}\left(\frac{z_i}{k_{bi}^2 - z_i^2}\right)^2 + \frac{1}{2}\bar{d}_i^2 \tag{4.32}$$

进一步,由(4.31)式和(4.32)式可知

$$\begin{aligned}\dot{V}_i \leqslant & \frac{z_i}{k_{bi}^2 - z_i^2}\left(f_i(x) + z_{i+1} + \alpha_i - \dot{\alpha}_{i-1} + p_i\mu_i + g_{i-1}\mu_{i-1} + \frac{z_i}{2(k_{bi}^2 - z_i^2)}\right) \\ & - \frac{1}{\gamma_i}\tilde{\theta}_i\dot{\hat{\theta}}_i + \frac{1}{2}\bar{d}_i^2 \\ \leqslant & \frac{z_i}{k_{bi}^2 - z_i^2}(\Omega_i + \alpha_i + p_i\mu_i + g_{i-1}\mu_{i-1}) - \frac{1}{\gamma_i}\tilde{\theta}_i\dot{\hat{\theta}}_i + \frac{1}{2}\bar{d}_i^2 - \frac{1}{2}\left(\frac{z_i}{k_{bi}^2 - z_i^2}\right)^2\end{aligned} \tag{4.33}$$

其中,

$$\Omega_i = f_i(x) + z_{i+1} - \dot{\alpha}_{i-1} + \frac{z_i}{k_{bi}^2 - z_i^2} \tag{4.34}$$

类似(4.23)式,对于任意的 $\varepsilon_i > 0$,存在一个神经网络 $W_i^{*\mathrm{T}}\Phi_i(Z_i)$ 对未知非线性函数 Ω_i 进行逼近,即有

$$\Omega_i = W_i^{*\mathrm{T}}\Phi_i(Z_i) + \delta_i(Z_i), \quad |\delta_i(Z_i)| \leqslant \varepsilon_i \tag{4.35}$$

其中,$Z_i = [x_1, x_2, \cdots, x_n, \hat{\theta}_1, \hat{\theta}_2, \cdots, \hat{\theta}_{i-1}, \mu_1, \mu_2, \cdots, \mu_i, y_d, \dot{y}_d, \cdots, y_d^{(i)}]^{\mathrm{T}}$。

与(4.24)式类似,根据杨不等式和引理 2.8 有

$$\begin{aligned}\frac{z_i}{k_{bi}^2 - z_i^2}\Omega_i = & \frac{z_i}{k_{bi}^2 - z_i^2}(W_i^{*\mathrm{T}}\Phi_i(Z_i) + \delta_i(Z_i)) \\ \leqslant & \left|\frac{z_i}{k_{bi}^2 - z_i^2}\right|(\|W_i^{*\mathrm{T}}\|\|\Phi_i(Z_i)\| + \varepsilon_i) \\ \leqslant & \left|\frac{z_i}{k_{bi}^2 - z_i^2}\right|(\|W_i^{*\mathrm{T}}\|\|\Phi_i(X_i)\| + \varepsilon_i) \\ \leqslant & \frac{1}{2a_i^2}\left(\frac{z_i}{k_{bi}^2 - z_i^2}\right)^2\theta_i\Phi_i^{\mathrm{T}}(X_i)\Phi_i(X_i) + \frac{1}{2}a_i^2 + \frac{1}{2}\left(\frac{z_i}{k_{bi}^2 - z_i^2}\right)^2 + \frac{1}{2}\varepsilon_i^2\end{aligned} \tag{4.36}$$

其中,$X_i = [x_1, x_2, \cdots, x_i, \hat{\theta}_1, \hat{\theta}_2, \cdots, \hat{\theta}_{i-1}, \mu_1, \mu_2, \cdots, \mu_i, y_d, \dot{y}_d, \cdots, y_d^{(i)}]^{\mathrm{T}}$,$\theta_i = \|W_i^{*\mathrm{T}}\|^2$,$a_i > 0$ 是设计参数。

由(4.33)式~(4.36)式可知

$$\begin{aligned}\dot{V}_i \leqslant & \frac{z_i}{k_{bi}^2 - z_i^2}\left(\frac{z_i}{2a_i^2(k_{bi}^2 - z_i^2)}\theta_i\Phi_i^{\mathrm{T}}(X_i)\Phi_i(X_i) + \alpha_i + p_i\mu_i + g_{i-1}\mu_{i-1}\right) \\ & - \frac{1}{\gamma_i}\tilde{\theta}_i\dot{\hat{\theta}}_i + \frac{1}{2}\bar{d}_i^2 + \frac{1}{2}a_i^2 + \frac{1}{2}\varepsilon_i^2\end{aligned} \tag{4.37}$$

定义如下虚拟控制律和自适应参数:

$$\alpha_i = -k_iz_i - \frac{1}{2a_i^2(k_{bi}^2 - z_i^2)}\hat{\theta}_iz_i\Phi_i^{\mathrm{T}}(X_i)\Phi_i(X_i) - p_i\mu_i - g_{i-1}\mu_{i-1} \tag{4.38}$$

$$\dot{\hat{\theta}}_i = \frac{\gamma_i}{2a_i^2(k_{bi}^2 - z_i^2)} z_i^2 \Phi_i^{\mathrm{T}}(X_i)\Phi_i(X_i) - \sigma_i\hat{\theta}_i, \quad \hat{\theta}_i(0) \geqslant 0 \tag{4.39}$$

其中，$k_i>0$ 和 $\sigma_i>0$ 是设计参数。

由(4.37)式～(4.39)式有

$$\dot{V}_i \leqslant - k_i \frac{z_i^2}{k_{bi}^2 - z_i^2} + \frac{1}{\gamma_i}\sigma_i\tilde{\theta}_i\hat{\theta}_i + \frac{1}{2}\bar{d}_i^2 + \frac{1}{2}a_i^2 + \frac{1}{2}\varepsilon_i^2 \tag{4.40}$$

第 n 步　根据(4.1)式、(4.2)式和(3.2)式对 z_n 求导，则有

$$\begin{aligned}\dot{z}_n &= \dot{x}_n - \dot{\alpha}_{n-1} - \dot{\mu}_n \\ &= f_n(x) + u(t-\tau) + d_n - \dot{\alpha}_{n-1} + p_n\mu_n \\ &\quad + g_{n-1}\mu_{n-1} - u(t-\tau) + u(t) \\ &= f_n(x) + d_n - \dot{\alpha}_{n-1} + p_n\mu_n + g_{n-1}\mu_{n-1} + u(t)\end{aligned} \tag{4.41}$$

其中，$\dot{\alpha}_{n-1} = \sum_{r=1}^{n-1}\frac{\partial\alpha_{n-1}}{\partial x_r}\dot{x}_r + \sum_{r=1}^{n-1}\frac{\partial\alpha_{n-1}}{\partial\hat{\theta}_r}\dot{\hat{\theta}}_r + \sum_{r=1}^{n-1}\frac{\partial\alpha_{n-1}}{\partial\mu_r}\dot{\mu}_r + \sum_{r=0}^{n-1}\frac{\partial\alpha_{n-1}}{\partial y_d^{(r)}}y_d^{(r+1)}$。

定义如下李雅普诺夫函数 V_n：

$$V_n = \frac{1}{2}\log\frac{k_{bn}^2}{k_{bn}^2 - z_n^2} + \frac{1}{2\gamma_n}\tilde{\theta}_n^2 \tag{4.42}$$

其中，$k_{bn}>0$ 和 $\gamma_n>0$ 是设计参数；$\tilde{\theta}_n = \theta_n^* - \hat{\theta}_n$ 是估计误差，$\hat{\theta}_n$ 是最优权向量 θ_n^* 的估计。

对李雅普诺夫函数 V_n 求导，则有

$$\dot{V}_n = \frac{z_n}{k_{bn}^2 - z_n^2}(f_n(x) - \dot{\alpha}_{n-1} + d_n + p_n\mu_n + g_{n-1}\mu_{n-1} + u(t)) - \frac{1}{\gamma_n}\tilde{\theta}_n\dot{\hat{\theta}}_n \tag{4.43}$$

与第 i 步类似，显然(4.43)式中的 $\frac{z_n}{k_{bn}^2 - z_n^2}d_n$ 满足

$$\frac{z_n}{k_{bn}^2 - z_n^2}d_n \leqslant \frac{1}{2}\left(\frac{z_n}{k_{bn}^2 - z_n^2}\right)^2 + \frac{1}{2}\bar{d}_n^2 \tag{4.44}$$

将(4.44)式代入(4.43)式中，则有

$$\begin{aligned}\dot{V}_n \leqslant &\frac{z_n}{k_{bn}^2 - z_n^2}(\Omega_n + u(t) + p_n\mu_n + g_{n-1}\mu_{n-1}) \\ &- \frac{1}{\gamma_n}\tilde{\theta}_n\dot{\hat{\theta}}_n + \frac{1}{2}\bar{d}_n^2 - \frac{1}{2}\left(\frac{z_n}{k_{bn}^2 - z_n^2}\right)^2\end{aligned} \tag{4.45}$$

其中，

$$\Omega_n = f_n(x) - \dot{\alpha}_{n-1} + \frac{z_n}{k_{bn}^2 - z_n^2} \tag{4.46}$$

与第 i 步中(4.35)式类似，用神经网络对未知非线性函数 Ω_n 进行拟合。于是，对于任意的 $\varepsilon_n>0$，存在一个神经网络 $W_n^{*\mathrm{T}}\Phi_n(Z_n)$ 使得

$$\Omega_n = W_n^{*\mathrm{T}}\Phi_n(Z_n) + \delta_n(Z_n), \quad |\delta_n(Z_n)| \leqslant \varepsilon_n \tag{4.47}$$

其中，$Z_n = [x_1, x_2, \cdots, x_n, \hat{\theta}_1, \hat{\theta}_2, \cdots, \hat{\theta}_{n-1}, \mu_1, \mu_2, \cdots, \mu_n, y_d, \dot{y}_d, \cdots, y_d^{(n)}]^{\mathrm{T}}$。

根据杨不等式和引理 2.8 有

$$\begin{aligned}
\frac{z_n}{k_{bn}^2 - z_n^2}\Omega_n &= \frac{z_n}{k_{bn}^2 - z_n^2}(W_n^{*\mathrm{T}}\Phi_n(Z_n) + \delta_n(Z_n)) \\
&\leqslant \left|\frac{z_n}{k_{bn}^2 - z_n^2}\right|(\| W_n^{*\mathrm{T}}\| \, \| \Phi_n(Z_n) \| + \varepsilon_n) \\
&\leqslant \left|\frac{z_n}{k_{bn}^2 - z_n^2}\right|(\| W_n^{*\mathrm{T}}\| \| \Phi_n(X_n) \| + \varepsilon_n) \\
&\leqslant \frac{1}{2a_n^2}\left(\frac{z_n}{k_{bn}^2 - z_n^2}\right)^2 \theta_n \Phi_n^{\mathrm{T}}(X_n)\Phi_n(X_n) + \frac{1}{2}a_n^2 + \frac{1}{2}\left(\frac{z_n}{k_{bn}^2 - z_n^2}\right)^2 + \frac{1}{2}\varepsilon_n^2
\end{aligned} \tag{4.48}$$

其中，$X_n = Z_n, \theta_n = \| W_n^{*\mathrm{T}} \|^2, a_n > 0$ 是设计参数。

由(4.45)式～(4.48)式，有

$$\begin{aligned}
\dot{V}_n \leqslant & \frac{z_n}{k_{bn}^2 - z_n^2}\left(\frac{z_n}{2a_n^2(k_{bn}^2 - z_n^2)}\theta_n \Phi_n^{\mathrm{T}}(X_n)\Phi_n(X_n) + u(t) + p_n\mu_n + g_{n-1}\mu_{n-1}\right) \\
& - \frac{1}{\gamma_n}\tilde{\theta}_n \dot{\hat{\theta}}_n + \frac{1}{2}\bar{d}_n^2 + \frac{1}{2}a_n^2 + \frac{1}{2}\varepsilon_n^2
\end{aligned} \tag{4.49}$$

接下来，设计实际控制器 $u(t)$ 和自适应参数 θ_n：

$$u(t) = -k_n z_n - \frac{1}{2a_n^2(k_{bn}^2 - z_n^2)}\hat{\theta}_n z_n \Phi_n^{\mathrm{T}}(X_n)\Phi_n(X_n) - p_n\mu_n - g_{n-1}\mu_{n-1} \tag{4.50}$$

$$\dot{\hat{\theta}}_n = \frac{\gamma_n}{2a_n^2(k_{bn}^2 - z_n^2)} z_n^2 \Phi_n^{\mathrm{T}}(X_n)\Phi_n(X_n) - \sigma_n \hat{\theta}_n, \quad \hat{\theta}_n(0) \geqslant 0 \tag{4.51}$$

其中，$k_n > 0$ 和 $\sigma_n > 0$ 是设计参数。

由(4.49)式～(4.51)式，有

$$\dot{V}_n \leqslant -k_n \frac{z_n^2}{k_{bn}^2 - z_n^2} + \frac{1}{\gamma_n}\sigma_n \tilde{\theta}_n \hat{\theta}_n + \frac{1}{2}\bar{d}_n^2 + \frac{1}{2}a_n^2 + \frac{1}{2}\varepsilon_n^2 \tag{4.52}$$

4.4 稳定性分析

定理 4.1 考虑具有外部扰动、状态约束和输入时滞的非线性系统(4.1)式，在满足假设 4.1 和假设 4.2 的条件下，由实际控制器(4.50)式，虚拟控制律(4.13)式、(4.38)式($2 \leqslant i \leqslant n-1$)和自适应参数(4.39)式($1 \leqslant i \leqslant n$)所组成的控制方案能够确保：

(1) 闭环系统所有信号都是有界的。

(2) 跟踪误差收敛到原点附近的邻域。

(3) 所有状态信号不违反约束条件。

证明　首先,为了证明闭环系统的稳定性,选择如下 Barrier 李雅普诺夫函数 V:

$$V=\sum_{i=1}^{n}V_i=\sum_{i=1}^{n}\left(\frac{1}{2}\log\frac{k_{bi}^2}{k_{bi}^2-z_i^2}+\frac{1}{2\gamma_i}\tilde{\theta}_i^2\right) \tag{4.53}$$

由 $\tilde{\theta}_i$ 的定义有 $\tilde{\theta}_i\hat{\theta}_i\leqslant\frac{\theta_i^2}{2}-\frac{\tilde{\theta}_i^2}{2}$,对 V 求导,则有

$$\begin{aligned}\dot{V}&=\sum_{i=1}^{n}\dot{V}_i\\&\leqslant\sum_{i=1}^{n}\left(-k_i\frac{z_i^2}{k_{bi}^2-z_i^2}+\frac{1}{\gamma_i}\sigma_i\tilde{\theta}_i\hat{\theta}_i\right)+\sum_{i=1}^{n}\left(\frac{1}{2}\bar{d}_i^2+\frac{1}{2}a_i^2+\frac{1}{2}\varepsilon_i^2\right)\\&\leqslant\sum_{i=1}^{n}\left(-k_i\frac{z_i^2}{k_{bi}^2-z_i^2}+\frac{\sigma_i\theta_i^2}{2\gamma_i}-\frac{\sigma_i\tilde{\theta}_i^2}{2\gamma_i}\right)+\sum_{i=1}^{n}\left(\frac{1}{2}\bar{d}_i^2+\frac{1}{2}a_i^2+\frac{1}{2}\varepsilon_i^2\right)\\&\leqslant\sum_{i=1}^{n}\left(-k_i\frac{z_i^2}{k_{bi}^2-z_i^2}-\frac{\sigma_i\tilde{\theta}_i^2}{2\gamma_i}\right)+\sum_{i=1}^{n}\left(\frac{1}{2}\bar{d}_i^2+\frac{1}{2}a_i^2+\frac{1}{2}\varepsilon_i^2+\frac{\sigma_i\theta_i^2}{2\gamma_i}\right)\end{aligned} \tag{4.54}$$

由引理 2.4 可知

$$\log\frac{k_{bi}^2}{k_{bi}^2-z_i^2}<\frac{z_i^2}{k_{bi}^2-z_i^2} \tag{4.55}$$

所以有

$$-\frac{z_i^2}{k_{bi}^2-z_i^2}<-\log\frac{k_{bi}^2}{k_{bi}^2-z_i^2} \tag{4.56}$$

将(4.56)式代入(4.54)式中,则有

$$\begin{aligned}\dot{V}&\leqslant\sum_{i=1}^{n}\left(-k_i\log\frac{k_{bi}^2}{k_{bi}^2-z_i^2}-\frac{\sigma_i\tilde{\theta}_i^2}{2\gamma_i}\right)+\sum_{i=1}^{n}\left(\frac{1}{2}\bar{d}_i^2+\frac{1}{2}a_i^2+\frac{1}{2}\varepsilon_i^2+\frac{\sigma_i\theta_i^2}{2\gamma_i}\right)\\&\leqslant-C\sum_{i=1}^{n}\left(\frac{1}{2}\log\frac{k_{bi}^2}{k_{bi}^2-z_i^2}+\frac{1}{2\gamma_i}\tilde{\theta}_i^2\right)+D\end{aligned} \tag{4.57}$$

其中,$C=\min\{2k_i,\sigma_i:1\leqslant i\leqslant n\}$,$D=\sum_{i=1}^{n}\left(\frac{1}{2}\bar{d}_i^2+\frac{1}{2}a_i^2+\frac{1}{2}\varepsilon_i^2+\frac{\sigma_i\theta_i^2}{2\gamma_i}\right)$。

对(4.57)式两端积分,则有

$$V(t)\leqslant\left(V(0)-\frac{D}{C}\right)\mathrm{e}^{-Ct}+\frac{D}{C} \tag{4.58}$$

根据(4.53)式和(4.58)式,可以证明误差信号 z_i 和 $\tilde{\theta}_i$ 均有界,即有

$$|z_i|\leqslant k_{bi}\sqrt{1-\mathrm{e}^{V(0)-\frac{D}{C}}},\quad i=1,2,\cdots,n \tag{4.59}$$

$$\|\widetilde{\theta}_i\| \leqslant \sqrt{2\gamma_i\left(V(0) - \frac{D}{C}\right)\mathrm{e}^{-\frac{D}{C}} + \frac{D}{C}}, \quad i = 1,2,\cdots,n \tag{4.60}$$

因为 θ_i^* 和 $\widetilde{\theta}_i$ 有界,所以 $\hat{\theta}_i = \theta_i^* - \widetilde{\theta}_i$ 有界。

由第3章中(3.71)式 $V_\mu(t) \leqslant V_\mu(0)\mathrm{e}^{-\varsigma t} + \frac{\lambda}{\varsigma}(1-\mathrm{e}^{-\varsigma t})$ 可知,辅助信号 μ_i 有界,即有

$$|\mu_i| \leqslant \sqrt{2\gamma_i\left(V_\mu(0) - \frac{\lambda}{\varsigma}\right)\mathrm{e}^{-\varsigma t} + \frac{\lambda}{\varsigma}} \tag{4.61}$$

因为 $z_1 = x_1 - y_d - \mu_1$ 且 $|y_d| \leqslant A_0$,于是 $|x_1| = |z_1 + y_d + \mu_1| \leqslant k_{b1} + A_0 + |\mu_1| \leqslant k_{c1}$。由于虚拟控制律 α_1 是关于 $x_1, \hat{\theta}_1$ 和 μ_1 的函数,因此 α_1 有界。由于 $x_2 = z_2 + \alpha_1 + \mu_2$,则有 $|x_2| \leqslant k_{b2} + |\alpha_1| + |\mu_2| \leqslant k_{c2}$。进一步可以证明 $x_i, \alpha_i, \hat{\theta}_i$ 和 u 有界。

由上面的分析可知,闭环系统中所有信号都有界,并且系统状态满足约束条件。

4.5 实验仿真

例 4.1 考虑如下具有输入时滞的非线性系统:

$$\begin{cases} \dot{x}_1 = x_2 + 0.1x_1^2\cos(x_2) + d_1(t) \\ \dot{x}_2 = 0.1x_1x_2 - \sin(0.2x_1) + u(t-\tau) + d_2(t) \\ y = x_1 \end{cases} \tag{4.62}$$

其中,x_1 和 x_2 是系统的状态变量,$d_1(t) = 0.5\sin(t)$,$d_2(t) = 0.1\cos(t)$是系统外部时变扰动。系统状态初值为 $x_1(0) = -1$,$x_2(0) = 0$,并且约束条件满足 $|x_1(t)| \leqslant k_{c1} = 1.4$ 和 $|x_2(t)| \leqslant k_{c2} = 1.3$。输入时滞 $\tau = 0.6$ s,系统参考信号 $y_d = 0.5\sin(t) - \cos(0.5t)$。

控制目标 设计一个自适应神经控制器,使系统输出信号跟踪参考信号 y_d,并且系统状态满足约束条件。

根据定理4.1,虚拟控制律 α_1 和实际控制器 $u(t)$定义为

$$\alpha_1 = -k_1z_1 - \frac{1}{2a_1^2(k_{b1}^2 - z_1^2)}\hat{\theta}_1 z_1 \Phi_1^{\mathrm{T}}(X_1)\Phi_1(X_1) - p_1\mu_1 \tag{4.63}$$

$$u(t) = -k_2z_2 - \frac{1}{2a_2^2(k_{b2}^2 - z_2^2)}\hat{\theta}_2 z_2 \Phi_2^{\mathrm{T}}(X_2)\Phi_2(X_2) - p_2\mu_2 - g_1\mu_1 \tag{4.64}$$

并且,自适应参数 θ_i 定义为

$$\dot{\hat{\theta}}_i = \frac{\gamma_i}{2a_i^2(k_{bi}^2 - z_i^2)} z_i^2 \Phi_i^{\mathrm{T}}(X_i)\Phi_i(X_i) - \sigma_i\hat{\theta}_i, \quad i = 1,2 \tag{4.65}$$

其中, $z_1 = x_1 - \mu_1 - y_d$, $z_2 = x_2 - \alpha_1 - \mu_2$, $X_1 = [x_1, \mu_1, y_d, \dot{y}_d]^{\mathrm{T}}$, $X_2 = [x_1, x_2, \hat{\theta}_1, \mu_1, \mu_2, y_d, \dot{y}_d]^{\mathrm{T}}$。

在仿真过程中,辅助系统初值为 $\mu_1(0)=0$, $\mu_2(0)=0$ 和 $\mu_3(0)=0$,自适应参数的初值为 $\hat{\theta}_1(0)=0$, $\hat{\theta}_2(0)=0$。其他参数设置为 $k_1=k_2=25$, $k_{b1}=0.28$, $k_{b2}=0.39$, $\alpha_1=3$, $\alpha_2=2.2$, $p_1=0.004$, $p_2=0.6$, $g_1=0.999$, $\gamma_1=1$, $\gamma_2=1$, $\delta_1=1$, $\delta_2=1$。仿真结果如图4.1～图4.7所示。

图4.1给出了系统输出信号 x_1 和参考信号 y_d 的运动轨迹。由图4.1中的仿真结果可以看出,在系统存在输入时滞和外部时变扰动的情况下,系统输出信号 x_1 可以快速跟踪参考信号 y_d,而且系统状态没有违反约束条件。

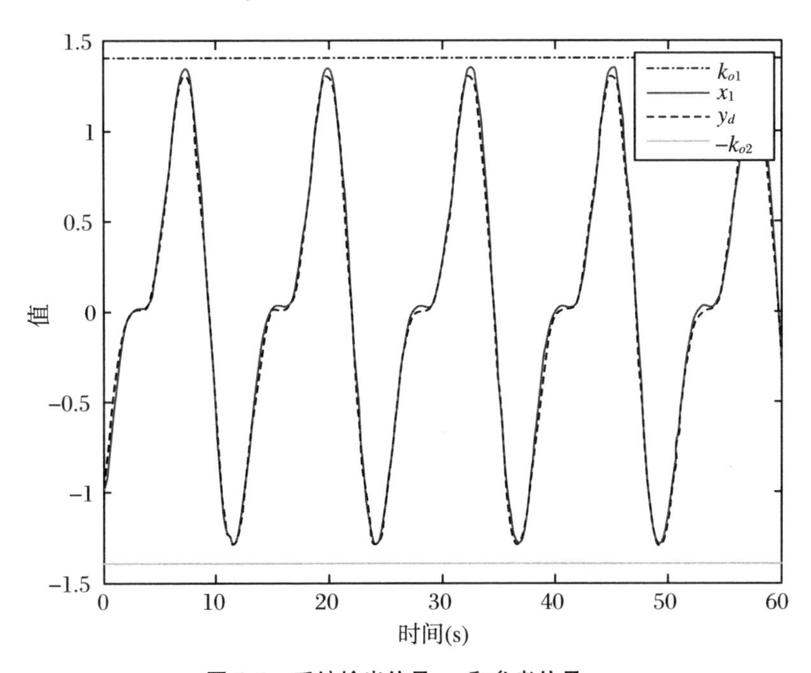

图4.1　系统输出信号 x_1 和参考信号 y_d

图4.2描述了系统状态变量 x_2 的运动轨迹。由图4.2中的仿真结果可以观察到,在系统出现输入时滞和外部时变扰动时,系统状态变量 x_2 仍然在约束区间内。

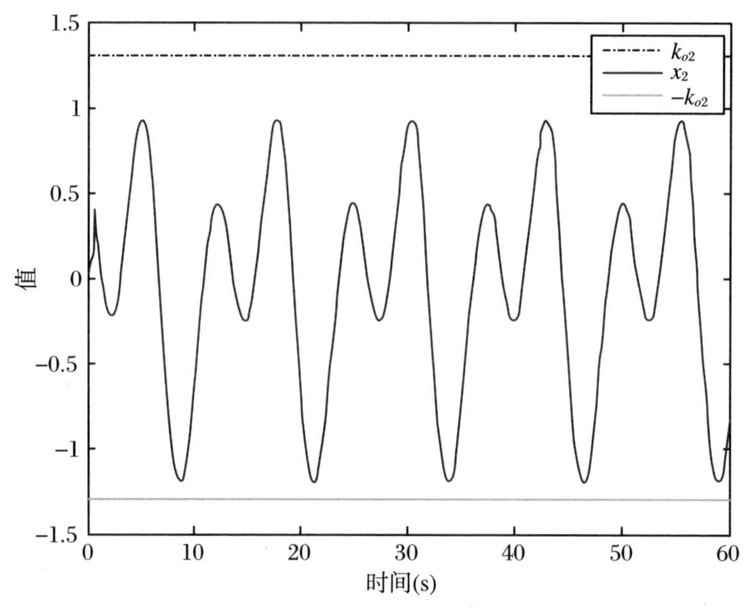

图 4.2 系统状态变量 x_2

图 4.3 和图 4.4 给出了跟踪误差信号 z_1 和 z_2 的运动轨迹。由图 4.3 和图 4.4 中的仿真结果可知,当系统存在输入时滞和外部时变扰动时,系统跟踪误差仍然在约束区间内。

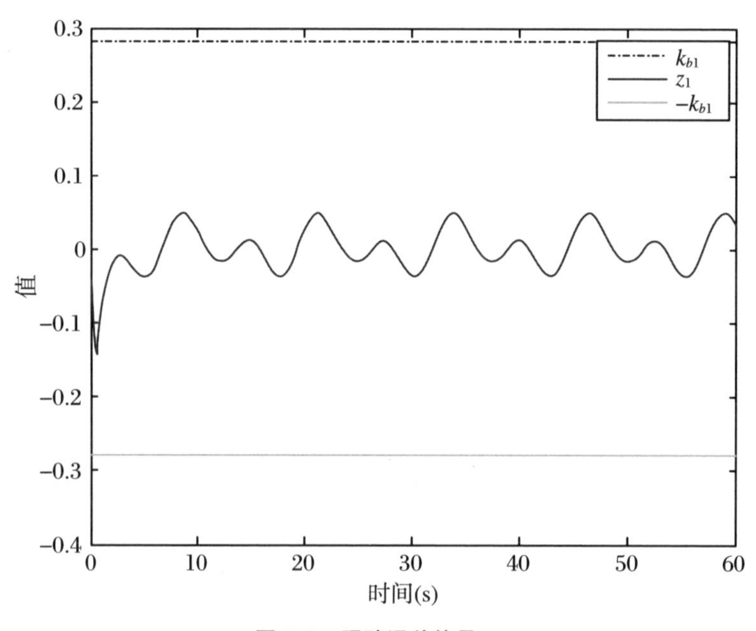

图 4.3 跟踪误差信号 z_1

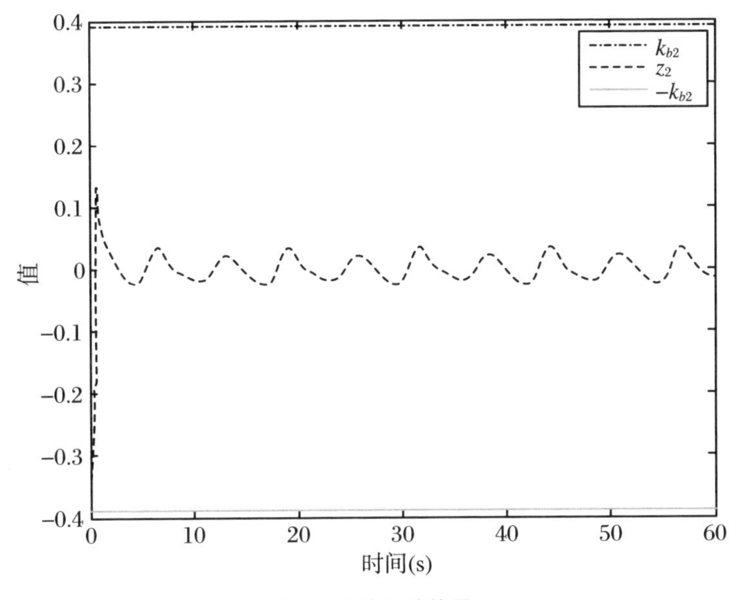

图 4.4　跟踪误差信号 z_2

图 4.5 给出了辅助系统状态变量 μ_1 和 μ_2 的运动轨迹。由仿真结果可知，辅助系统状态变量 μ_1 和 μ_2 渐近稳定。

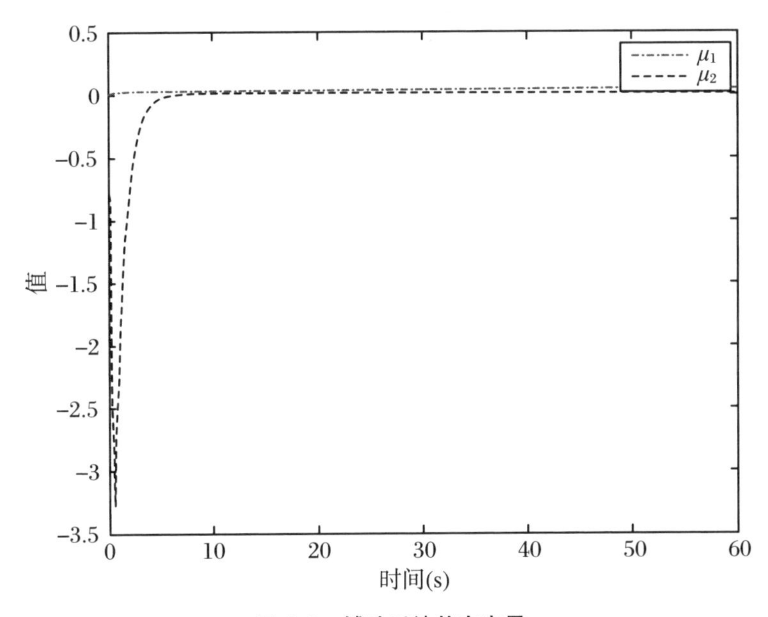

图 4.5　辅助系统状态变量

图 4.6 描述了自适应参数 $\hat{\theta}_1$ 和 $\hat{\theta}_2$ 的运动轨迹。由图 4.6 可知，自适应参数 $\hat{\theta}_1$ 和 $\hat{\theta}_2$ 有界。

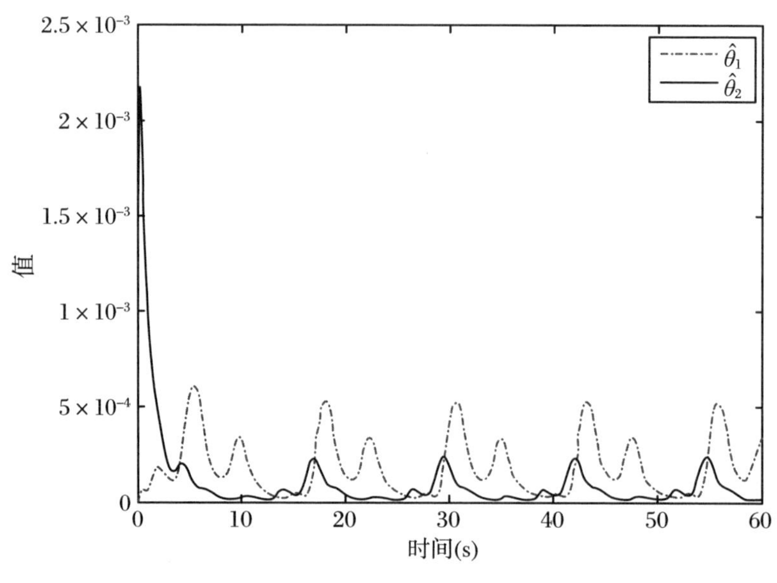

图 4.6　自适应参数

图 4.7 给出了控制输入信号 $u(t-\tau)$的运动轨迹。由图 4.7 可知,系统控制输入信号有界。

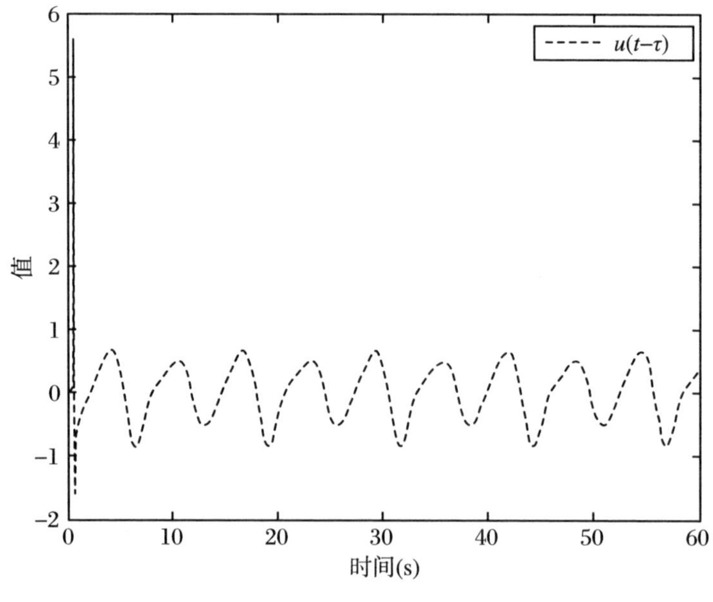

图 4.7　控制输入信号

由图 4.1～图 4.7 中的仿真结果可知,当非线性系统存在输入时滞 $\tau=0.6$ s 和外部时变扰动 $d_1(t)=0.5\sin(t)$,$d_2(t)=0.1\cos(t)$时,所提出的控制器可以使系统输出信号快速跟踪参考信号，闭环系统的所有信号有界且满足约束条件。

例 4.2　考虑图 4.8 所示的机电系统以证明所提出方法的有效性。假设系统具有如下输入时滞的动力学模型：

$$\begin{cases} M\ddot{q} + B\dot{q} + N\sin(q) + \Delta_1(\dot{q}, q, I) = I \\ L\dot{I} = -RI - K_B\dot{q} + V(t-\tau) + \Delta_2(\dot{q}, q, I) \\ y = q \end{cases} \tag{4.66}$$

其中，q 代表电机角位置，$\dot{q}$ 是电机角速度，$\ddot{q}$ 是电机角加速度，I 是电机电枢电流，$L = 0.025$ H 是电枢电感，$R = 5.0\ \Omega$ 是电枢电阻，$\Delta_1(\dot{q}, q, I)$ 和 $\Delta_2(\dot{q}, q, I)$ 表示模型误差，$V(t-\tau)$ 表示输入电压。此外，M，B 和 N 分别为

$$M = \frac{mL_0^2}{3K_\tau} + \frac{J}{K_\tau} + \frac{2M_0R_0^2}{5K_\tau} + \frac{M_0L_0^2}{K_\tau} \tag{4.67}$$

$$B = \frac{B_0}{K_\tau} \tag{4.68}$$

$$N = \frac{M_0L_0G}{K_\tau} + \frac{mL_0G}{2K_\tau} \tag{4.69}$$

其中，$m = 0.506$ kg 是链路群，$L_0 = 0.305$ m 是链路长度，$K_\tau = 0.900.90$ N·m/A 是电枢电流与转矩机电转换的系数，$K_B = 0.900.90$ N·m/A 是电动势系数，$J = 0.001625$ kg·m^2 是转子转动惯量，$M_0 = 0.434$ kg 是负载质量，$R_0 = 0.023$ m 是负载半径，$B_0 = 0.001625$ N·m·s/rad 是黏滞摩擦系数。

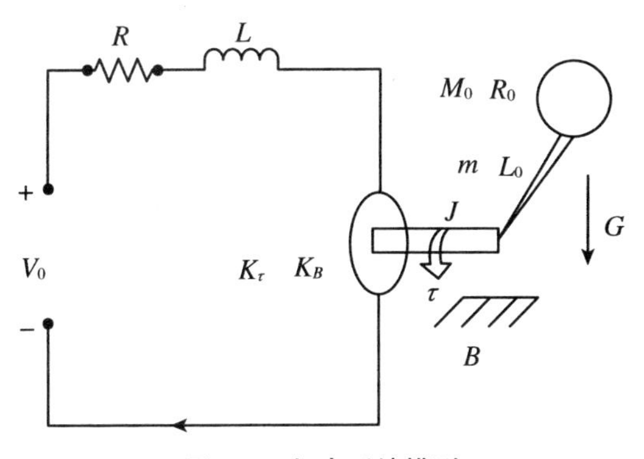

图 4.8　机电系统模型

令 $x_1 = q$，$x_2 = \dot{q}$，$x_3 = I$，$u(t-\tau) = V(t-\tau)$，模型误差 $\Delta_1(\dot{q}, q, I) = Bx_2^2x_3^3$，$\Delta_2(\dot{q}, q, I) = Rx_2^2\sin(x_3)$。考虑输入时滞 $\tau = 0.5$ s 且系统存在外部扰动 $d_1(t) = 0.01\sin(t)$，$d_2(t) = 0.1\sin(t)$，$d_3(t) = 0.2\cos(t)$，则系统(4.66)式可以改写为

$$\begin{cases}\dot{x}_1 = x_2 + d_1(t) \\ \dot{x}_2 = \dfrac{1}{M}x_3 - \dfrac{N}{M}\sin(x_1) - \dfrac{B}{M}x_2 + \dfrac{B}{M}x_2^2 x_3^3 + d_2(t) \\ \dot{x}_3 = \dfrac{1}{L}u(t-\tau) + \dfrac{K_B}{L}x_2 - \dfrac{R}{L}x_3 + \dfrac{R}{L}x_2^2\sin(x_3) + d_3(t) \\ y = x_1\end{cases} \tag{4.70}$$

系统初始条件为 $x_1(0)=0, x_2(0)=0$ 和 $x_3(0)=0$，并且约束条件满足 $|x_1(t)|\leqslant k_{c1}=1.4$，$|x_2(t)|\leqslant k_{c2}=1.2$ 和 $|x_3(t)|\leqslant k_{c3}=3.2$。系统参考信号 $y_d=0.5\sin(t)+\sin(0.5t)$。

控制目标 设计一个自适应神经控制器，使系统输出信号跟踪参考信号 y_d，并且系统状态满足约束条件。

根据定理 4.1，虚拟控制律 α_1，α_2 和实际控制器 $u(t)$ 定义为

$$\alpha_1 = -k_1 z_1 - \frac{1}{2a_1^2(k_{b1}^2 - z_1^2)}\hat{\theta}_1 z_1 \Phi_1^{\mathrm{T}}(X_1)\Phi_1(X_1) - p_1\mu_1 \tag{4.71}$$

$$\alpha_2 = -k_2 z_2 - \frac{1}{2a_2^2(k_{b2}^2 - z_2^2)}\hat{\theta}_2 z_2 \Phi_2^{\mathrm{T}}(X_2)\Phi_2(X_2) - p_2\mu_2 - g_1\mu_1 \tag{4.72}$$

$$u(t) = -k_3 z_3 - \frac{1}{2a_3^2(k_{b3}^2 - z_3^2)}\hat{\theta}_3 z_3 \Phi_3^{\mathrm{T}}(X_3)\Phi_3(X_3) - p_3\mu_3 - g_2\mu_2 \tag{4.73}$$

并且，自适应参数 θ_i 定义为

$$\dot{\hat{\theta}}_i = \frac{\gamma_i}{2a_i^2(k_{bi}^2 - z_i^2)}z_i^2\Phi_i^{\mathrm{T}}(X_i)\Phi_i(X_i) - \sigma_i\hat{\theta}_i, \quad i = 1,2,3 \tag{4.74}$$

其中，$z_1=x_1-\mu_1-y_d$，$z_2=x_2-\alpha_1-\mu_2$，$z_3=x_3-\alpha_2-\mu_3$，$X_1=[x_1,\mu_1,y_d,\dot{y}_d]^{\mathrm{T}}$，$X_2=[x_1,x_2,\hat{\theta}_1,\mu_1,\mu_2,y_d,\dot{y}_d,\ddot{y}_d]^{\mathrm{T}}$，$X_3=[x_1,x_2,x_3,\hat{\theta}_1,\hat{\theta}_2,\mu_1,\mu_2,\mu_3,y_d,\dot{y}_d,\ddot{y}_d,y_d^{(3)}]^{\mathrm{T}}$。

在仿真过程中，辅助系统初值为 $\mu_1(0)=0$，$\mu_2(0)=0$ 和 $\mu_3(0)=0$，自适应参数的初值为 $\hat{\theta}_1(0)=0$，$\hat{\theta}_2(0)=0$，$\hat{\theta}_3(0)=0$。其他设计参数设置为 $k_1=16$，$k_2=17$，$k_3=30$，$k_{b1}=0.3$，$k_{b2}=1.19$，$k_{b3}=2.4$，$a_1=4$，$a_2=2.4$，$a_3=3.2$，$p_1=2$，$p_2=4.5$，$p_3=7$，$g_1=0.2$，$g_2=2$，$\gamma_1=0.25$，$\gamma_2=0.25$，$\gamma_3=1$，$\delta_1=0.15$，$\delta_2=0.2$，$\delta_3=0.2$。仿真结果如图 4.9～图 4.17 所示。

图 4.9 给出了系统输出信号 x_1 和参考信号 y_d 的运动轨迹。由图 4.9 中的仿真结果可以看出，在机电系统存在外部时变扰动且发生输入时滞的情况下，系统输出信号 x_1 可以快速跟踪参考信号 y_d，而且系统状态没有违反约束条件。

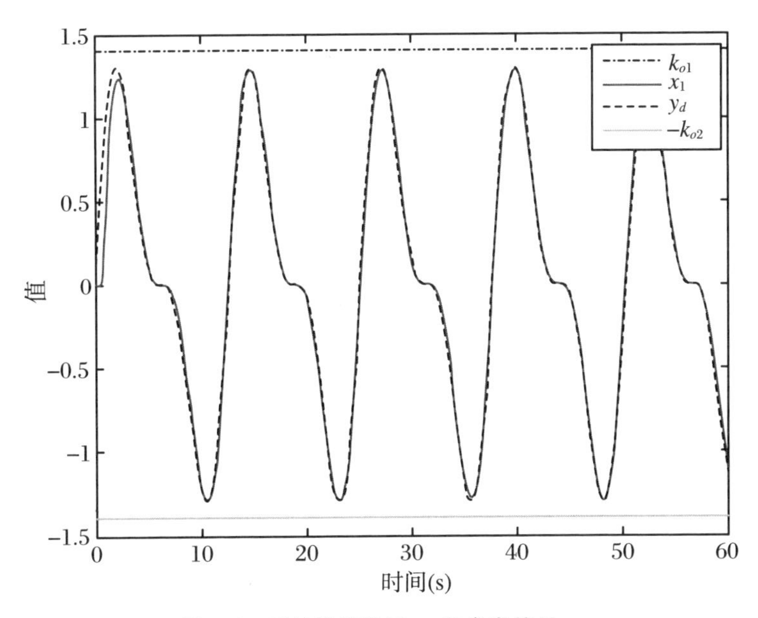

图 4.9　系统输出信号 x_1 和参考信号 y_d

图 4.10 和图 4.11 分别给出了系统状态变量 x_2 和 x_3 的运动轨迹。由图 4.10 和图 4.11 中的仿真结果可知，当系统出现外部时变扰动且发生输入时滞的情况下，系统状态变量 x_2 和 x_3 仍然在约束区间内。

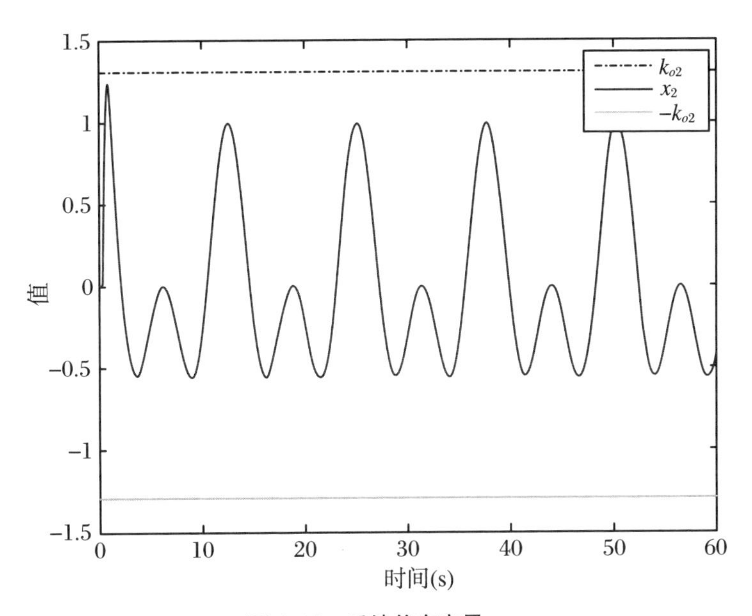

图 4.10　系统状态变量 x_2

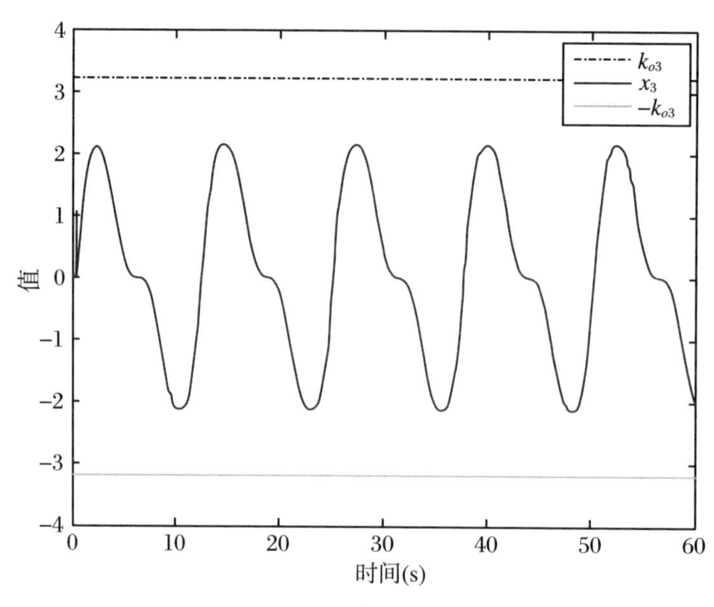

图 4.11　系统状态变量 x_3

图 4.12～图 4.14 中分别给出了跟踪误差信号 z_1,z_2 和 z_3 的运动轨迹。由图 4.12～图 4.14 中的仿真结果可知,当系统存在输入时滞和外部时变扰动时,系统跟踪误差仍然在约束区间内。

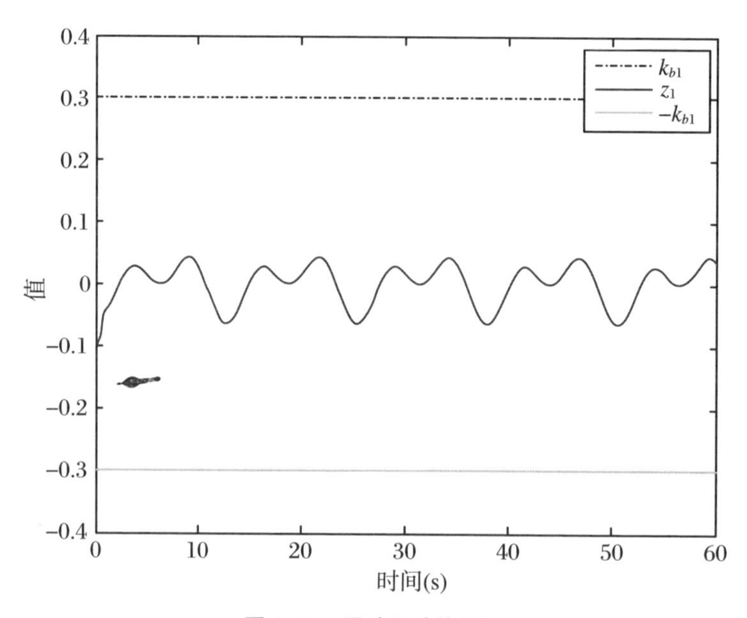

图 4.12　跟踪误差信号 z_1

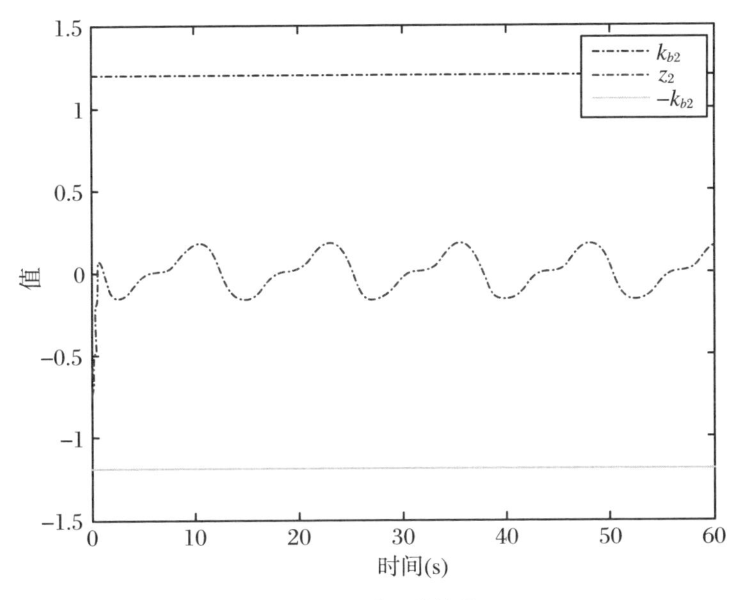

图 4.13 跟踪误差信号 z_2

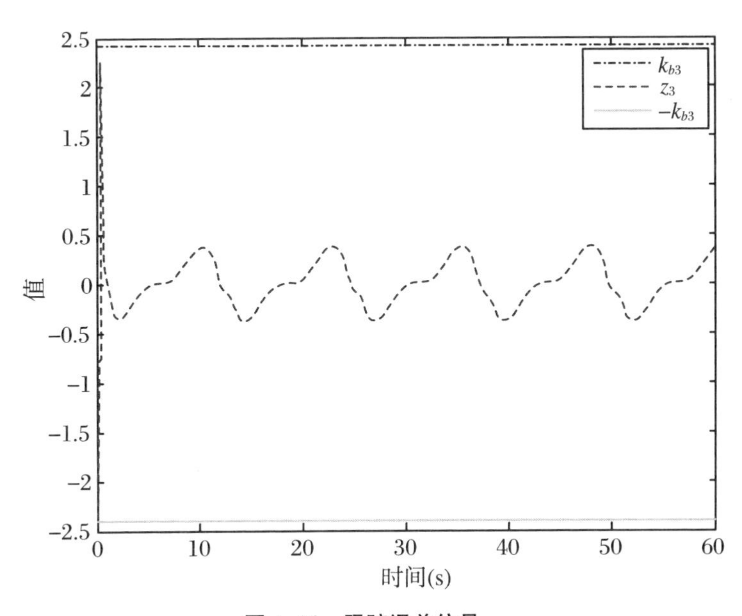

图 4.14 跟踪误差信号 z_3

图 4.15 给出了辅助系统状态变量 μ_1,μ_2 和 μ_3 的运动轨迹。由图 4.15 中的仿真结果可知,辅助系统状态变量 μ_1,μ_2 和 μ_3 有界且渐近稳定。

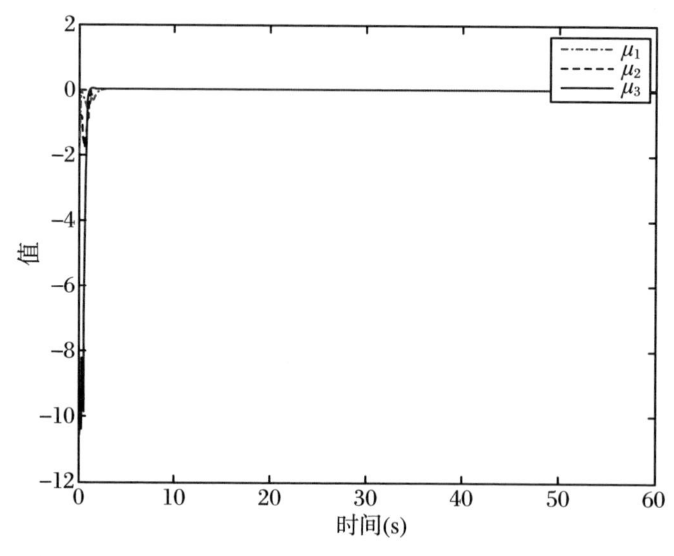

图 4.15　辅助系统状态变量

图 4.16 描述了自适应参数 $\hat{\theta}_1$，$\hat{\theta}_2$ 和 $\hat{\theta}_3$ 的运动轨迹。由图 4.16 可知，自适应参数有界。

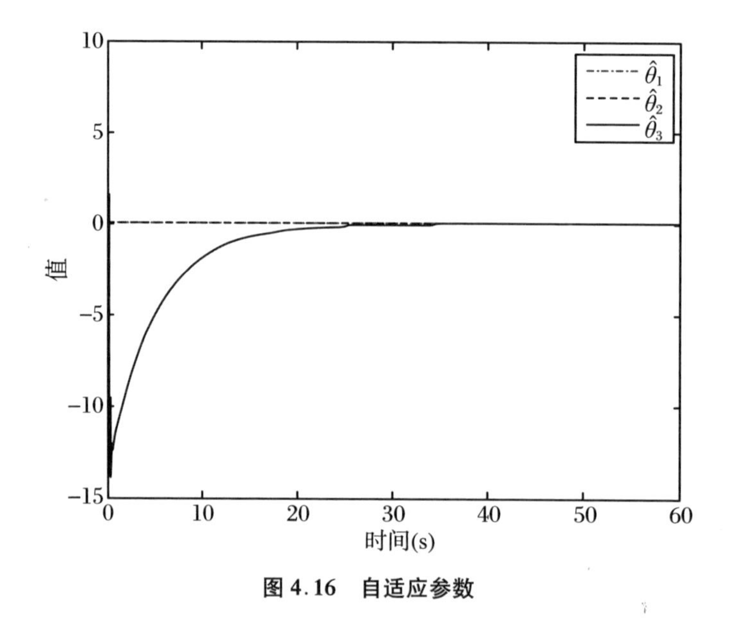

图 4.16　自适应参数

图 4.17 给出了控制输入信号 $u(t-\tau)$的运动轨迹。由图 4.17 中的仿真结果可知，系统输入信号有界。

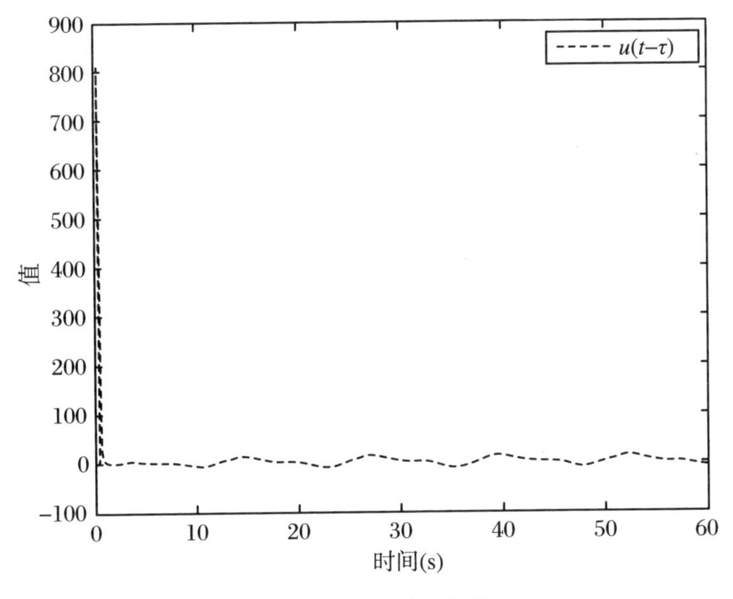

图 4.17　控制输入信号

由图 4.9～图 4.17 中的仿真结果可知，对于具有输入时滞 $\tau=0.5$ s 和外部时变扰动 $d_1(t)=0.01\sin(t)$，$d_2(t)=0.1\sin(t)$，$d_3(t)=0.2\cos(t)$的机电系统，使用所提出的自适应神经控制器在系统状态满足约束条件的前提下可以使系统输出信号快速跟踪参考信号，并且闭环系统所有信号有界。

小　结

本章给出了一类具有不匹配外部扰动、输入时滞和状态约束的一般非严格反馈不确定非线性系统的自适应神经跟踪控制框架。通过引入一种补偿机制来消除输入时滞的影响，分别采用径向基函数神经网络对未知非线性函数进行建模，并引入 Barrier 李雅普诺夫函数实现全状态约束。基于 Backstepping 技术的思想设计了一种有效的自适应跟踪控制器实现控制目标，该控制器具有有效的跟踪性能且跟踪误差的收敛区域位于原点附近的紧集内。最后，通过两个算例的仿真结果验证了该方案的优越性和有效性。

参考文献

[1] Khan M U, Li S, Wang Q, et al. CPS oriented control design for networked surveillance robots with multiple physical constraints[J]. IEEE Transactions on Computer-Aided Design of Integrated Circuits and Systems, 2016, 35(5): 778-791.

[2] He W, Chen Y, Yin Z. Adaptive neural network control of an uncertain robot with

full-state constraints[J]. IEEE Transactions on Cybernetics, 2015, 46(3): 620-629.

[3] Li D J, Li D P. Adaptive controller design-based neural networks for output constraint continuous stirred tank reactor[J]. Neurocomputing, 2015, 153: 159-163.

[4] Niu B, Zhao X, Fan X, et al. A new control method for state-constrained nonlinear switched systems with application to chemical process[J]. International Journal of Control, 2015, 88(9): 1693-1701.

[5] He W, Ge S S. Cooperative control of a nonuniform gantry crane with constrained tension[J]. Automatica, 2016, 66: 146-154.

[6] Tee K P, Ge S S, Tay E H. Barrier Lyapunov functions for the control of output-constrained nonlinear systems[J]. Automatica, 2009, 45(4): 918-927.

[7] Tang Z L, Tee K P, He W. Tangent barrier Lyapunov functions for the control of output-constrained nonlinear systems[J]. IFAC Proceedings Volumes, 2013, 46(20): 449-455.

[8] Tee K P, Ge S S. Control of state-constrained nonlinear systems using integral barrier Lyapunov functionals[C]//2012 IEEE 51st IEEE Conference on Decision and Control (CDC). IEEE, 2012: 3239-3244.

[9] Liu Y J , Li J , Tong S ,et al. Neural network control-based adaptive learning design for nonlinear systems with full-state constraints[J]. IEEE Transactions on Neural Networks and Learning Systems, 2016, 27(7): 1562-1571.

[10] Liu Y J, Tong S. Barrier Lyapunov functions-based adaptive control for a class of nonlinear pure-feedback systems with full state constraints[J]. Automatica, 2016, 64: 70-75.

[11] Liu Y J, Ma L, Liu L, et al. Adaptive neural network learning controller design for a class of nonlinear systems with time-varying state constraints[J]. IEEE Transactions on Neural Networks and Learning Systems, 2019, 31(1): 66-75.

[12] Wang C, Wu Y. Finite-time tracking control for strict-feedback nonlinear systems with time-varying output constraints[J]. International Journal of Systems Science, 2018, 49(7): 1-5.

[13] Jin X, Xu J X. Iterative learning control for output-constrained systems with both parametric and nonparametric uncertainties[J]. Automatica, 2013, 49(8): 2508-2516.

[14] Rahimi H N, Howard I, Cui L. Neural adaptive tracking control for an uncertain robot manipulator with time-varying joint space constraints[J]. Mechanical Systems and Signal Processing, 2018, 112: 44-60.

[15] Liu L, Gao T, Liu Y J, et al. Time-varying IBLFs-based adaptive control of uncertain nonlinear systems with full state constraints[J]. Automatica, 2021, 129: 109595.

[16] Tang Z L, Ge S S, Tee K P, et al. Robust adaptive neural tracking control for a class of

perturbed uncertain nonlinear systems with state constraints[J]. IEEE Transactions on Systems, Man, and Cybernetics: Systems, 2016, 46(12): 1618-1629.

[17] Zhang J. Integral barrier Lyapunov functions-based neural control for strict-feedback nonlinear systems with multi-constraint [J]. International Journal of Control, Automation and Systems, 2018, 16(4): 2002-2010.

第5章　基于扰动观测器的输入时滞系统跟踪控制

5.1　引　　言

许多实际工程系统经常遭受不同的外部扰动(干扰),这些扰动通常是时变且未知的,很难获得它们的准确信息,这也增加了系统控制的难度。扰动会破坏闭环系统的控制性能,甚至导致灾难性的后果。因此,有必要考虑闭环系统的外部扰动抑制性能。与外部时变扰动相比,输入死区是一个典型的非光滑非线性问题,它经常出现在控制系统的许多物理部件中。然而,由于实际工程中制动器提供的控制力是有限的,当系统中出现输入死区和输入时滞的情况时,如何提高受干扰的被控系统的鲁棒性是一个值得考虑的课题。

1987年,Nakao等人提出了基于扰动观测器的控制策略提高了受干扰系统的控制性能。[1]与一般的自适应控制方法不同,扰动观测器可以估计外部扰动,并为控制律设计提供有价值的信息。因此,使用扰动观测器策略可以有效地提高闭环系统的鲁棒性。Wei和Chen等人受此思想启发,分别针对具有扰动的严格反馈非线性系统,提出了自适应滑模控制方案。[2-3]基于神经网络和扰动观测器,Chen等人研究了一类具有外部扰动和输入饱和的不确定非线性系统自适应动态面控制方案。[4]随后,Chen等人基于神经网络和扰动观测器,研究了多输入和多输出不确定非线性系统自适应神经控制方案。[5]Wei等人针对具有不匹配的外部扰动的随机系统提出了基于观测器的扰动抑制方案。[6-7]Xu等人基于模糊逻辑系统提出了基于扰动观测器的不确定非线性系统自适应控制方案。[8]最近,Chen等人针对具有外部扰动的四旋翼飞行器,提出了一种基于扰动观测器的跟踪飞行控制方案。[9]然而,上述基于扰动观测器的控制方案很少考虑输入死区和输入时滞问题。作为实际系统中经常存在的一些非线性输入问题,死区现象是其中最普遍的一个,它的存在常常会破坏系统的控制性能,甚至导致系统不稳定。[10-11]由于输入死区和输入时滞是实际工程系统中常见的现象,当输入死区和输入时滞出现时,干扰观测器提供的输出并不能被控制信号及时有效利用。因此,如果忽略输入死区和输入时滞的影响,则会导致被控系统的性能恶化,从而导致系统不稳定。

本章将针对具有外部时变扰动、输入死区和输入时滞的不确定非线性系统给出基于扰动观测器的自适应神经跟踪控制方案，并且在控制器设计过程中引入动态面机制，避免对虚拟控制律重复微分造成的“复杂性爆炸”问题。

5.2 问题描述

考虑如下一类具有输入时滞和输入死区的不确定非线性系统：

$$\begin{cases} \dot{x}_i(t) = f_i(\bar{x}_i(t)) + x_{i+1} + d_i(t), \quad 1 \leqslant i \leqslant n-1 \\ \dot{x}_n(t) = f_n(\bar{x}_n(t)) + D(v(t-\tau)) + d_n(t) \\ y = x_1(t) \end{cases} \tag{5.1}$$

其中，状态变量 $\bar{x}_i(t) = [x_1(t), x_2(t), \cdots, x_i(t)]^{\mathrm{T}} \in \mathbf{R}^i$，$i = 1, 2, \cdots, n$；$D(v(t-\tau)) \in \mathbf{R}$ 是具有时滞的输入死区，τ 是输入时滞；$y \in \mathbf{R}$ 是系统输出。对于 $1 \leqslant i \leqslant n$，$f_i(\cdot)$ 是未知的光滑非线性函数，d_i 是未知的外部时变扰动。

$D(v(t))$ 定义为

$$D(v(t)) = \begin{cases} m_{\mathrm{r}}(v(t) - b_{\mathrm{r}}), & v(t) \geqslant b_{\mathrm{r}} \\ 0, & b_{\mathrm{l}} < v(t) < b_{\mathrm{r}} \\ m_{\mathrm{l}}(v(t) - b_{\mathrm{l}}), & v(t) < b_{\mathrm{l}} \end{cases} \tag{5.2}$$

其中，$v(t) \in \mathbf{R}$ 表示死区输入，$D(\cdot)$ 表示死区输出。

假设 5.1[10] 假设死区斜率满足 $m_{\mathrm{r}} = m_{\mathrm{l}} = m$。

假设 5.2[10] 假设死区参数 m，b_{r} 和 b_{l} 有界并且满足，$m_{\min} < m < m_{\max}$，$b_{\mathrm{r}_{\min}} < b_{\mathrm{r}} < b_{\mathrm{r}_{\max}}$，$b_{\mathrm{l}_{\min}} < b_{\mathrm{l}} < b_{\mathrm{l}_{\max}}$，其中，$m_{\min}$，$m_{\max}$，$b_{\mathrm{r}_{\min}}$，$b_{\mathrm{r}_{\max}}$，$b_{\mathrm{l}_{\min}}$ 和 $b_{l_{\max}}$ 是已知常数。

假设 5.3[10] 假设 m，b_{r} 和 b_{l} 的符号已知，即 $m > 0$，$b_{\mathrm{r}} > 0$ 和 $b_{\mathrm{l}} < 0$。于是，(5.2)式可以重写为

$$D(v(t)) = mv(t) + d(v(t)) \tag{5.3}$$

其中，

$$d(v(t)) = \begin{cases} -mb_{\mathrm{r}}, & v(t) \geqslant b_{\mathrm{r}} \\ -mv(t), & b_{\mathrm{l}} < v(t) < b_{\mathrm{r}} \\ -mb_{\mathrm{l}}, & v(t) < b_{\mathrm{l}} \end{cases} \tag{5.4}$$

由假设 5.1 和 5.2 可知，$d(v(t))$ 有界，即有 $|d(v(t))| \leqslant d^*$，且 $d^* = \max\{mb_{\mathrm{r}}, mb_{\mathrm{l}}\}$。

控制任务 针对具有外部时变扰动、输入死区和输入时滞的严格反馈非线性

系统(5.1)式设计一个基于扰动观测器的自适应神经动态面控制方案，使闭环系统表现出更好的抗扰性能并且使系统输出信号有效跟踪参考信号 $y_d(t)$。

假设 5.4　未知的外部扰动 d_i 有界，即存在一个未知的正常数 d_{iU} 满足 $|d_i|\leqslant d_{iU}(i=1,2,\cdots,n)$。

假设 5.5[12]　假设参考信号 $y_d(t)$ 及其二阶时间导数 $\ddot{y}_d(t)$ 连续有界，即存在正数 B_0 使得 $\Theta_0:=\{(y_d,\dot{y}_d,\ddot{y}_d):(y_d)^2+(\dot{y}_d)^2+(\ddot{y}_d)^2\leqslant B_0\}$。

5.3　自适应跟踪控制器设计

在本节中，首先构造辅助系统用于处理系统输入时滞问题，然后基于 Backstepping 技术设计一种基于扰动观测器和自适应动态面技术的自适应神经跟踪控制方案。

首先，为了补偿输入时滞和输入死区对控制器设计的影响，引入辅助系统：

$$\begin{cases}\dot{\mu}_1=\mu_2-p_1\mu_1\\ \dot{\mu}_i=\mu_{i+1}-p_i\mu_i-g_{i-1}\mu_{i-1},\quad i=2,3,\cdots,n-1\\ \dot{\mu}_n=-p_n\mu_n-g_{n-1}\mu_{n-1}+D(v(t-\tau))-D(v(t))\end{cases}\tag{5.5}$$

其中，$p_1-\dfrac{|1-g_1|}{2}>0$；$p_i-\dfrac{|1-g_i|+|1-g_{i-1}|}{2}>0$，$i=2,3,\cdots,n-1$；$p_n-\dfrac{|1-g_{n-1}|}{2}-1>0$。辅助系统中的状态信号 μ_i 的初值 $\mu_i(0)=0,1<i<n$。

由(5.5)式的定义可知，如果输入时滞 $\tau=0$ 且 $\mu_i(0)=0$，则辅助系统(5.5)式中的状态信号 μ_i 仍然为 0。

接下来，我们给出如下坐标变换：

$$\begin{cases}z_1=x_1-y_d-\mu_1\\ z_i=x_i-\omega_i-\mu_i,\quad i=2,3,\cdots,n\end{cases}\tag{5.6}$$

其中，ω_i 是滤波器输出信号，其定义为

$$\xi_i\dot{\omega}_i+\omega_i=\alpha_{i-1},\quad \omega_i(0)=\alpha_{i-1}(0)\tag{5.7}$$

在(5.7)式中，ξ_i 是设计参数，α_{i-1}是滤波器输入信号。

滤波器误差定义为

$$e_i=\omega_i-\alpha_{i-1},\quad i=2,3,\cdots,n\tag{5.8}$$

第 1 步　根据(5.1)式、(5.5)式和(5.6)式，z_1 的时间导数计算如下：

$$\dot{z}_1=\dot{x}_1-\dot{y}_d-\dot{\mu}_1$$

$$= f_1(\bar{x}_1) + x_2 + d_1 - \dot{y}_d - \mu_2 + p_1\mu_1 \tag{5.9}$$

令 x_2 为虚拟控制输入，则期望反馈信号 α_1^* 定义为

$$\alpha_1^* = -k_1 z_1 - f_1(\bar{x}_1) - d_1 - p_1\mu_1 + \dot{y}_d \tag{5.10}$$

对于未知非线性函数 $f_1(\bar{x}_1)$，根据神经网络的逼近性能，对于任意的 $\varepsilon_1 > 0$，存在一个神经网络 $W_1^{*\mathrm{T}}\Phi_1(Z_1)$ 使得

$$f_1(\bar{x}_1) = W_1^{*\mathrm{T}}\Phi_1(Z_1) + \delta_1(Z_1), \quad |\delta_1(Z_1)| \leqslant \varepsilon_1 \tag{5.11}$$

其中，$Z_1 = [x_1]^{\mathrm{T}}$ 表示输入向量，$\delta_1(Z_1)$ 代表逼近误差。

根据(5.11)式，(5.10)式可以重写为

$$\alpha_1^* = -k_1 z_1 - W_1^{*\mathrm{T}}\Phi_1(Z_1) - D_1 - p_1\mu_1 + \dot{y}_d \tag{5.12}$$

其中，$D_1 = \delta_1(Z_1) + d_1 \leqslant \varepsilon_1 + d_{1\mathrm{U}} = \bar{D}_1$。此外，基于假设5.4和神经网络的逼近性能，$\dot{D}_1$ 有界，且 $|\dot{D}_1| \leqslant \bar{\bar{D}}_1$。

由于 W_1^* 和 D_1 未知，因此 $\hat{W}_1$ 和 $\hat{D}_1$ 可以分别用于估计 W_1^* 和 D_1。于是虚拟控制律和自适应参数可以设计为

$$\alpha_1 = -k_1 z_1 - \hat{W}_1^{\mathrm{T}}\Phi_1(Z_1) - \hat{D}_1 - p_1\mu_1 + \dot{y}_d \tag{5.13}$$

$$\dot{\hat{W}}_1 = \Lambda_1 z_1 \Phi_1(Z_1) - \sigma_1 \hat{W}_1 \tag{5.14}$$

其中，$\Lambda_1 = \Lambda_1^{\mathrm{T}} > 0$ 和 $\sigma_1 > 0$ 是设计参数。

为了解决对虚拟控制律 α_1 反复求导导致的“复杂性爆炸”问题，将虚拟控制律 α_1 通过(5.7)式中定义的一阶滤波器 ω_2，其中滤波器时间参数为 ξ_2，滤波器误差 e_2 定义如(5.8)式所示。

于是有

$$\dot{\omega}_2 = -\frac{e_2}{\xi_2} \tag{5.15}$$

其中，

$$\dot{e}_2 = \dot{\omega}_2 - \dot{\alpha}_1 = -\frac{e_2}{\xi_2} - \dot{\alpha}_1 = -\frac{e_2}{\xi_2} + M_2(\cdot) \tag{5.16}$$

式中，$M_2(\cdot)$ 是连续函数，其定义如下式所示：

$$\begin{aligned} M_2(\cdot) &= M_2(z_1, z_2, e_2, \hat{W}_1, y_d, \dot{y}_d, \ddot{y}_d, \hat{D}_1, \mu_1) \\ &= -\left(\frac{\partial\alpha_1}{\partial x_1}\dot{x}_1 + \frac{\partial\alpha_1}{\partial z_1}\dot{z}_1 + \frac{\partial\alpha_1}{\partial\hat{W}_1}\dot{\hat{W}}_1 + \frac{\partial\alpha_1}{\partial y_d}\dot{y}_d + \frac{\partial\dot{\alpha}_1}{\partial\hat{D}_1}\dot{\hat{D}}_1 + \frac{\partial\alpha_1}{\partial\mu_1}\dot{\mu}_1\right) \end{aligned} \tag{5.17}$$

进一步，对于任意 B_0 和 ϑ，紧集 $\Theta_0 := \{(y_d, \dot{y}_d, \ddot{y}_d) : (y_d)^2 + (\dot{y}_d)^2 +$

$(\ddot{y}_d)^2 \leqslant B_0\} \in \mathbf{R}^3$ 和紧集 $\Theta_2 := \left\{\sum_{j=1}^{2} z_j^2 + \tilde{W}_1^{\mathrm{T}} \Lambda_1^{-1} \tilde{W}_1 + e_2^2 \leqslant 2\vartheta\right\} \in \mathbf{R}^{N_1+3}$，其中，$N_1$ 是 $\tilde{W}_1^{\mathrm{T}}$ 的维数。由文献[12]的研究结果可知，$M_2(\cdot)$存在一个最大值 B_2。

根据(5.9)式和(5.13)式，有

$$\dot{z}_1 = -k_1 z_1 + \tilde{W}_1^{\mathrm{T}} \Phi_1(Z_1) + \tilde{D}_1 + z_2 + e_2 \tag{5.18}$$

其中，$\tilde{W}_1 = W_1^* - \hat{W}_1$ 和 $\tilde{D}_1 = D_1 - \hat{D}_1$ 分别表示对 W_1^* 和 D_1 的估计误差。

为了估计未知不确定项 D_1，引入辅助变量 γ_1 用于设计扰动观测器，即

$$\gamma_1 = z_1 - o_1 \tag{5.19}$$

其中，o_1 是内联变量，其定义为

$$\dot{o}_1 = h_1 \gamma_1 + x_2 - \dot{y}_d - \mu_2 + p_1 \mu_1 \tag{5.20}$$

其中，$h_1 > 0$ 是设计参数。

根据(5.18)式～(5.20)式对 γ_1 求导，则有

$$\begin{aligned}\dot{\gamma}_1 &= \dot{z}_1 - \dot{o}_1 \\ &= W_1^{*\mathrm{T}} \Phi_1(Z_1) + D_1 - h_1 \gamma_1\end{aligned} \tag{5.21}$$

下面，定义扰动观测器：

$$\hat{D}_1 = l_1(\gamma_1 - \varphi_1) \tag{5.22}$$

其中，$l_1 > 0$ 是设计参数；φ_1 是内联变量，其定义为

$$\dot{\varphi}_1 = -h_1 \gamma_1 + \hat{D}_1 \tag{5.23}$$

根据(5.21)式和(5.23)式，对 $\hat{D}_1$ 求导，则有

$$\dot{\hat{D}}_1 = l_1 W_1^{*\mathrm{T}} \Phi_1(Z_1) + l_1 \tilde{D}_1 \tag{5.24}$$

进而有

$$\dot{\tilde{D}}_1 = \dot{D}_1 - l_1 W_1^{*\mathrm{T}} \Phi_1(Z_1) - l_1 \tilde{D}_1 \tag{5.25}$$

由(5.21)式、(5.25)式和(5.16)式，根据杨不等式和假设 5.4，有

$$\begin{aligned}\gamma_1 \dot{\gamma}_1 &= \gamma_1 W_1^{*\mathrm{T}} \Phi_1(Z_1) + \gamma_1 D_1 - h_1 \gamma_1^2 \\ &\leqslant r_1 \|\Phi_1(Z_1)\|^2 \gamma_1^2 + \frac{1}{r_1} \|W_1^{*\mathrm{T}}\|^2 + \frac{1}{2}\gamma_1^2 + \frac{1}{2} D_1^2 - h_1 \gamma_1^2 \\ &\leqslant r_1 \varphi_1^2 \gamma_1^2 + \frac{1}{r_1} \|W_1^{*\mathrm{T}}\|^2 + \frac{1}{2}\gamma_1^2 + \frac{1}{2} D_1^2 - h_1 \gamma_1^2 \\ &\leqslant -\left(h_1 - r_1 \varphi_1^2 - \frac{1}{2}\right)\gamma_1^2 + \frac{1}{r_1}\|W_1^{*\mathrm{T}}\|^2 + \frac{1}{2}\bar{D}_1^2\end{aligned} \tag{5.26}$$

$$\begin{aligned}\tilde{D}_1 \dot{\tilde{D}}_1 &= \tilde{D}_1 \dot{D}_1 - \tilde{D}_1 \dot{\hat{D}}_1 \\ &= \tilde{D}_1 \dot{D}_1 - l_1 \tilde{D}_1 W_1^{*\mathrm{T}} \Phi_1(Z_1) - l_1 \tilde{D}_1 \tilde{D}_1\end{aligned}$$

$$\leqslant \frac{1}{2}\tilde{D}_1^2 + \frac{1}{2}\dot{D}_1^2 - l_1\tilde{D}_1 W_1^{*\mathrm{T}}\Phi_1(Z_1) - l_1\tilde{D}_1^2$$

$$\leqslant \frac{1}{2}\tilde{D}_1^2 + \frac{1}{2}\dot{D}_1^2 + r_1\varphi_1^2\tilde{D}_1^2 + \frac{l_1^2}{r_1}\|W_1^{*\mathrm{T}}\|^2 - l_1\tilde{D}_1^2$$

$$\leqslant -\left(-\frac{1}{2} - r_1\varphi_1^2 + l_1\right)\tilde{D}_1^2 + \frac{1}{2}\bar{D}_1^2 + \frac{l_1^2}{r_1}\|W_1^{*\mathrm{T}}\|^2 \tag{5.27}$$

其中，r_1 是设计参数，$|\Phi_1(Z_1)| \leqslant \varphi_1$。

$$\begin{aligned} e_2\dot{e}_2 &= e_2(\dot{\omega}_2 - \dot{\alpha}_1) \\ &= e_2\left(\frac{-e_2}{\xi_2} - \dot{\alpha}_1\right) \\ &= e_2\left(\frac{-e_2}{\xi_2}\right) + e_2 M_2(z_1, z_2, e_2, \hat{W}_1, y_d, \dot{y}_d, \ddot{y}_d, \hat{D}_1, \mu_1) \\ &\leqslant -\frac{1}{\xi_2}e_2^2 + \frac{1}{2}e_2^2 + \frac{1}{2}B_2^2 \end{aligned} \tag{5.28}$$

选择如下李雅普诺夫函数：

$$V_1 = \frac{1}{2}z_1^2 + \frac{1}{2}\tilde{W}_1^{\mathrm{T}}\Lambda_1^{-1}\tilde{W}_1 + \frac{1}{2}\gamma_1^2 + \frac{1}{2}\tilde{D}_1^2 + \frac{1}{2}e_2^2 \tag{5.29}$$

对 V_1 求导，则有

$$\begin{aligned} \dot{V}_1 &= z_1\dot{z}_1 - \tilde{W}_1^{\mathrm{T}}\Lambda_1^{-1}\dot{\hat{W}}_1 + \gamma_1\dot{\gamma}_1 + \tilde{D}_1\dot{\tilde{D}}_1 + e_2\dot{e}_2 \\ &= z_1(-k_1 z_1 + \tilde{W}_1^{\mathrm{T}}\Phi_1(Z_1) + \tilde{D}_1 + z_2 + e_2) \\ &\quad - \tilde{W}_1^{\mathrm{T}}\Lambda_1^{-1}\dot{\hat{W}}_1 + \gamma_1\dot{\gamma}_1 + \tilde{D}_1\dot{\tilde{D}}_1 + e_2\dot{e}_2 \\ &= -k_1 z_1^2 + z_1 z_2 + z_1 e_2 + z_1\tilde{D}_1 + \sigma_1\tilde{W}_1^{\mathrm{T}}\hat{W}_1 + \gamma_1\dot{\gamma}_1 + \tilde{D}_1\dot{\tilde{D}}_1 + e_2\dot{e}_2 \end{aligned} \tag{5.30}$$

根据(5.26)式～(5.28)式和完全平方公式，(5.30)式可以改写为

$$\begin{aligned} \dot{V}_1 \leqslant & -k_1 z_1^2 + z_1 z_2 + \frac{1}{2}z_1^2 + \frac{1}{2}e_2^2 + \frac{1}{2}z_1^2 + \frac{1}{2}\tilde{D}_1^2 + \sigma_1\tilde{W}_1^{\mathrm{T}}\hat{W}_1 \\ & + \gamma_1\dot{\gamma}_1 + \tilde{D}_1\dot{\tilde{D}}_1 + e_2\dot{e}_2 \\ \leqslant & -k_1 z_1^2 + z_1 z_2 + \frac{1}{2}z_1^2 + \frac{1}{2}e_2^2 + \frac{1}{2}z_1^2 + \frac{1}{2}\tilde{D}_1^2 + \sigma_1\tilde{W}_1^{\mathrm{T}}\hat{W}_1 \\ & - \left(h_1 - r_1\varphi_1^2 - \frac{1}{2}\right)\gamma_1^2 + \frac{1}{r_1}\|W_1^{*\mathrm{T}}\|^2 + \frac{1}{2}\bar{D}_1^2 \\ & - \left(-\frac{1}{2} - r_1\varphi_1^2 + l_1\right)\tilde{D}_1^2 + \frac{1}{2}\bar{D}_1^2 + \frac{l_1^2}{r_1}\|W_1^{*\mathrm{T}}\|^2 \\ & - \frac{1}{\xi_2}e_2^2 + \frac{1}{2}e_2^2 + \frac{1}{2}B_2^2 \end{aligned}$$

$$\leqslant -(k_1-1)z_1^2-\left(h_1-r_1\varphi_1^2-\frac{1}{2}\right)\gamma_1^2-(-1-r_1\varphi_1^2+l_1)\tilde{D}_1^2-\left(\frac{1}{\xi_2}-1\right)e_2^2$$

$$+z_1z_2+\sigma_1\tilde{W}_1^{\mathrm{T}}\hat{W}_1+\frac{1+l_1^2}{r_1}\|W_1^{*\mathrm{T}}\|^2+\frac{1}{2}\bar{D}_1^2+\frac{1}{2}\bar{\bar{D}}_1^2+\frac{1}{2}B_2^2 \tag{5.31}$$

第 i 步（$2\leqslant i\leqslant n-1$） 根据(5.1)式、(5.5)式和(5.6)式，对 z_i 求导，则有

$$\begin{aligned}\dot{z}_i&=\dot{x}_i-\dot{\omega}_i-\dot{\mu}_i\\&=f_i(\bar{x}_i)+x_{i+1}+d_i-\dot{\omega}_i-\mu_{i+1}+p_i\mu_i+g_{i-1}\mu_{i-1}\end{aligned} \tag{5.32}$$

令 x_{i+1} 为虚拟控制输入，则期望反馈信号 α_i^* 定义为

$$\alpha_i^*=-z_{i-1}-k_iz_i-f_i(\bar{x}_i)-d_i-p_i\mu_i-g_{i-1}\mu_{i-1}+\dot{\omega}_i \tag{5.33}$$

对于未知非线性函数 $f_i(\bar{x}_i)$，根据神经网络的逼近性能，对于任意的 $\varepsilon_i>0$，存在一个神经网络 $W_i^{*\mathrm{T}}\Phi_i(Z_i)$ 使得

$$f_i(\bar{x}_i)=W_i^{*\mathrm{T}}\Phi_i(Z_i)+\delta_i(Z_i),\quad |\delta_i(Z_i)|\leqslant\varepsilon_i \tag{5.34}$$

其中，$Z_i=[x_1,x_2,\cdots,x_i]^{\mathrm{T}}$ 表示输入向量，$\delta_i(Z_i)$ 表示逼近误差。

根据(5.34)式，则(5.33)式可以重写为

$$\alpha_i^*=-z_{i-1}-k_iz_i-W_i^{*\mathrm{T}}\Phi_i(Z_i)-D_i-p_i\mu_i-g_{i-1}\mu_{i-1}+\dot{\omega}_i \tag{5.35}$$

其中，$D_i=\delta_i(Z_i)+d_i\leqslant\varepsilon_i+d_{i\mathrm{U}}=\bar{D}_i$。此外，基于假设 5.4 和神经网络的逼近性能，$\dot{D}_i$ 有界，且 $|\dot{D}_i|\leqslant\bar{\bar{D}}_i$。

由于 W_i^* 和 D_i 未知，因此 $\hat{W}_i$ 和 $\hat{D}_i$ 可以分别用于估计 W_i^* 和 D_i。于是虚拟控制律和自适应参数可以设计为

$$\alpha_i=-z_{i-1}-k_iz_i-\hat{W}_i^{\mathrm{T}}\Phi_i(Z_i)-\hat{D}_i-p_i\mu_i-g_{i-1}\mu_{i-1}+\dot{\omega}_i \tag{5.36}$$

$$\dot{\hat{W}}_i=\Lambda_iz_i\Phi_i(Z_i)-\sigma_i\hat{W}_i \tag{5.37}$$

其中，$\Lambda_i=\Lambda_i^{\mathrm{T}}>0$ 和 $\sigma_i>0$ 是设计参数。

为了解决对虚拟控制律 α_i 反复求导导致的“复杂性爆炸”问题，将虚拟控制律 α_i 通过(5.7)式中定义的一阶滤波器 ω_{i+1}，其中滤波器时间参数为 ξ_{i+1}，滤波器误差 e_{i+1} 定义如下式所示：

$$\dot{\omega}_{i+1}=-\frac{e_{i+1}}{\xi_{i+1}} \tag{5.38}$$

其中，

$$\begin{aligned}\dot{e}_{i+1}&=\dot{\omega}_{i+1}-\dot{\alpha}_i\\&=-\frac{e_{i+1}}{\xi_{i+1}}-\dot{\alpha}_i\\&=-\frac{e_{i+1}}{\xi_{i+1}}+M_{i+1}(\cdot)\end{aligned} \tag{5.39}$$

式中，$M_{i+1}(\cdot)$是连续函数，其定义如下式所示：

$$
\begin{aligned}
&M_{i+1}(\cdot)\\
&= M_{i+1}(z_1,\cdots,z_{i+1},e_2,\cdots,e_{i+1},\hat{W}_1,\cdots,\hat{W}_i,y_d,\dot{y}_d,\ddot{y}_d,\hat{D}_1,\cdots,\hat{D}_i,\mu_1,\cdots,\mu_i)\\
&= -\left(\frac{\partial\alpha_i}{\partial x_i}\dot{x}_i + \frac{\partial\alpha_i}{\partial z_i}\dot{z}_i + \frac{\partial\alpha_i}{\partial\hat{W}_i}\dot{\hat{W}}_i + \frac{\partial\alpha_i}{\partial y_d}\dot{y}_d + \frac{\partial\dot{\alpha}_i}{\partial\hat{D}_i}\dot{\hat{D}}_i + \frac{\partial\alpha_i}{\partial\mu_i}\dot{\mu}_i\right)
\end{aligned}
\tag{5.40}
$$

进一步，对于任意 B_0 和 ϑ，紧集 $\Theta_0:=\{(y_d,\dot{y}_d,\ddot{y}_d):(y_d)^2+(\dot{y}_d)^2+(\ddot{y}_d)^2\leqslant B_0\}\in\mathbf{R}^3$ 和紧集 $\Theta_{i+1}:=\left\{\sum_{j=1}^{i+1}z_j^2+\tilde{W}_i^{\mathrm{T}}\Lambda_i^{-1}\tilde{W}_i+e_{i+1}^2\leqslant 2\vartheta\right\}\in\mathbf{R}^{\sum_{j=1}^{i}N_j+2i+1}$，其中，$N_i$ 是 $\tilde{W}_i^{\mathrm{T}}$ 的维数。由文献[12]的研究结果可知，$M_{i+1}(\cdot)$存在一个最大值 B_{i+1}。

根据(5.32)式和(5.36)式，有

$$\dot{z}_i = -z_{i-1} - k_i z_i + \tilde{W}_i^{\mathrm{T}}\Phi_i(Z_i) + \tilde{D}_i + z_{i+1} + e_{i+1} \tag{5.41}$$

其中，$\tilde{W}_i = W_i^* - \hat{W}_i$ 和 $\tilde{D}_i = D_i - \hat{D}_i$ 分别表示对 W_i^* 和 D_i 的估计误差。

为了估计未知不确定项 D_i，引入辅助变量 γ_i 用于设计扰动观测器，即

$$\gamma_i = z_i - o_i \tag{5.42}$$

其中，o_i 是内联变量，其定义为

$$\dot{o}_i = h_i\gamma_i + x_{i+1} - \dot{\omega}_i - \mu_{i+1} + p_i\mu_i + g_{i-1}\mu_{i-1} \tag{5.43}$$

其中，$h_i>0$ 是设计参数。

根据(5.41)式～(5.43)式，对 γ_i 求导，则有

$$
\begin{aligned}
\dot{\gamma}_i &= \dot{z}_i - \dot{o}_i\\
&= W_i^{*\mathrm{T}}\Phi_i(Z_i) + D_i - h_i\gamma_i
\end{aligned}
\tag{5.44}
$$

下面，定义扰动观测器 $\hat{D}_i$：

$$\hat{D}_i = l_i(\gamma_i - \varphi_i) \tag{5.45}$$

其中，$l_i>0$ 是设计参数；φ_i 是内联变量，其定义为

$$\dot{\varphi}_i = -h_i\gamma_i + \hat{D}_i \tag{5.46}$$

根据(5.44)式和(5.46)式，对 $\hat{D}_i$ 求导，则有

$$\dot{\hat{D}}_i = l_i W_i^{*\mathrm{T}}\Phi_i(Z_i) + l_i\tilde{D}_i \tag{5.47}$$

进而有

$$\dot{\tilde{D}}_i = \dot{D}_i - l_i W_i^{*\mathrm{T}}\Phi_i(Z_i) - l_i\tilde{D}_i \tag{5.48}$$

由(5.44)式、(5.48)式和(5.39)式，根据杨不等式和假设5.4，有

$$\begin{aligned}\gamma_i\dot{\gamma}_i &= \gamma_i W_i^{*\mathrm{T}}\Phi_i(Z_i)+\gamma_i D_i - h_i\gamma_i^2\\ &\leqslant r_i\|\Phi_i(Z_i)\|^2\gamma_i^2+\frac{1}{r_i}\|W_i^{*\mathrm{T}}\|^2+\frac{1}{2}\gamma_i^2+\frac{1}{2}D_i^2-h_i\gamma_i^2\\ &\leqslant r_i\varphi_i^2\gamma_i^2+\frac{1}{r_i}\|W_i^{*\mathrm{T}}\|^2+\frac{1}{2}\gamma_i^2+\frac{1}{2}D_i^2-h_i\gamma_i^2\\ &\leqslant -\left(h_i-r_i\varphi_i^2-\frac{1}{2}\right)\gamma_i^2+\frac{1}{r_i}\|W_i^{*\mathrm{T}}\|^2+\frac{1}{2}\bar{D}_i^2\end{aligned} \tag{5.49}$$

$$\begin{aligned}\tilde{D}_i\dot{\tilde{D}}_i &= \tilde{D}_i\dot{D}_i-\tilde{D}_i\dot{\hat{D}}_i\\ &= \tilde{D}_i\dot{D}_i-l_i\tilde{D}_iW_i^{*\mathrm{T}}\Phi_i(Z_i)-l_i\tilde{D}_i\tilde{D}_i\\ &\leqslant \frac{1}{2}\tilde{D}_i^2+\frac{1}{2}\dot{D}_i^2-l_i\tilde{D}_iW_i^{*\mathrm{T}}\Phi_i(Z_i)-l_i\tilde{D}_i^2\\ &\leqslant \frac{1}{2}\tilde{D}_i^2+\frac{1}{2}\dot{D}_i^2+r_i\varphi_i^2\tilde{D}_i^2+\frac{l_i^2}{r_i}\|W_i^{*\mathrm{T}}\|^2-l_i\tilde{D}_i^2\\ &\leqslant -\left(-\frac{1}{2}-r_i\varphi_i^2+l_i\right)\tilde{D}_i^2+\frac{1}{2}\bar{\bar{D}}_i^2+\frac{l_i^2}{r_i}\|W_i^{*\mathrm{T}}\|^2\end{aligned} \tag{5.50}$$

其中,r_i 是设计参数,$|\Phi_i(Z_i)|\leqslant\varphi_i$。

$$\begin{aligned}e_{i+1}\dot{e}_{i+1} &= e_{i+1}(\dot{\omega}_{i+1}-\dot{\alpha}_i)\\ &= e_{i+1}\left(\frac{-e_{i+1}}{\xi_{i+1}}-\dot{\alpha}_i\right)\\ &= e_{i+1}\left(\frac{-e_{i+1}}{\xi_{i+1}}\right)+e_{i+1}M_{i+1}(\cdot)\\ &\leqslant -\frac{1}{\xi_{i+1}}e_{i+1}^2+\frac{1}{2}e_{i+1}^2+\frac{1}{2}B_{i+1}^2\end{aligned} \tag{5.51}$$

选择如下李雅普诺夫函数:

$$V_i=\frac{1}{2}z_i^2+\frac{1}{2}\tilde{W}_i^{\mathrm{T}}\Lambda_i^{-1}\tilde{W}_i+\frac{1}{2}\gamma_i^2+\frac{1}{2}\tilde{D}_i^2+\frac{1}{2}e_{i+1}^2 \tag{5.52}$$

对 V_i 求导,则有

$$\begin{aligned}\dot{V}_i &= z_i\dot{z}_i-\tilde{W}_i^{\mathrm{T}}\Lambda_i^{-1}\dot{\hat{W}}_i+\gamma_i\dot{\gamma}_i+\tilde{D}_i\dot{\tilde{D}}_i+e_{i+1}\dot{e}_{i+1}\\ &= z_i(-z_{i-1}-k_iz_i+\tilde{W}_i^{\mathrm{T}}\Phi_i(Z_i)+\tilde{D}_i+z_{i+1}+e_{i+1})-\tilde{W}_i^{\mathrm{T}}\Lambda_i^{-1}\dot{\hat{W}}_i\\ &\quad+\gamma_i\dot{\gamma}_i+\tilde{D}_i\dot{\tilde{D}}_i+e_{i+1}\dot{e}_{i+1}\\ &= -z_{i-1}z_i-k_iz_i^2+z_iz_{i+1}+z_ie_{i+1}+z_i\tilde{D}_i+\sigma_i\tilde{W}_i^{\mathrm{T}}\hat{W}_i+\gamma_i\dot{\gamma}_i+\tilde{D}_i\dot{\tilde{D}}_i+e_{i+1}\dot{e}_{i+1}\end{aligned} \tag{5.53}$$

根据(5.49)式～(5.51)式和完全平方公式,(5.53)式可以改写为

$$\dot{V}_i\leqslant -z_{i-1}z_i-k_iz_i^2+z_iz_{i+1}+\frac{1}{2}z_i^2+\frac{1}{2}e_{i+1}^2+\frac{1}{2}z_i^2+\frac{1}{2}\tilde{D}_i^2$$

$$
\begin{aligned}
&+\sigma_i\tilde{W}_i^{\mathrm{T}}\hat{W}_i+\gamma_i\dot{\gamma}_i+\tilde{D}_i\dot{\tilde{D}}_i+e_{i+1}\dot{e}_{i+1}\\
\leqslant&-z_{i-1}z_i-k_iz_i^2+z_iz_{i+1}+\frac{1}{2}z_i^2+\frac{1}{2}e_{i+1}^2+\frac{1}{2}z_i^2+\frac{1}{2}\tilde{D}_i^2\\
&+\sigma_i\tilde{W}_i^{\mathrm{T}}\hat{W}_i-\left(h_i-r_i\varphi_i^2-\frac{1}{2}\right)\gamma_i^2+\frac{1}{r_i}\|W_i^{*\mathrm{T}}\|^2+\frac{1}{2}\bar{D}_i^2\\
&-\left(-\frac{1}{2}-r_i\varphi_i^2+l_i\right)\tilde{D}_i^2+\frac{1}{2}\bar{\bar{D}}_i^2+\frac{l_i^2}{r_i}\|W_i^{*\mathrm{T}}\|^2\\
&-\frac{1}{\xi_{i+1}}e_{i+1}^2+\frac{1}{2}e_{i+1}^2+\frac{1}{2}B_{i+1}^2\\
\leqslant&-(k_i-1)z_i^2-\left(h_i-r_i\varphi_i^2-\frac{1}{2}\right)\gamma_i^2-(-1-r_i\varphi_i^2+l_i)\tilde{D}_i^2\\
&-\left(\frac{1}{\xi_{i+1}}-1\right)e_{i+1}^2+\sigma_i\tilde{W}_i^{\mathrm{T}}\hat{W}_i+\frac{l_i^2+1}{r_i}\|W_i^{*\mathrm{T}}\|^2-z_{i-1}z_i\\
&+z_iz_{i+1}+\frac{1}{2}\bar{D}_i^2+\frac{1}{2}\bar{\bar{D}}_i^2+\frac{1}{2}B_{i+1}^2
\end{aligned}
\tag{5.54}
$$

第 n 步　根据(5.1)式、(5.3)式、(5.5)式和(5.6)，对 z_n 求导，则有

$$
\begin{aligned}
\dot{z}_n&=\dot{x}_n-\dot{\omega}_n-\dot{\mu}_n\\
&=f_n(\bar{x}_n)+d_n-\dot{\omega}_n+p_n\mu_n+g_{n-1}\mu_{n-1}+mv(t)+d(v(t))
\end{aligned}
\tag{5.55}
$$

与第 i 步类似，对于未知非线性函数 $f_n(\bar{x}_n)$，根据神经网络的逼近性能，对于任意的 $\varepsilon_n>0$，存在一个神经网络 $W_n^{*\mathrm{T}}\Phi_n(Z_n)$ 使得

$$
f_n(\bar{x}_n)=W_n^{*\mathrm{T}}\Phi_n(Z_n)+\delta_n(Z_n),\quad|\delta_n(Z_n)|\leqslant\varepsilon_n
\tag{5.56}
$$

其中，$Z_n=[x_1,x_2,\cdots,x_n]^{\mathrm{T}}$ 表示输入向量，$\delta_n(Z_n)$表示逼近误差。

根据(5.56)式，期望反馈控制器可以设计为

$$
v^*=\frac{1}{m}(-z_{n-1}-k_nz_n-W_n^{*\mathrm{T}}\Phi_n(Z_n)-D_n-p_n\mu_n-g_{n-1}\mu_{n-1}+\dot{\omega}_n)
\tag{5.57}
$$

其中，$D_n=\delta_n(Z_n)+d_n$。基于假设5.4和神经网络的逼近性能以及 $|d(v(t))|\leqslant d^*$，有 $D_n\leqslant\varepsilon_n+d_{nU}+d^*=\bar{D}_n$。此外，$\dot{D}_i$ 有界，且 $|\dot{D}_i|\leqslant\bar{\bar{D}}_i$。

由于 W_n^* 和 D_n 未知，因此 $\hat{W}_n$ 和 $\hat{D}_n$ 可以分别用于估计 W_n^* 和 D_n。于是反馈控制器和自适应参数可以设计为

$$
v=\frac{1}{m}(-z_{n-1}-k_nz_n-\hat{W}_n^{\mathrm{T}}\Phi_n(Z_n)-\hat{D}_n-p_n\mu_n-g_{n-1}\mu_{n-1}+\dot{\omega}_n)
\tag{5.58}
$$

$$
\dot{\hat{W}}_n=\Lambda_nz_n\Phi_n(Z_n)-\sigma_n\hat{W}_n
\tag{5.59}
$$

其中，$\Lambda_n=\Lambda_n^{\mathrm{T}}>0$ 和 $\sigma_n>0$ 是设计参数。

将(5.58)式代入(5.55)式中,则有

$$\dot{z}_n = -z_{n-1} - k_n z_n + \tilde{W}_n^{\mathrm{T}} \Phi_n(Z_n) + \tilde{D}_n \tag{5.60}$$

其中,$\tilde{W}_n = W_n^* - \hat{W}_n$ 和 $\tilde{D}_n = D_n - \hat{D}_n$ 分别表示对 W_n^* 和 D_n 的估计误差。

接下来,引入辅助变量 γ_n 以设计扰动观测器未知不确定项 D_n。其中,辅助变量 γ_n 的定义如下式所示:

$$\gamma_n = z_n - o_n \tag{5.61}$$

其中,o_n 是内联变量,其定义为

$$\dot{o}_n = h_n \gamma_n + mv - \dot{\omega}_n + p_n \mu_n + g_{n-1} \mu_{n-1} \tag{5.62}$$

其中,$h_n>0$ 是设计参数。

根据(5.60)式~(5.62)式,对 γ_n 求导,则有

$$\begin{aligned}\dot{\gamma}_n &= \dot{z}_n - \dot{o}_n \\ &= W_n^{*\mathrm{T}} \Phi_n(Z_n) + D_n - h_n \gamma_n\end{aligned} \tag{5.63}$$

下面,定义扰动观测器 $\hat{D}_n$:

$$\hat{D}_n = l_n(\gamma_n - \varphi_n) \tag{5.64}$$

其中,$l_n>0$ 是设计参数;φ_n 是内联变量,其定义为

$$\dot{\varphi}_n = -h_n \gamma_n + \hat{D}_n \tag{5.65}$$

根据(5.63)式和(5.65)式,对 $\hat{D}_n$ 求导,则有

$$\dot{\hat{D}}_n = l_n W_n^{*\mathrm{T}} \Phi_n(Z_n) + l_n \tilde{D}_n \tag{5.66}$$

进而有

$$\dot{\tilde{D}}_n = \dot{D}_n - l_n W_n^{*\mathrm{T}} \Phi_n(Z_n) - l_n \tilde{D}_n \tag{5.67}$$

与第 i 步类似,由(5.61)式、(5.63)式、(5.65)式和(5.66)式,根据杨不等式和假设 5.4,则有

$$\begin{aligned}\gamma_n \dot{\gamma}_n &= \gamma_n W_n^{*\mathrm{T}} \Phi_n(Z_n) + \gamma_n D_n - h_n \gamma_n^2 \\ &\leqslant r_n \| \Phi_n(Z_n) \|^2 \gamma_n^2 + \frac{1}{r_n} \| W_n^{*\mathrm{T}} \|^2 + \frac{1}{2} \gamma_n^2 + \frac{1}{2} D_n^2 - h_n \gamma_n^2 \\ &\leqslant r_n \varphi_n^2 \gamma_n^2 + \frac{1}{r_n} \| W_n^{*\mathrm{T}} \|^2 + \frac{1}{2} \gamma_n^2 + \frac{1}{2} D_n^2 - h_n \gamma_n^2 \\ &\leqslant -\left(h_n - r_n \varphi_n^2 - \frac{1}{2} \right) \gamma_n^2 + \frac{1}{r_n} \| W_n^{*\mathrm{T}} \|^2 + \frac{1}{2} \bar{D}_n^2\end{aligned} \tag{5.68}$$

$$\begin{aligned}\tilde{D}_n \dot{\tilde{D}}_n &= \tilde{D}_n \dot{D}_n - \tilde{D}_n \dot{\hat{D}}_n \\ &= \tilde{D}_n \dot{D}_n - l_n \tilde{D}_n W_n^{*\mathrm{T}} \Phi_n(Z_n) - l_n \tilde{D}_n \tilde{D}_n\end{aligned}$$

$$
\begin{aligned}
&\leqslant \frac{1}{2}\tilde{D}_n^2 + \frac{1}{2}\dot{D}_n^2 - l_n\tilde{D}_n W_n^{*\mathrm{T}}\Phi_n(Z_n) - l_n\tilde{D}_n^2 \\
&\leqslant \frac{1}{2}\tilde{D}_n^2 + \frac{1}{2}\dot{D}_n^2 + r_n\varphi_n^2\tilde{D}_n^2 + \frac{l_n^2}{r_n}\| W_n^{*\mathrm{T}}\|^2 - l_n\tilde{D}_n^2 \\
&\leqslant -\left(-\frac{1}{2} - r_n\varphi_n^2 + l_n\right)\tilde{D}_n^2 + \frac{1}{2}\bar{\dot{D}}_n^2 + \frac{l_n^2}{r_n}\| W_n^{*\mathrm{T}}\|^2
\end{aligned}
\tag{5.69}
$$

下面,选择如下李雅普诺夫函数:

$$
V_n = \frac{1}{2}z_n^2 + \frac{1}{2}\tilde{W}_n^{\mathrm{T}}\Lambda_n^{-1}\tilde{W}_n + \frac{1}{2}\gamma_n^2 + \frac{1}{2}\tilde{D}_n^2 \tag{5.70}
$$

对 V_n 求导,则有

$$
\begin{aligned}
\dot{V}_n &= z_n\dot{z}_n - \tilde{W}_n^{\mathrm{T}}\Lambda_n^{-1}\dot{\hat{W}}_n + \gamma_n\dot{\gamma}_n + \tilde{D}_n\dot{\tilde{D}}_n \\
&= z_n(-z_{n-1} - k_n z_n + \tilde{W}_n^{\mathrm{T}}\Phi_n(Z_n) + \tilde{D}_n) - \tilde{W}_n^{\mathrm{T}}\Lambda_n^{-1}\dot{\hat{W}}_n \\
&\quad + \gamma_n\dot{\gamma}_n + \tilde{D}_n\dot{\tilde{D}}_n \\
&= -z_{n-1}z_n - k_n z_n^2 + z_n\tilde{D}_n + \sigma_n\tilde{W}_n^{\mathrm{T}}\hat{W}_n + \gamma_n\dot{\gamma}_n + \tilde{D}_n\dot{\tilde{D}}_n
\end{aligned}
\tag{5.71}
$$

根据(5.68)式、(5.69)式和完全平方公式,(5.71)式可以改写为

$$
\begin{aligned}
\dot{V}_n &\leqslant -z_{n-1}z_n - k_n z_n^2 + \frac{1}{2}z_n^2 + \frac{1}{2}\tilde{D}_n^2 + \sigma_n\tilde{W}_n^{\mathrm{T}}\hat{W}_n + \gamma_n\dot{\gamma}_n + \tilde{D}_n\dot{\tilde{D}}_n \\
&\leqslant -z_{n-1}z_n - k_n z_n^2 + \frac{1}{2}z_n^2 + \sigma_n\tilde{W}_n^{\mathrm{T}}\hat{W}_n \\
&\quad - \left(h_n - r_n\varphi_n^2 - \frac{1}{2}\right)\gamma_n^2 + \frac{1}{r_n}\| W_n^{*\mathrm{T}}\|^2 + \frac{1}{2}\bar{D}_n^2 \\
&\quad - (-1 - r_n\varphi_n^2 + l_n)\tilde{D}_n^2 + \frac{1}{2}\bar{\dot{D}}_n^2 + \frac{l_n^2}{r_n}\| W_n^{*\mathrm{T}}\|^2 \\
&\leqslant -(k_n - 1)z_n^2 - \left(h_n - r_n\varphi_n^2 - \frac{1}{2}\right)\gamma_n^2 - (-1 - r_n\varphi_n^2 + l_n)\tilde{D}_n^2 \\
&\quad - z_{n-1}z_n + \sigma_n\tilde{W}_n^{\mathrm{T}}\hat{W}_n + \frac{l_n^2 + 1}{r_n}\| W_n^{*\mathrm{T}}\|^2 + \frac{1}{2}\bar{D}_n^2 + \frac{1}{2}\bar{\dot{D}}_n^2
\end{aligned}
\tag{5.72}
$$

5.4 稳定性分析

定理 5.1 考虑具有外部扰动、输入死区和输入时滞的非线性系统(5.1)式,在满足假设 5.1～假设 5.5 的条件下,由扰动观测器(5.22)式、(5.45)式和(5.64)式,虚拟控制律(5.13)式、(5.36)式($2\leqslant i\leqslant n-1$),实际控制器(5.58)式和自适应

律 (5.37)式($1\leqslant i\leqslant n$)所组成的控制方案能够确保闭环系统所有信号都是有界的,并且跟踪误差收敛到原点附近的邻域内。

证明 首先,为了证明闭环系统的稳定性,选择如下李雅普诺夫函数 V:

$$\begin{aligned}V &= \sum_{i=1}^{n} V_i \\ &= \sum_{i=1}^{n}\left(\frac{1}{2}z_i^2 + \frac{1}{2}\widetilde{W}_i^{\mathrm{T}}\Lambda_i^{-1}\widetilde{W}_i + \frac{1}{2}\gamma_i^2 + \frac{1}{2}\widetilde{D}_i^2\right) + \sum_{i=1}^{n-1}\left(\frac{1}{2}e_{i+1}^2\right)\end{aligned} \tag{5.73}$$

由于

$$\widetilde{W}_i^{\mathrm{T}}\widetilde{W}_i \leqslant \frac{\|W_i^*\|^2}{2} - \frac{\|\widetilde{W}_i\|^2}{2} \tag{5.74}$$

对 V 求导,则有

$$\begin{aligned}\dot{V} \leqslant &- \sum_{i=1}^{n}(k_i - 1)z_i^2 + \sum_{i=1}^{n}\sigma_i\widetilde{W}_i^{\mathrm{T}}\hat{W}_i - \sum_{i=1}^{n}\left(h_i - r_i\varphi_i^2 - \frac{1}{2}\right)\gamma_i^2 \\ &- \sum_{i=1}^{n}(-1 - r_i\varphi_i^2 + l_i)\widetilde{D}_i^2 - \sum_{i=1}^{n-1}\left(\frac{1}{\xi_{i+1}} - 1\right)e_{i+1}^2 + \frac{1}{2}\sum_{i=1}^{n-1}B_{i+1}^2 \\ &+ \sum_{i=1}^{n}\left(\frac{l_i^2 + 1}{r_i}\|W_i^{*\mathrm{T}}\|^2 + \frac{1}{2}\bar{D}_i^2 + \frac{1}{2}\bar{\bar{D}}_i^2\right) \\ \leqslant &- \sum_{i=1}^{n}(k_i - 1)z_i^2 - \sum_{i=1}^{n}\frac{\sigma_i}{2}\|\widetilde{W}_i\|^2 - \sum_{i=1}^{n}\left(h_i - r_i\varphi_i^2 - \frac{1}{2}\right)\gamma_i^2 \\ &- \sum_{i=1}^{n}(-1 - r_i\varphi_i^2 + l_i)\widetilde{D}_i^2 - \sum_{i=1}^{n-1}\left(\frac{1}{\xi_{i+1}} - 1\right)e_{i+1}^2 + \frac{1}{2}\sum_{i=1}^{n-1}B_{i+1}^2 \\ &+ \sum_{i=1}^{n}\left(\left(\frac{1}{2} + \frac{l_i^2 + 1}{r_i}\right)\|W_i^{*\mathrm{T}}\|^2 + \frac{1}{2}\bar{D}_i^2 + \frac{1}{2}\bar{\bar{D}}_i^2\right) \\ \leqslant &- CV + D\end{aligned} \tag{5.75}$$

$C = \min\{C_1, C_2\}$,其中,

$$\begin{aligned}C_1 &= \min\left\{2(k_i - 1), \frac{\sigma_i}{\lambda_{\max}(\Lambda_i^{-1})}, 2\left(h_i - r_i\varphi_i^2 - \frac{1}{2}\right),\right. \\ &\qquad \left. 2(-1 - r_i\varphi_i^2 + l_i) : 1 \leqslant i \leqslant n\right\} \\ C_2 &= \left\{\frac{1}{\xi_{i+1}} - 1 : 1 \leqslant i \leqslant n - 1\right\}\end{aligned}$$

并且

$$D = \sum_{i=1}^{n}\left(\left(\frac{1}{2} + \frac{l_i^2 + 1}{r_i}\right)\|W_i^{*\mathrm{T}}\|^2 + \frac{1}{2}\bar{D}_i^2 + \frac{1}{2}\bar{\bar{D}}_i^2\right) + \frac{1}{2}\sum_{i=1}^{n-1}B_{i+1}^2$$

将(5.75)式两侧同时乘以 e^{-Ct} 并积分,则有

$$V(t) \leqslant \left(V(0) - \frac{D}{C}\right)\mathrm{e}^{-Ct} + \frac{D}{C} \tag{5.76}$$

由(5.76)式可知,如果 $t\to\infty$,则 $e^{-Ct}\to 0$ 且 V 收敛。因此,z_i,$\widetilde{W}_i$,$\widetilde{D}_i$ 和 e_i 均有界。

下面考虑辅助系统(5.5)式的有界性。

首先,定义如下李雅普诺夫函数 V_{μ_0}:

$$V_{\mu_0} = \frac{1}{2}\sum_{i=1}^{n}\mu_i^2 + \frac{1}{\kappa}\int_{t-\tau}^{t}\int_{\theta}^{t}\|\dot{v}(s)\|^2\mathrm{d}s\mathrm{d}\theta$$

对 V_{μ_0} 求导,则有

$$\begin{aligned}
\dot{V}_{\mu_0} \leqslant{}& \mu_1(\mu_2 - p_1\mu_1) + \sum_{i=2}^{n-1}\mu_i(\mu_{i+1} - p_i\mu_i - g_{i-1}\mu_{i-1}) + \mu_n(-p_n\mu_n \\
&- g_{n-1}\mu_{n-1} + D(v(t-\tau)) - D(v(t))) + \frac{\tau}{\kappa}\|\dot{v}(t)\|^2 - \frac{1}{\kappa}\int_{t-\tau}^{t}\|\dot{v}(s)\|^2\mathrm{d}s \\
={}& \sum_{i=1}^{n-1}((1-g_i)\mu_i\mu_{i+1}) + \sum_{i=1}^{n}(-p_i\mu_i^2) + (D(v(t-\tau)) - D(v(t)))\mu_n \\
&+ \frac{\tau}{\kappa}\|\dot{v}(t)\|^2 - \frac{1}{\kappa}\int_{t-\tau}^{t}\|\dot{v}(s)\|^2\mathrm{d}s \\
\leqslant{}& \sum_{i=1}^{n-1}\frac{|1-g_i|}{2}(\mu_i^2 + \mu_{i+1}^2) + \sum_{i=1}^{n-1}(-p_i\mu_i^2) - p_n\mu_n^2 \\
&+ (mv(t-\tau) - mv(t))\mu_n + \frac{\tau}{\kappa}\|\dot{v}(t)\|^2 - \frac{1}{\kappa}\int_{t-\tau}^{t}\|\dot{v}(s)\|^2\mathrm{d}s \\
\leqslant{}& -\left(p_1 - \frac{|1-g_1|}{2}\right)\mu_1^2 - \sum_{i=2}^{n-1}\left(p_i - \frac{|1-g_{i-1}| + |1-g_i|}{2}\right)\mu_i^2 \\
&- \left(p_n - \frac{|1-g_{n-1}|}{2} - 1\right)\mu_n^2 + \frac{m^2}{2}\|v(t-\tau) - v(t)\|^2 \\
&+ \frac{1}{2}\|dv(t-\tau) - dv(t)\|^2 + \frac{\tau}{\kappa}\|\dot{v}(t)\|^2 - \frac{1}{\kappa}\int_{t-\tau}^{t}\|\dot{v}(s)\|^2\mathrm{d}s
\end{aligned} \tag{5.77}$$

根据假设5.3,有

$$\frac{1}{2}\|dv(t-\tau) - dv(t)\|^2 \leqslant \frac{1}{2}(\|dv(t-\tau)\|^2 + \|dv(t)\|^2) \leqslant d^{*2} \tag{5.78}$$

根据 Cauchy-Schwartz 不等式,有

$$\frac{1}{2}\|v(t-\tau) - v(t)\|^2 \leqslant \frac{\tau}{2}\int_{t-\tau}^{t}\|\dot{v}(s)\|^2\mathrm{d}s \tag{5.79}$$

由(5.78)式和(5.79)式,有

$$\dot{V}_{\mu_0} \leqslant -\sum_{i=1}^{n}\bar{p}_i\mu_i^2 - \left(\frac{1}{\kappa} - \frac{m\tau}{2}\right)\int_{t-\tau}^{t}\|\dot{v}(s)\|^2\mathrm{d}s + \frac{\tau}{\kappa}\|\dot{v}(t)\|^2 + d^{*2} \tag{5.80}$$

其中,$\bar{p}_1 = p_1 - \dfrac{|1-g_1|}{2}$;$\bar{p}_i = p_i - \dfrac{|1-g_i| + |1-g_{i-1}|}{2}$,$i = 2,3,\cdots,n-1$;$\bar{p}_n =$

$p_n-\dfrac{|1-g_{n-1}|}{2}-1$。

接下来，我们讨论(5.80)式中的$\dfrac{\tau}{\kappa}\|\dot{v}(t)\|^2$的有界性。

根据(5.6)式、(5.13)式、(5.14)式、(5.36)式、(5.37)式、(5.58)式和(5.59)式，容易得到

$$v(t)=\zeta_1(z_n,z_{n-1},\hat{W}_n,\hat{D}_n)+\zeta_2\mu_n+\zeta_3\mu_{n-1}+\zeta_4(e_n) \tag{5.81}$$

$$\begin{aligned}\dot{v}(t)=&\ \zeta_5(z_{n-2},z_{n-1},z_n,\hat{W}_{n-1},\hat{W}_n,\tilde{D}_n)+\sum_{j=1}^{n}\zeta_{8j}(z,\hat{W})\mu_j\\&+\zeta_6(M_n(\cdot),e_n)+\zeta_7(z,\hat{W})v(t-\tau)\end{aligned} \tag{5.82}$$

其中，$\zeta_1(\cdot),\zeta_2(\cdot),\cdots,\zeta_7(\cdot)$和$\zeta_{8j}(\cdot)(j=1,2,\cdots,n)$是$C^1$函数。因为$z_{n-2}$，$z_{n-1},\hat{W}_{n-1},\hat{W}_n,\hat{D}_n,\tilde{D}_n,e_n$和$M_n(\cdot)$是有界的，所以可以得到下面的结果：

$$\|\zeta_i\|\leqslant\lambda_i,\quad i=1,2,\cdots,7 \tag{5.83}$$

$$\|\zeta_{jk}\|\leqslant\lambda_{jk} \tag{5.84}$$

其中，λ_i和$\lambda_{jk}(j=8;k=1,2,\cdots,n)$是正常数。

进一步有

$$\begin{aligned}\|v(t)\|^2&\leqslant(\|\zeta_1(z_n,z_{n-1},\hat{W}_n,\hat{D}_n)+\zeta_2\mu_n+\zeta_3\mu_{n-1}+\zeta_4(e_n)\|)^2\\&\leqslant(\|\zeta_1(z_n,z_{n-1},\hat{W}_n,\hat{D}_n)\|+\|\zeta_2\|\mu_n+\|\zeta_3\|\mu_{n-1}+\|\zeta_4(e_n)\|)^2\\&\leqslant(\lambda_1+\lambda_2\mu_n+\lambda_3\mu_{n-1}+\lambda_4)^2\\&\leqslant4\lambda_1^2+4\lambda_2^2\mu_n^2+4\lambda_3^2\mu_{n-1}^2+4\lambda_4^2\\&=\lambda_1'+\lambda_2'\mu_n^2+\lambda_3'\mu_{n-1}^2+\lambda_4'\end{aligned} \tag{5.85}$$

其中，$\lambda_1'=4\lambda_1^2,\lambda_2'=4\lambda_2^2,\lambda_3'=4\lambda_3^2,\lambda_4'=4\lambda_4^2$。

进一步，经过简单计算有

$$\|v(t-\tau)\|^2\leqslant\lambda_1'+\lambda_2'\mu_n^2(t-\tau)+\lambda_3'\mu_{n-1}^2(t-\tau)+\lambda_4' \tag{5.86}$$

于是，可以得到如下结果：

$$\begin{aligned}\frac{\tau}{\kappa}\|\dot{v}(t)\|^2&\leqslant\frac{\tau}{\kappa}\left\|\zeta_5+\sum_{j=1}^{n}\zeta_{8j}\mu_j+\zeta_6(M_n(\cdot),e_n)+\zeta_7(z,\hat{W})v(t-\tau)\right\|^2\\&\leqslant\frac{\tau}{\kappa}4\Big(\lambda_5^2+n\sum_{j=1}^{n}\lambda_{8j}^2\mu_j^2+\lambda_6^2+\lambda_7^2v^2(t-\tau)\Big)\\&\leqslant\frac{\tau}{\kappa}\Big\{4\lambda_5^2+4\lambda_7^2(\lambda_1'+\lambda_4')+\lambda_6^2+4n\sum_{j=1}^{n}\lambda_{8j}^2\mu_j^2\\&\quad+4\lambda_7^2\lambda_2'\mu_n^2(t-\tau)+4\lambda_7^2\lambda_3'\mu_{n-1}^2(t-\tau)\Big\}\\&=\frac{\tau}{\kappa}\Big(\lambda_5'+\sum_{j=1}^{n}\lambda_{8j}'\mu_j^2+\lambda_6'\mu_n^2(t-\tau)+\lambda_7'\mu_{n-1}^2(t-\tau)\Big)\end{aligned} \tag{5.87}$$

其中，$\lambda_5'=4\lambda_5^2+4\lambda_7^2(\lambda_1'+\lambda_4')+\lambda_6^2$，$\lambda_{8j}'=4n\lambda_{8j}^2$，$\lambda_6'=4\lambda_7^2\lambda_2'$，$\lambda_7'=4\lambda_7^2\lambda_3'$。

根据(5.87)式，(5.80)式满足

$$\dot{V}_{\mu_0}\leqslant-\sum_{i=1}^{n}\tilde{p}_i\mu_i^2-\left(\frac{1}{\kappa}-\frac{m\tau}{2}\right)\int_{t-\tau}^{t}\|\dot{v}(s)\|^2\mathrm{d}s+\frac{\tau}{\kappa}\lambda_5'+\frac{\tau\lambda_6'}{\kappa}\mu_n^2(t-\tau)+\frac{\tau\lambda_7'}{\kappa}\mu_{n-1}^2(t-\tau)\tag{5.88}$$

其中，$\tilde{p}_i=\bar{p}_i-\frac{\tau}{\kappa}\lambda_{8i}'$，$i=1,2,\cdots,n$。

下面，针对辅助系统(5.5)式定义下面的李雅普诺夫函数：

$$V_\mu=V_{\mu_0}+\frac{\tau\lambda_6'}{\kappa}\int_{t-\tau}^{t}\mu_n^2(s)\mathrm{d}s+\frac{1}{v_1}\int_{t-\tau}^{t}\int_{\theta}^{t}\mu_n^2(s)\mathrm{d}s\mathrm{d}\theta+\frac{\tau\lambda_7'}{\kappa}\int_{t-\tau}^{t}\mu_{n-1}^2(s)\mathrm{d}s+\frac{1}{v_2}\int_{t-\tau}^{t}\int_{\theta}^{t}\mu_{n-1}^2(s)\mathrm{d}s\mathrm{d}\theta\tag{5.89}$$

进而，V_μ 的导数满足

$$\dot{V}_\mu\leqslant-\sum_{i=1}^{n}\hat{p}_i\mu_i^2-\left(\frac{1}{\kappa}-\frac{m\tau}{2}\right)\int_{t-\tau}^{t}\|\dot{v}(s)\|^2\mathrm{d}s-\frac{1}{v_1}\int_{t-\tau}^{t}\mu_n^2(s)\mathrm{d}s-\frac{1}{v_2}\int_{t-\tau}^{t}\mu_{n-1}^2(s)\mathrm{d}s+\frac{\tau}{\kappa}\lambda_4'+d^{*2}+\frac{\tau}{\kappa}\lambda_5'\tag{5.90}$$

其中，$\hat{p}_i=\tilde{p}_i(i=1,2,\cdots,n-2)$，$\hat{p}_{n-1}=\tilde{p}_{n-1}+\frac{\tau}{\kappa}\lambda_7'-\frac{\tau}{v_2}$，$\hat{p}_n=\tilde{p}_n+\frac{\tau}{\kappa}\lambda_6'-\frac{\tau}{v_1}$。

适当选取参数 p_i,κ,v_1 和 v_2，则有

$$\hat{p}_i>0\quad 和\quad \frac{1}{\kappa}-\frac{m\tau}{2}>0\tag{5.91}$$

此外，容易得到下面的结果：

$$\int_{t-\tau}^{t}\int_{\theta}^{t}\|\dot{v}(s)\|^2\mathrm{d}s\mathrm{d}\theta\leqslant\tau\sup_{\theta\in[t-\tau,t]}\int_{t-\tau}^{t}\|\dot{v}(s)\|^2\mathrm{d}s=\tau\int_{t-\tau}^{t}\|\dot{v}(s)\|^2\mathrm{d}s\tag{5.92}$$

$$\int_{t-\tau}^{t}\int_{\theta}^{t}\mu_i^2(s)\mathrm{d}s\mathrm{d}\theta\leqslant\tau\sup_{\theta\in[t-\tau,t]}\int_{t-\tau}^{t}\mu_i^2(s)\mathrm{d}s=\tau\int_{t-\tau}^{t}\mu_i^2(s)\mathrm{d}s,\quad i=n-1,n\tag{5.93}$$

因此，由上面的结果可以得到

$$\begin{aligned}\dot{V}_\mu\leqslant&-\sum_{i=1}^{n}\hat{p}_i\mu_i^2-\left(\frac{1}{\kappa}-\frac{m\tau}{2}\right)\int_{t-\tau}^{t}\|\dot{v}(s)\|^2\mathrm{d}s-\frac{\tau\lambda_6'}{\kappa}\int_{t-\tau}^{t}\mu_n^2(s)\mathrm{d}s\\&-\left(\frac{1}{v_2}-\frac{\tau\lambda_7'}{\kappa}\right)\int_{t-\tau}^{t}\mu_{n-1}^2(s)\mathrm{d}s-\frac{\tau\lambda_7'}{\kappa}\int_{t-\tau}^{t}\mu_{n-1}^2(s)\mathrm{d}s\\&-\left(\frac{1}{v_1}-\frac{\tau\lambda_6'}{\kappa}\right)\int_{t-\tau}^{t}\mu_n^2(s)\mathrm{d}s+d^{*2}+\frac{\tau}{\kappa}\lambda_4'+\frac{\tau}{\kappa}\lambda_5'\\\leqslant&-\sum_{i=1}^{n}\hat{p}_i\mu_i^2-\left(\frac{1}{\tau}-\frac{m\kappa}{2}\right)\frac{1}{\kappa}\int_{t-\tau}^{t}\int_{\theta}^{t}\|\dot{v}(s)\|^2\mathrm{d}s\mathrm{d}\theta-\frac{\tau\lambda_6'}{\kappa}\int_{t-\tau}^{t}\mu_n^2(s)\mathrm{d}s\end{aligned}$$

$$
\begin{aligned}
&-\left(\frac{1}{\tau}-\frac{v_1\lambda_6'}{\kappa}\right)\frac{1}{v_1}\int_{t-\tau}^{t}\int_{\theta}^{t}\mu_n^2\mathrm{d}s\mathrm{d}\theta-\frac{\tau\lambda_7'}{\kappa}\int_{t-\tau}^{t}\mu_{n-1}^2(s)\mathrm{d}s\\
&-\left(\frac{1}{\tau}-\frac{v_2\lambda_7'}{\kappa}\right)\frac{1}{v_2}\int_{t-\tau}^{t}\int_{\theta}^{t}\mu_{n-1}^2\mathrm{d}s\mathrm{d}\theta+d^{*2}+\frac{\tau}{\kappa}\lambda_4'+\frac{\tau}{\kappa}\lambda_5'\\
\leqslant&-\varsigma V_\lambda+\lambda
\end{aligned}
\tag{5.94}
$$

其中，$\varsigma=\min\left\{2\hat{p}_i,\frac{1}{\tau}-\frac{m\kappa}{2},1,\frac{1}{\tau}-\frac{v_1\lambda_6'}{\kappa},\frac{1}{\tau}-\frac{v_2\lambda_7'}{\kappa},i=1,2,\cdots,n\right\}$，$\lambda=\frac{\tau}{\kappa}\lambda_4'+d^{*2}+\frac{\tau}{\kappa}\lambda_5'$。

对(5.94)式两端积分，则有

$$
V_\mu(t)\leqslant V_\mu(0)\mathrm{e}^{-\varsigma t}+\frac{\lambda}{\varsigma}(1-\mathrm{e}^{-\varsigma t})
\tag{5.95}
$$

由(5.95)式可知，辅助信号 μ_i 满足

$$
|\mu_i|\leqslant\sqrt{2\left(V_\mu(0)-\frac{\lambda}{\varsigma}\right)\mathrm{e}^{-\varsigma t}+\frac{\lambda}{\varsigma}}
\tag{5.96}
$$

由(5.96)式可知，辅助信号 μ_i 有界。

由(5.96)式和(5.76)式可知，z_i，$\widetilde{W}_i$，γ_i，$\widetilde{D}_i$ 和 e_{i+1} 均有界。由(5.13)式、(5.36)式和(5.58)式可知，虚拟控制律 α_i 和实际控制器 v 均有界。此外，由 e_{i+1} 和 α_i 的有界性可知 ω_i 有界。由 z_i，μ_i，ω_i，α_i 和 v 有界可知系统状态信号 x_i 有界。特别地，由 $|y-y_d|\leqslant|z_1|+|\mu_1|$ 可知，系统跟踪误差有界。因此，闭环系统中所有信号都是有界的。

5.5 实验仿真

例 5.1 考虑下面具有输入时滞的非线性系统：

$$
\begin{cases}
\dot{x}_1=-x_2-\sin(x_1)+x_2+d_1(t)\\
\dot{x}_2=x_1^2+x_1x_2+x_2\cos(x_1)+x_3+d_2(t)\\
\dot{x}_3=0.1x_1x_2\mathrm{e}^{x_3}+0.5x_3\cos(x_1x_2)+D(v(t-\tau))+d_3(t)\\
y=x_1
\end{cases}
\tag{5.97}
$$

其中，x_1，x_2 和 x_3 是系统的状态变量，$d_1(t)=0.5\cos(t)$，$d_2(t)=\sin(0.5t)$ 和 $d_3(t)=\sin(0.2t)+0.5\cos(0.1t)$ 是系统外部时变扰动。系统状态的初值为 $x_1(0)=0.5$，$x_2(0)=0$，$x_3(0)=0$，输入时滞 $\tau=1$ s，死区参数 $m=1$，$b_r=2$ 和 $b_l=-2$。

控制目标 设计一个自适应神经控制器，使系统输出信号跟踪参考信号 $y_d=0.5\sin(t)+0.5\cos(0.5t)$。

根据定理5.1,虚拟控制律 α_1,α_2 和实际控制器 $v(t)$定义为

$$\alpha_1=-k_1z_1-\hat{W}_1^{\mathrm{T}}\Phi(Z_1)-\hat{D}_1-p_1\mu_1+\dot{y}_d \tag{5.98}$$

$$\alpha_2=-z_1-k_2z_2-\hat{W}_2^{\mathrm{T}}\Phi(Z_2)-\hat{D}_2-p_2\mu_2-g_1\mu_1+\dot{\omega}_2 \tag{5.99}$$

$$v(t)=\frac{1}{m}(-z_2-k_3z_3-\hat{W}_3^{\mathrm{T}}\Phi(Z_3)-\hat{D}_3-p_3\mu_3-g_2\mu_2+\dot{\omega}_3) \tag{5.100}$$

扰动观测器 $\hat{D}_1,\hat{D}_2$ 和 $\hat{D}_3$ 定义为

$$\hat{D}_1=l_1(\gamma_1-\varphi_1) \tag{5.101}$$

$$\gamma_1=z_1-o_1 \tag{5.102}$$

$$\dot{o}_1=h_1\gamma_1+x_2-\dot{y}_d-\mu_2+p_1\mu_1 \tag{5.103}$$

$$\dot{\varphi}_1=-h_1\gamma_1+\hat{D}_1 \tag{5.104}$$

$$\hat{D}_2=l_2(\gamma_2-\varphi_2) \tag{5.105}$$

$$\gamma_2=z_2-o_2 \tag{5.106}$$

$$\dot{o}_2=h_2\gamma_2+x_3-\dot{\omega}_2-\mu_3+p_2\mu_2+g_1\mu_1 \tag{5.107}$$

$$\dot{\varphi}_2=-h_2\gamma_2+\hat{D}_2 \tag{5.108}$$

$$\hat{D}_3=l_3(\gamma_3-\varphi_3) \tag{5.109}$$

$$\gamma_3=z_3-o_3 \tag{5.110}$$

$$\dot{o}_3=h_3\gamma_3+mv-\dot{\omega}_3+p_3\mu_3+g_2\mu_2 \tag{5.111}$$

$$\dot{\varphi}_3=-h_3\gamma_3+\hat{D}_3 \tag{5.112}$$

自适应参数 $\hat{W}_i(i=1,2,3)$定义为

$$\dot{\hat{W}}_i=\Lambda_iz_i\Phi(Z_i)-\sigma_i\hat{W}_i \tag{5.113}$$

在仿真过程中,辅助系统初值为 $\mu_1(0)=0,\mu_2(0)=0$ 和 $\mu_3(0)=0$。其他设计参数设置为 $\hat{W}_1(0)=0,\hat{W}_2(0)=0,\hat{W}_3(0)=0,\gamma_1(0)=0,\gamma_2(0)=0,\gamma_3(0)=0,\omega_1(0)=0,\omega_2(0)=0,\omega_3(0)=0,o_1(0)=0,o_2(0)=0,o_3(0)=0,k_1=20,k_2=30,k_3=40,p_1=2,p_2=4,p_3=2,g_1=1,g_2=1,\Lambda_1=0.001\boldsymbol{I},\Lambda_2=0.002\boldsymbol{I},\Lambda_3=0.01\boldsymbol{I},\sigma_1=5,\sigma_2=8,\sigma_3=15,h_1=8,h_2=10,h_3=15,l_1=20,l_2=20,l_3=50,\xi_1=0.015,\xi_2=0.01$。高斯函数中心 $v_i=[-5,-4,-3,-2,-1,0,1,2,3,4,5]^{\mathrm{T}}$,高斯函数的宽度 $\eta=1$。仿真结果如图5.1~图5.9所示。

图5.1给出了系统输出信号 x_1 和参考信号 y_d 的运动轨迹。由图5.1可知,在系统存在外部时变扰动且发生输入时滞和输入死区的情况下,系统输出信号 x_1 可以快速跟踪参考信号 y_d。

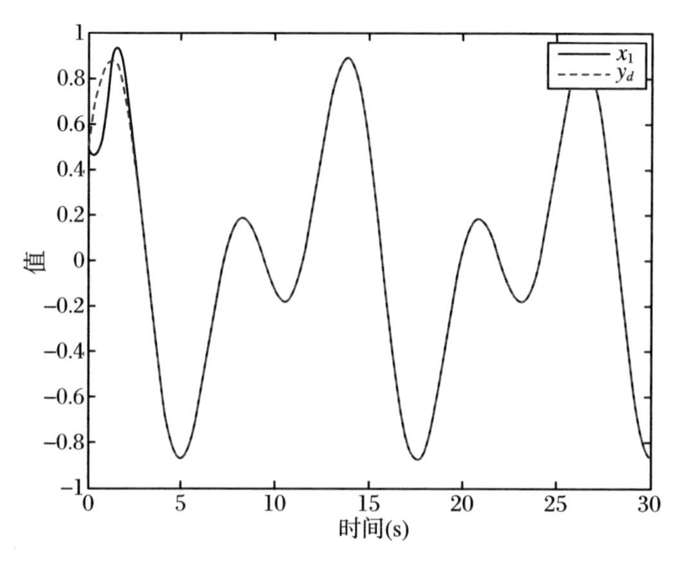

图 5.1 系统输出信号 x_1 和参考信号 y_d

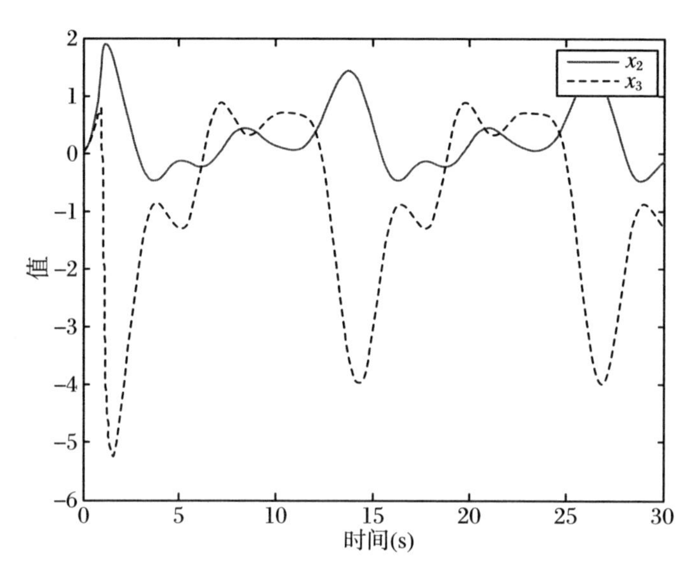

图 5.2 系统状态变量 x_2 和 x_3

图 5.2 给出了系统状态变量 x_2 和 x_3 的运动轨迹。由图 5.2 中的仿真结果可知，当系统出现外部扰动且发生输入时滞和输入死区时系统状态有界。

图 5.3 给出了跟踪误差信号 z_1，z_2 和 z_3 的运动轨迹。由图 5.3 可知，跟踪误差有界。

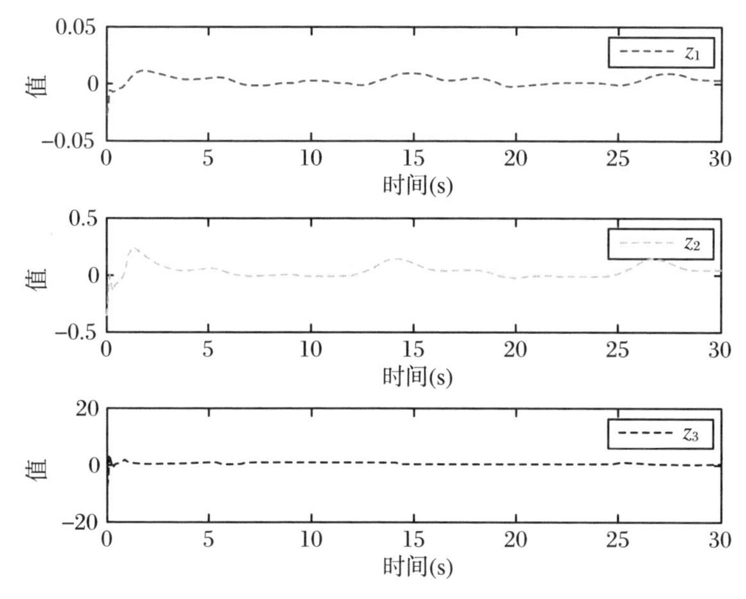

图 5.3 跟踪误差信号 z_1,z_2 和 z_3

图 5.4 给出了辅助系统状态变量运动轨迹。由图 5.4 可知,辅助系统状态有界且渐近稳定。

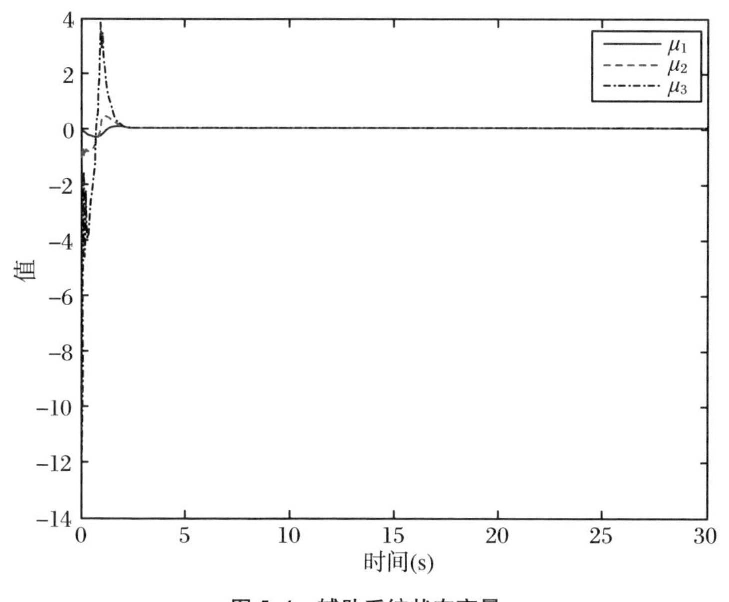

图 5.4 辅助系统状态变量

图 5.5 描述了自适应参数的运动轨迹。图 5.5 表明自适应参数有界。

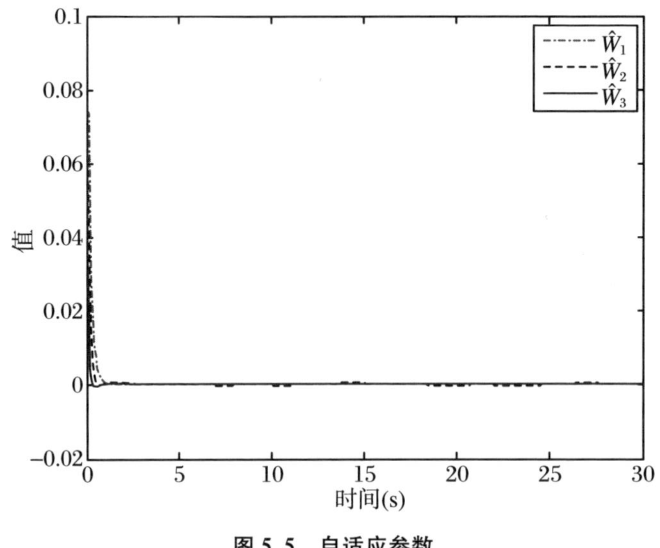

图 5.5 自适应参数

图 5.6～图 5.8 中分别给出了扰动观测器 $\hat{D}_1$，D_1，$\hat{D}_2$，D_2，$\hat{D}_3$ 和 D_3 的运动轨迹。由图 5.6～图 5.8 中的仿真结果可知，扰动观测器可以有效估计逼近误差和外部时变扰动。

图 5.9 给出了 $D(v(t-\tau))$ 的运动轨迹。由图 5.9 中的仿真结果可知，系统输入信号有界。

由图 5.1～图 5.9 中的仿真结果可知，当系统出现未知外部时变扰动、输入时滞和输入死区时，所提出的自适应神经控制器可以使系统输出信号快速跟踪参考

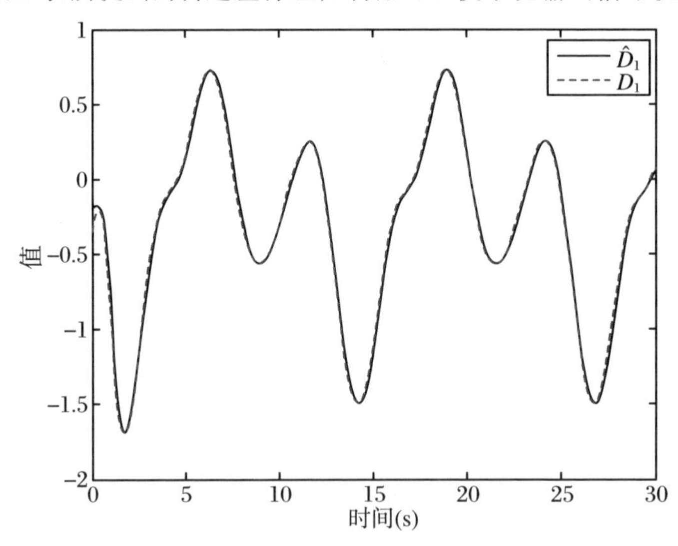

图 5.6 扰动观测器 $\hat{D}_1$ 和 D_1 的运动轨迹

信号且闭环系统的所有信号有界。这表明，所设计的扰动观测器可以有效估计逼近误差和外部时变扰动，且引入的辅助系统可以有效补偿输入时滞和输入死区的影响。

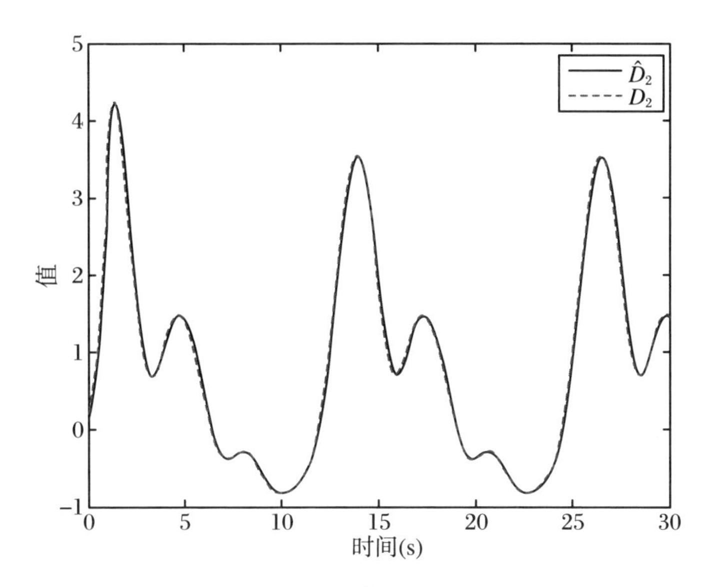

图5.7　扰动观测器 $\hat{D}_2$ 和 D_2 的运动轨迹

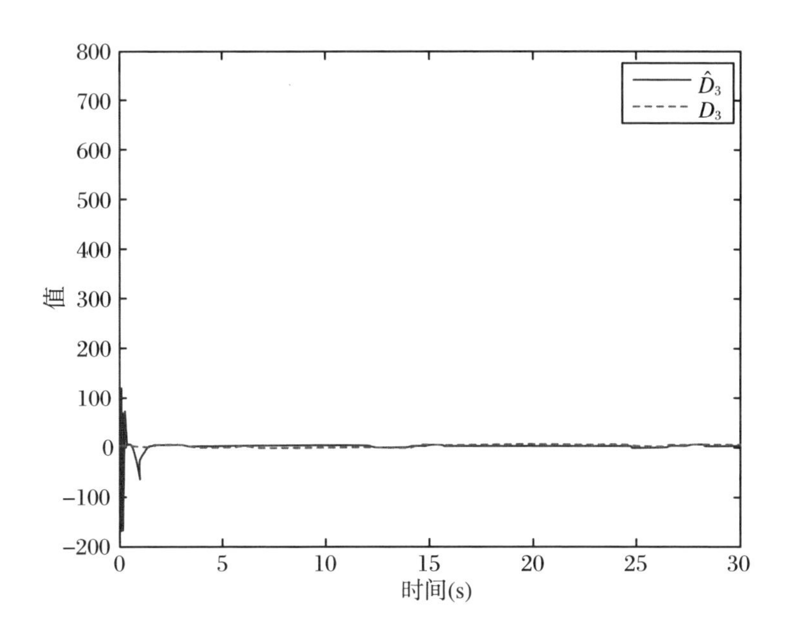

图5.8　扰动观测器 $\hat{D}_3$ 和 D_3 的运动轨迹

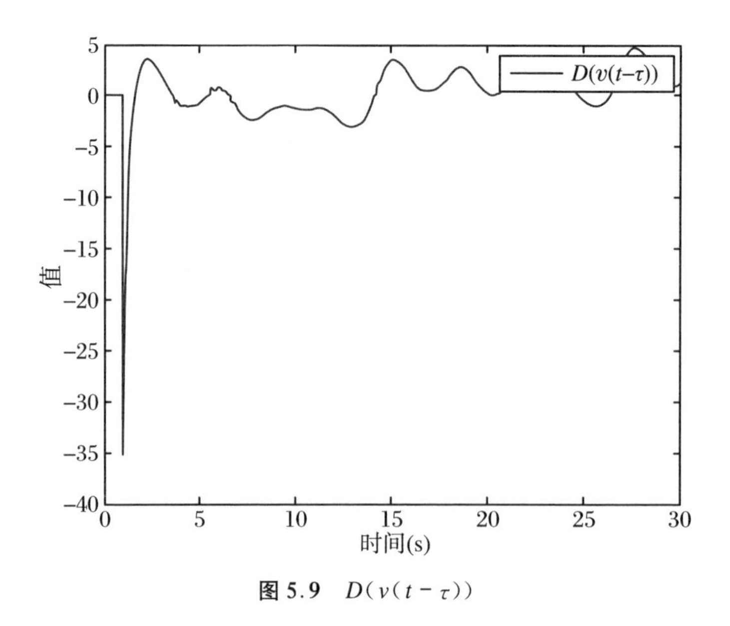

图 5.9 $D(v(t-\tau))$

例 5.2 考虑带有电动机的机械臂系统,如图 5.10 所示。假设系统具有如下输入时滞和输入死区的动力学模型:

$$\begin{cases} D\ddot{q}+B\dot{q}+N\sin(q)=I \\ M\dot{I}+JI=-K_m\dot{q}+D(v(t-\tau)) \\ y=q \end{cases} \tag{5.114}$$

其中,q 代表角位置,$\dot{q}$ 代表角速度,$\ddot{q}$ 代表角加速度,I 代表电气子系统产生的扭矩,v 表示机电扭矩系统的输入端,$D(v(t-\tau))$表示具有时滞的输入死区,D 表示机械惯量,B 表示关节处的黏性摩擦系数,N 表示与负载质量和重力加速度相关的正常数,M 表示电感,J 是电阻,K_m 是电动势系数。

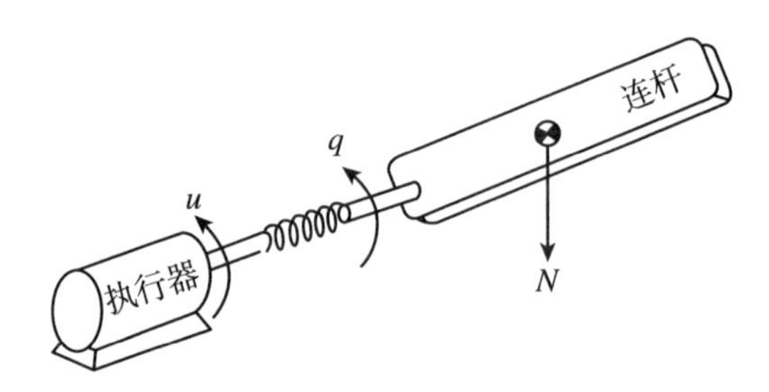

图 5.10 带有电动机的机械臂系统

令 $x_1=q,x_2=\dot{q},x_3=I/D,v(t-\tau)=V(t-\tau)$,假设系统(5.114)存在外部时变扰动 $d_1(t)=0.3\sin(t)$,$d_2(t)=0.2\sin(2t)$和 $d_3(t)=0.3\cos(t)$,则系统(5.114)式可以重写为

$$\begin{cases}\dot{x}_1 = x_2 + d_1(t)\\ \dot{x}_2 = -\dfrac{N}{D}\sin(x_1) - \dfrac{B}{D}x_2 + x_3 + d_2(t)\\ \dot{x}_3 = -\dfrac{K_m}{M}x_2 - \dfrac{DJ}{M}x_3 + \dfrac{1}{M}D(v(t-\tau)) + d_3(t)\\ y = x_1\end{cases} \tag{5.115}$$

其中，$D=1, B=1, M=1, K_m=10, J=0.5, N=10$。系统状态的初值为 $x(0)=[0,0,0]^{\mathrm{T}}$，输入时滞 $\tau=(0.8+0.5\sin(t))$ s，死区参数 $m=2.5, b_r=2$ 和 $b_l=-2$。

控制目标　对于给定的参考信号 $y_d=0.5\sin(t)$，设计一个自适应神经控制器，使系统输出信号跟踪参考信号 y_d。

根据定理5.1，虚拟控制律 α_1,α_2 和实际控制器 $v(t)$ 与(5.98)式、(5.99)式和(5.100)式相同，扰动观测器 $\hat{D}_1,\hat{D}_2$ 和 $\hat{D}_3$ 与(5.101)式～(5.112)式相同，自适应参数 $\hat{W}_i(i=1,2,3)$ 与(5.113)式相同。

在仿真过程中，辅助系统初值为 $\mu_1(0)=0,\mu_2(0)=0$ 和 $\mu_3(0)=0$。其他设计参数设置为 $\hat{W}_1(0)=0.01, \hat{W}_2(0)=0.01, \hat{W}_3(0)=0.01, \gamma_1(0)=0, \gamma_2(0)=0, \gamma_3(0)=0, \omega_1(0)=0, \omega_2(0)=0, \omega_3(0)=0, o_1(0)=0, o_2(0)=0, o_3(0)=0, k_1=20, k_2=10, k_3=10, p_1=8, p_2=8, p_3=5, g_1=2, g_2=2, \Lambda_1=0.0001\boldsymbol{I}, \Lambda_2=0.0001\boldsymbol{I}, \Lambda_3=0.0001\boldsymbol{I}, \sigma_1=1, \sigma_2=1, \sigma_3=1, h_1=9, h_2=9, h_3=9, l_1=18, l_2=18, l_3=18, \xi_1=0.015, \xi_2=0.01$。高斯函数中心 $v_i=[-5,-4,-3,-2,-1,0,1,2,3,4,5]^{\mathrm{T}}$，高斯函数的宽度 $\eta=1$。仿真结果如图5.11～图5.19所示。

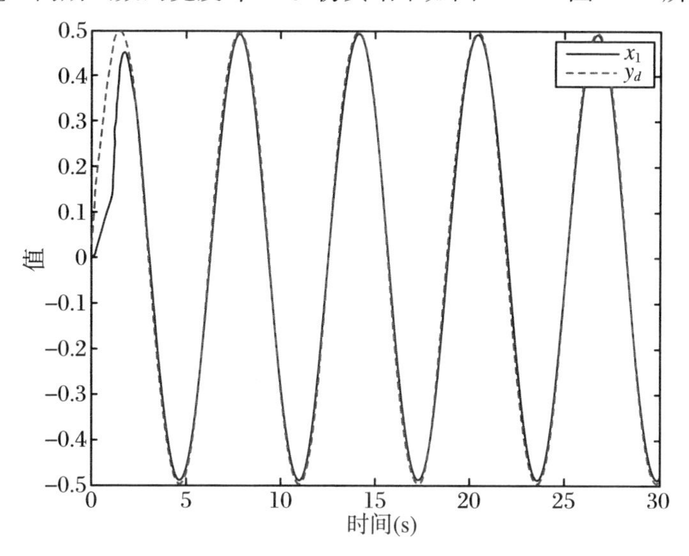

图5.11　系统输出信号 x_1 和参考信号 y_d

图 5.11 给出了系统输出信号 x_1 和参考信号 y_d 的运动轨迹。由图 5.11 可知,在系统存在外部时变扰动且发生输入时滞和输入死区的情况下,系统输出信号 x_1 可以快速跟踪参考信号 y_d。

图 5.12 给出了系统状态变量 x_2 和 x_3 的运动轨迹。由图 5.12 中的仿真结果可知,当系统出现外部扰动且发生输入时滞和输入死区时系统状态有界。

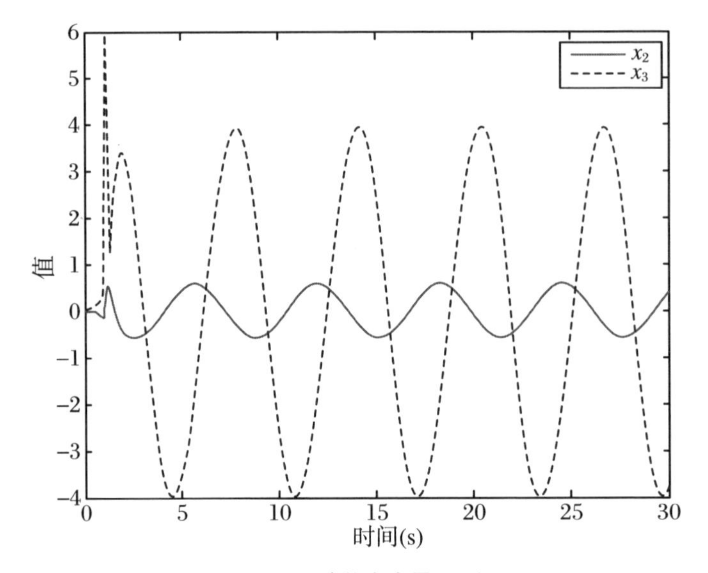

图 5.12 系统状态变量 x_2 和 x_3

图 5.13 给出了跟踪误差信号的运动轨迹。由图 5.13 可知,跟踪误差有界。

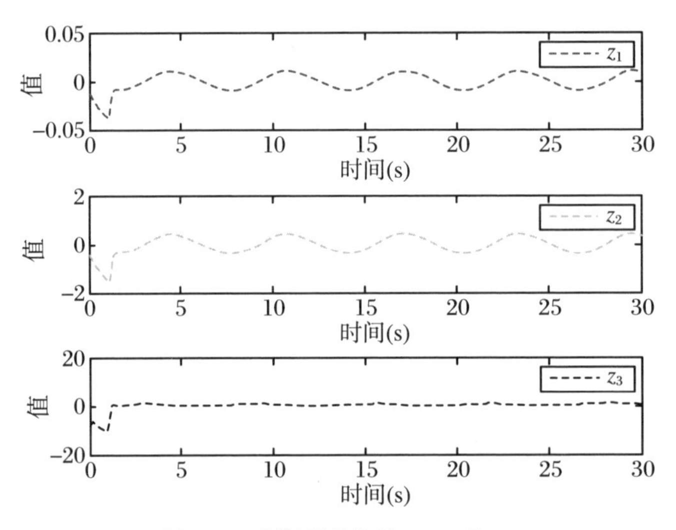

图 5.13 跟踪误差信号 z_1,z_2 和 z_3

图 5.14 给出了辅助系统状态变量运动轨迹,结果表明辅助系统状态有界且渐

近稳定。

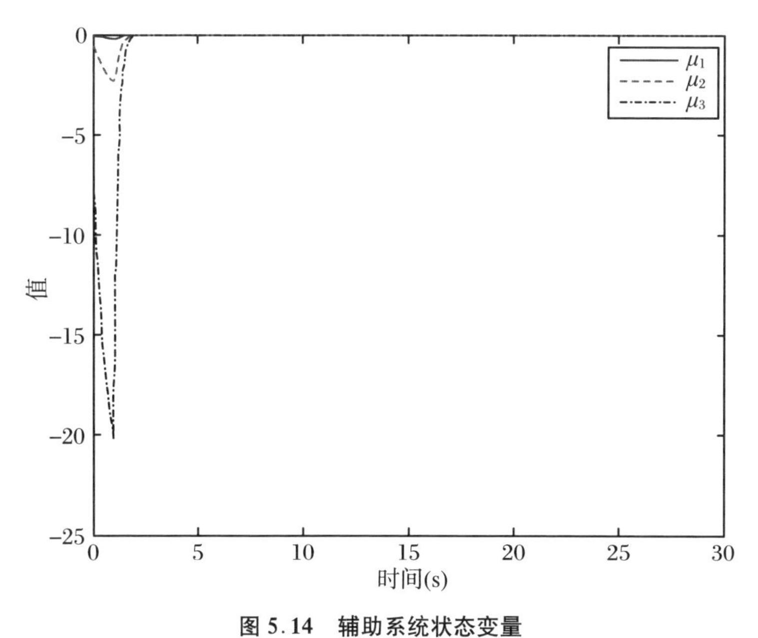

图 5.14　辅助系统状态变量

图 5.15 描述了自适应参数 $\hat{W}_1$，$\hat{W}_2$ 和 $\hat{W}_3$ 的运动轨迹。由图 5.15 可知自适应参数有界。

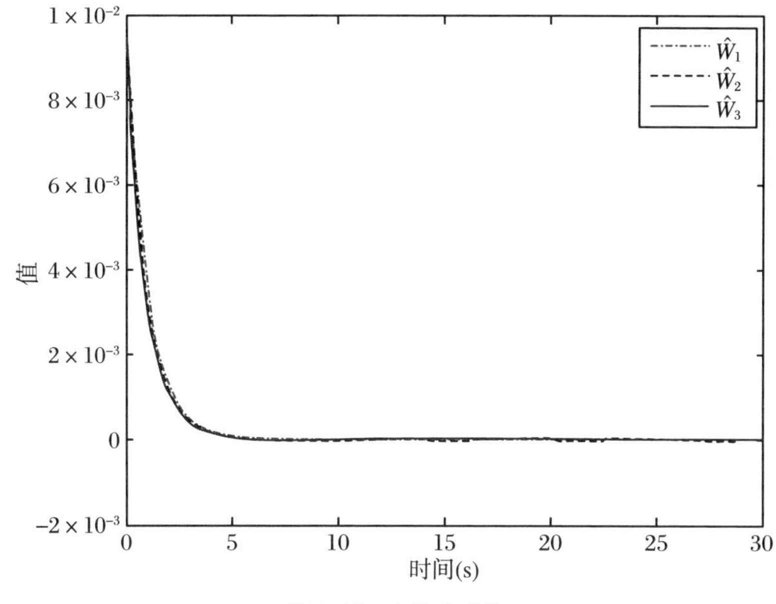

图 5.15　自适应参数

图 5.16～图 5.18 分别给出了扰动观测器的运动轨迹。由图 5.16～图 5.18 中的仿真结果可知,扰动观测器可以有效估计逼近误差和外部时变扰动引起的不确定性。

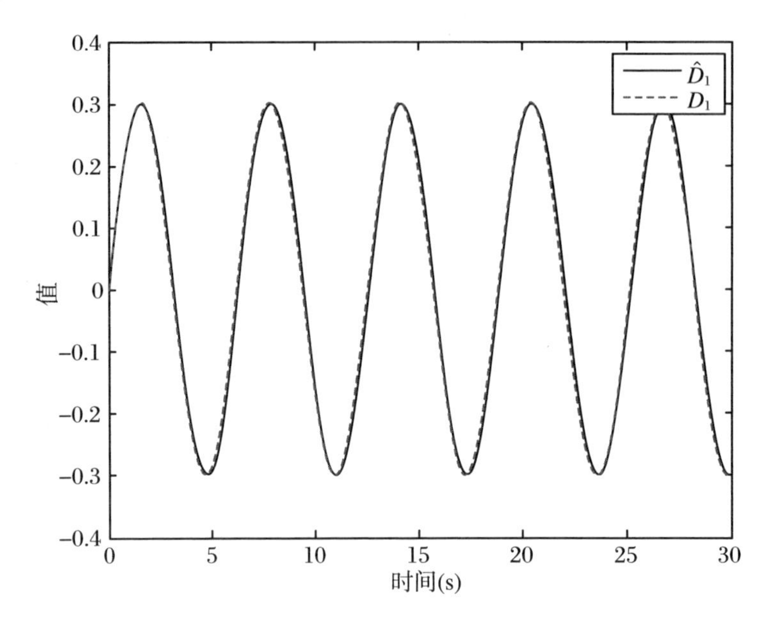

图 5.16　扰动观测器 $\hat{D}_1$ 和 D_1 的运动轨迹

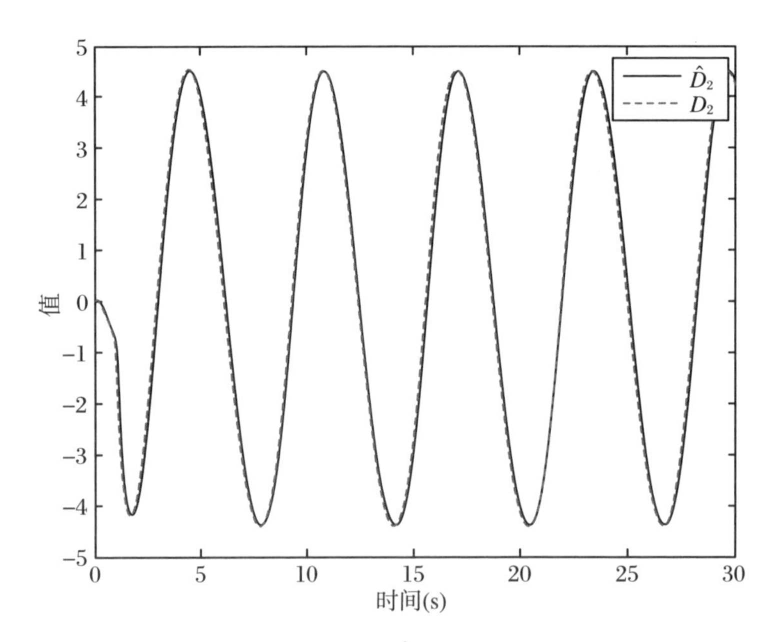

图 5.17　扰动观测器 $\hat{D}_2$ 和 D_2 的运动轨迹

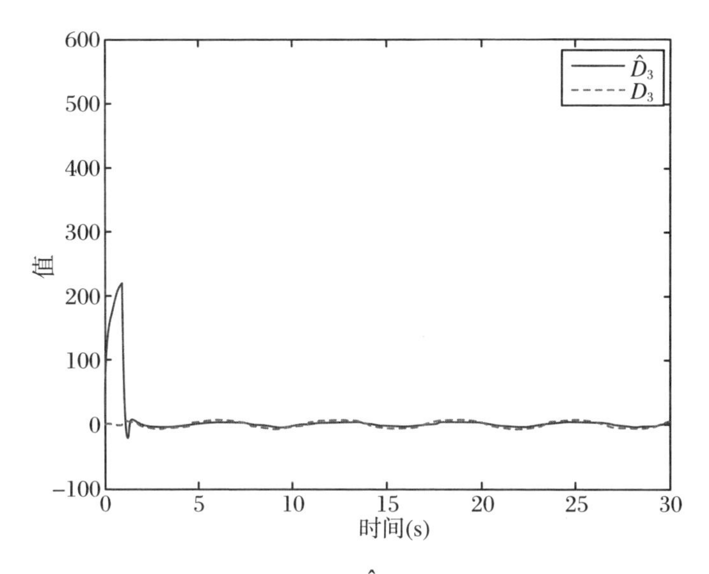

图 5.18　扰动观测器 $\hat{D}_3$ 和 D_3 的运动轨迹

图 5.19 给出了 $D(v(t-\tau))$ 的运动轨迹。由图 5.19 中的仿真结果可知，系统输入信号有界。

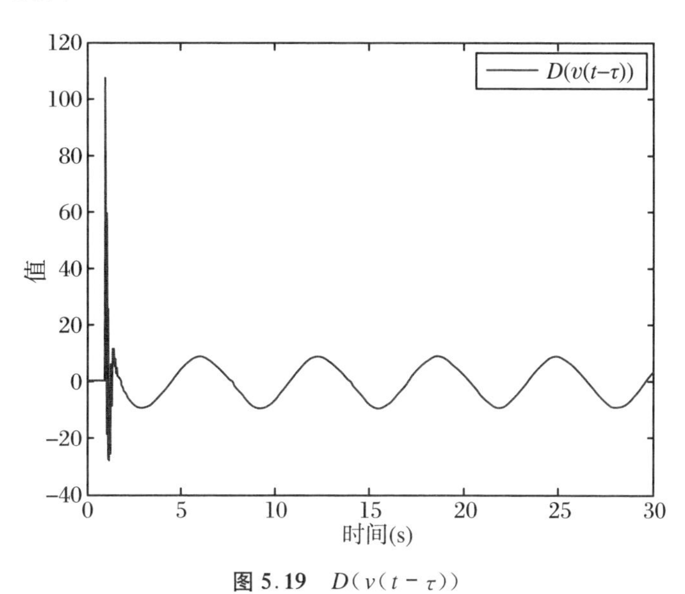

图 5.19　$D(v(t-\tau))$

由图 5.11～图 5.19 的仿真结果可以看出，当系统出现未知外部时变扰动、输入时滞和输入死区时所提出的自适应神经控制器可以使系统输出信号快速跟踪参考信号且闭环系统的所有信号有界。这表明，所设计的扰动观测器可以有效估计逼近误差和外部时变扰动，而且引入的辅助系统可以有效补偿输入时滞和输入死区的影响。

小 结

本章基于自适应动态面控制方案的思想,将神经网络与 Backstepping 技术相结合,研究了具有外部时变扰动、输入死区和输入时滞的非线性系统基于扰动观测器的自适应跟踪控制问题。为了降低控制器设计的复杂性和难度,提出了一种新的补偿机制来消除输入死区和输入时滞造成的影响。在辅助系统的基础上,通过构造扰动观测器来估计每个反步递推设计过程中的近似误差和未知的外部时变扰动,并消除了输入死区和输入时滞的影响。最后,仿真结果表明,该方案具有较好的跟踪性能。

参考文献

[1] Nakao M, Ohnishi K, Miyachi K. A robust decentralized joint control based on interference estimation[C]//Proceedings. 1987 IEEE International Conference on Robotics and Automation. IEEE, 1987, 4: 326-331.

[2] Wei X, Guo L. Composite disturbance-observer-based control and terminal sliding mode control for non-linear systems with disturbances[J]. International Journal of Control, 2009, 82(6): 1082-1098.

[3] Chen M, Chen W H. Sliding mode control for a class of uncertain nonlinear system based on disturbance observer[J]. International Journal of Adaptive Control and Signal Processing, 2010, 24(1): 51-64.

[4] Chen M, Tao G, Jiang B. Dynamic surface control using neural networks for a class of uncertain nonlinear systems with input saturation[J]. IEEE Transactions on Neural Networks and Learning Systems, 2015, 26(9): 2086-2097.

[5] Chen M, Shao S Y, Jiang B. Adaptive neural control of uncertain nonlinear systems using disturbance observer[J]. IEEE Transactions on Cybernetics, 2017, 47(10): 3110-3123.

[6] Wei X J, Wu Z J, Karimi H R. Disturbance observer-based disturbance attenuation control for a class of stochastic systems[J]. Automatica, 2016, 63: 21-25.

[7] Wei X, Dong L, Zhang H, et al. Adaptive disturbance observer-based control for stochastic systems with multiple heterogeneous disturbances[J]. International Journal of Robust and Nonlinear Control, 2019, 29(16): 5533-5549.

[8] Xu B, Shi Z, Yang C. Composite fuzzy control of a class of uncertain nonlinear systems with disturbance observer[J]. Nonlinear Dynamics, 2015, 80(1-2): 341-351.

[9] Chen M, Xiong S, Wu Q. Tracking flight control of quadrotor based on disturbance observer[J]. IEEE Transactions on Systems, Man, and Cybernetics: Systems, 2019, 51(3): 1414-1423.

[10] Wang X S, Su C Y, Hong H. Robust adaptive control of a class of nonlinear systems

with unknown dead-zone[J]. Automatica, 2004, 40(3): 407-413.

[11] Shen Q, Shi P, Shi Y, et al. Adaptive output consensus with saturation and dead-zone and its application[J]. IEEE Transactions on Industrial Electronics, 2016, 64(6): 5025-5034.

[12] Wang D, Huang J. Neural network-based adaptive dynamic surface control for a class of uncertain nonlinear systems in strict-feedback form[J]. IEEE Transactions on Neural Networks, 2005, 16(1): 195-202.

第6章 输入时滞系统有限时间跟踪控制

6.1 引　言

随着社会生产的广泛应用，人们经常要求被控系统的状态轨迹在一定的时间域内满足预先给定的范围。在绝大部分的研究结果中，闭环系统收敛最快的形式为指数形式。此时受控对象无法在有限时间内收敛到平衡状态，也就是说闭环系统在时间趋于无穷时才能够达到真正的收敛。所以，这些控制设计方法均属于无限时间稳定的控制范畴。与传统的无限时间控制方法相比，由于有限时间控制器是分数幂的形式，所以有限时间控制具有更高的跟踪精度和更好的抗干扰性能，并且系统的状态变量具有更快的收敛速度。因此，有限时间稳定性的思想更符合实际工程的要求。

自从 Bhat 和 Bernstein 提出有限时间控制技术以来，将神经网络与有限时间控制法相结合来处理非线性系统控制问题受到了广泛关注。Liu 等人将神经网络与 Backstepping 技术结合研究了严格反馈非线性系统预定义有限时间自适应控制问题。[1] Du 等人针对非线性大系统基于神经网络提出了自适应有限时间控制。[2] Liu 和 Zhu 基于神经网络研究了具有状态约束的纯反馈非线性系统有限时间跟踪控制问题。[3] Liu 等人针对严格反馈切换非线性系统研究了基于神经网络的自适应有限时间故障容错控制方案。[4] Luan 等人基于神经网络针对马尔科夫跳变非线性系统提出了一种基于有限时间 H_∞ 控制器。[5] Sun 等人基于神经网络研究了非严格反馈非线性系统有限时间跟踪控制问题。[6] 在有限时间控制理论框架下，Li 等人基于神经网络和 Backstepping 技术研究了分数阶非线性系统自适应事件触发控制。[7] 此外，基于模糊逻辑系统和有限时间性能函数，Liu 等人针对非严格反馈非线性系统提出了一种有限时间自适应模糊跟踪控制方案。[8] Zhang 等人针对具有约束的非三角结构非线性系统，基于模糊逻辑系统提出了实际有限时间输出反馈控制方案。[9] Sui 等人针对不确定随机非线性系统基于模糊逻辑系统 Backstepping 技术提出了模糊自适应有限时间控制方案。[10] 然而，人们很少关注到具有输入时滞的非线性系统的有限时间跟踪控制问题。而现有的方法不能直接解决具有输入时滞的非严格反馈系统的有限时间控制问题。此外，在基于Backstepping技术设计有限时间控制器的过程中，由于存在分数幂积分器，因此容易出现奇异性问题。

本章在第3章提出的辅助系统(3.2)式的基础上，基于神经网络和Backstepping技术，研究具有输入时滞和未知虚拟控制系数的非严格反馈非线性系统自适应有限时间跟踪控制问题。

6.2 问题描述

考虑如下一类具有输入时滞的非严格反馈不确定非线性动态系统：

$$\begin{cases}\dot{x}_i(t) = f_i(x(t)) + \varphi_i(x(t))x_{i+1}(t) + d_i(t), \quad 1 \leqslant i \leqslant n-1 \\ \dot{x}_n(t) = f_n(x(t)) + \varphi_n(x(t))u(t-\tau) + d_n(t) \\ y(t) = x_1(t)\end{cases} \tag{6.1}$$

其中，$x=[x_1,x_2,\cdots,x_n]^{\mathrm{T}}$是状态变量，$u(t-\tau)\in\mathbf{R}$是控制输入，$\tau$是输入时滞，$y\in\mathbf{R}$是系统输出。对于$1\leqslant i\leqslant n$，$f_i(\cdot)$和$\varphi_i(x(t))$是未知的光滑非线性函数，$d_i(t)$是未知的外部时变扰动。

假设6.1　假设$\varphi_i(\cdot)(1\leqslant i\leqslant n)$已知，并且存在常数$\varphi_0>0$使得$0<\varphi_0\leqslant|\varphi_i(\cdot)|$。不失一般性，假设$\varphi_i(\cdot)>0$。

假设6.2　未知的外部扰动$d_i(t)$是有界的，即存在一个未知的正常数$\bar{d}_{i\mathrm{U}}$满足$|d_i|\leqslant\bar{d}_{i\mathrm{U}}$，$i=1,2,\cdots,n$。

假设6.3　参考信号$y_d(t)$及其j阶时间导数$y_d^{(j)}(t)$连续有界。

控制任务　设计一种有效的自适应神经跟踪控制方案，该方案能够在非线性系统(6.1)式存在外部时变扰动和输入时滞的情况下使系统输出信号有效跟踪参考信号$y_d(t)$。

6.3 自适应跟踪控制器设计

在本节中，我们将基于Backstepping方法为非线性系统(6.1)式设计一种自适应神经控制策略。首先，我们给出如下坐标变换：

$$\begin{cases}z_1 = x_1 - y_d - \mu_1 \\ z_i = x_i - \alpha_{i-1} - \mu_i, \quad i = 2,3,\cdots,n\end{cases} \tag{6.2}$$

其中，α_i 是虚拟控制律，并且将在稍后进行设计；实际控制器 u 将在最后一步给出；μ_i 是补偿信号，用于处理系统时滞问题，$\mu_i(i=1,2,\cdots,n)$定义如(3.2)式所示。

第1步　根据(6.1)式、(6.2)式和(3.2)式，z_1 的时间导数计算如下：

$$\begin{aligned}\dot{z}_1 &= \dot{x}_1 - \dot{y}_d - \dot{\mu}_1 \\ &= f_1(x) + \varphi_1(x)x_2 + d_1(t) - \mu_2 + p_1\mu_1 - \dot{y}_d \end{aligned}\tag{6.3}$$

根据 $z_2 = x_2 - \alpha_1 - \mu_2$ 和 Backstepping 设计，用虚拟控制律 α_1 替换 x_2，则有

$$\begin{aligned}\dot{z}_1 &= f_1(x) + \varphi_1(x)z_2 + \varphi_1(x)\alpha_1 + \varphi_1(x)\mu_2 + d_1(t) - \mu_2 + p_1\mu_1 - \dot{y}_d \\ &= f_1(x) + \varphi_1(x)z_2 + \varphi_1(x)\alpha_1 + (\varphi_1(x) - 1)\mu_2 + d_1(t) + p_1\mu_1 - \dot{y}_d \end{aligned}\tag{6.4}$$

选择一个正定的李雅普诺夫函数：

$$V_1 = \frac{1}{2}z_1^2 + \frac{1}{2\gamma_1}\tilde{\theta}_1^2 \tag{6.5}$$

其中，$\gamma_1>0$ 是设计参数，$\tilde{\theta}_1 = \theta_1 - \hat{\theta}_1$ 是估计误差。

进一步，可以得到 V_1 的时间导数为

$$\begin{aligned}\dot{V}_1 &= z_1\dot{z}_1 - \frac{1}{\gamma_1}\tilde{\theta}_1\dot{\hat{\theta}}_1 \\ &= z_1(f_1(x) + \varphi_1(x)z_2 + \varphi_1(x)\alpha_1 + (\varphi_1(x) - 1)\mu_2 \\ &\quad + d_1(t) + p_1\mu_1 - \dot{y}_d) - \frac{1}{\gamma_1}\tilde{\theta}_1\dot{\hat{\theta}}_1 \end{aligned}\tag{6.6}$$

对于(6.6)式中的 $z_1d_1(t)$，根据完全平方公式和假设 6.2 可以得到

$$z_1d_1(t) \leqslant \frac{1}{2}z_1^2 + \frac{1}{2}d_1^2(t) \leqslant \frac{1}{2}z_1^2 + \frac{1}{2}\bar{d}_{1U}^2 \tag{6.7}$$

将(6.7)式代入(6.6)式中，可以得到

$$\begin{aligned}\dot{V}_1 &\leqslant z_1(f_1(x) + \varphi_1(x)z_2 + \varphi_1(x)\alpha_1 + (\varphi_1(x) - 1)\mu_2 \\ &\quad + 0.5z_1 + p_1\mu_1 - \dot{y}_d) - \frac{1}{\gamma_1}\tilde{\theta}_1\dot{\hat{\theta}}_1 + \frac{1}{2}\bar{d}_{1U}^2 \end{aligned}\tag{6.8}$$

接下来，令 $\Theta_1 = f_1(x) + \varphi_1(x)z_2 + (\varphi_1(x) - 1)\mu_2 + z_1 - \dot{y}_d$，则有

$$\dot{V}_1 \leqslant z_1(\Theta_1 + \varphi_1(x)\alpha_1 + p_1\mu_1) - \frac{1}{\gamma_1}\tilde{\theta}_1\dot{\hat{\theta}}_1 + \frac{1}{2}\bar{d}_{1U}^2 - \frac{1}{2}z_1^2 \tag{6.9}$$

RBF 神经网络可以对未知非线性函数 Θ_1 进行逼近。根据(2.3)式，对于任意的 $\varepsilon_1>0$，存在一个神经网络 $W_1^{*\mathrm{T}}\Phi_1(Z_1)$使得

$$\Theta_1 = W_1^{*\mathrm{T}}\Phi_1(Z_1) + \delta_1(Z_1),\quad |\delta_1(Z_1)| \leqslant \varepsilon_1 \tag{6.10}$$

其中，$Z_1 = [x_1, x_2, \cdots, x_n, \mu_1, \mu_2, y_d, \dot{y}_d]^{\mathrm{T}}$。

根据杨不等式和引理2.8,有

$$
\begin{aligned}
z_1\Theta_1 &= z_1(W_1^{*\mathrm{T}}\Phi_1(Z_1)+\delta_1(Z_1)) \\
&\leqslant |z_1|(\|W_1^{*\mathrm{T}}\|\|\Phi_1(Z_1)\|+\varepsilon_1) \\
&\leqslant |z_1|(\|W_1^{*\mathrm{T}}\|\|\Phi_1(X_1)\|+\varepsilon_1) \\
&\leqslant \frac{1}{2a_1^2}z_1^2\theta_1\Phi_1^{\mathrm{T}}(X_1)\Phi_1(X_1)+\frac{1}{2}a_1^2+\frac{1}{2}z_1^2+\frac{1}{2}\varepsilon_1^2
\end{aligned}
\tag{6.11}
$$

其中,$a_1>0$ 是设计参数,$\theta_1=\|W_1^*\|^2$,$X_1=[x_1,\mu_1,y_d,\dot{y}_d]^{\mathrm{T}}$。

将(6.11)式代入(6.9)式中,则有

$$
\begin{aligned}
\dot{V}_1 \leqslant\ & z_1\left(\frac{1}{2a_1^2}z_1\theta_1\Phi_1^{\mathrm{T}}(X_1)\Phi_1(X_1)+\varphi_1\alpha_1+p_1\mu_1\right) \\
& -\frac{1}{\gamma_1}\tilde{\theta}_1\dot{\hat{\theta}}_1+\frac{1}{2}\bar{d}_{1\mathrm{U}}^2+\frac{1}{2}a_1^2+\frac{1}{2}\varepsilon_1^2
\end{aligned}
\tag{6.12}
$$

接下来,为了镇定系统,设计如下虚拟控制律和自适应参数:

$$
\alpha_1=-k_1z_1^{2\beta-1}-\frac{1}{2a_1^2\varphi_0}\hat{\theta}_1z_1\Phi_1^{\mathrm{T}}(X_1)\Phi_1(X_1)-\frac{p_1}{\varphi_0}\mu_1 \tag{6.13}
$$

$$
\dot{\hat{\theta}}_1=\frac{\gamma_1}{2a_1^2}z_1^2\Phi_1^{\mathrm{T}}(X_1)\Phi_1(X_1)-\sigma_1\hat{\theta}_1,\quad \hat{\theta}_1\geqslant 0 \tag{6.14}
$$

其中,$k_1>0$ 和 $\sigma_1>0$ 是设计参数。

为了避免(6.13)式中 $z_1^{2\beta-1}$ 引起的奇异性问题,采用分段函数机制选择 $z_1^{2\beta-1}$,即

$$
z_1^{2\beta-1}=\begin{cases} z_1^{2\beta-1}, & |z_1|\geqslant\varepsilon_{10}\geqslant 0 \\ \sum_{j=1}^{n+1}c_jz_1^j\varepsilon_{10}^{-j+2\beta-1}, & |z_1|<\varepsilon_{10} \end{cases} \tag{6.15}
$$

其中,ε_{10} 是一个较小的正常数,c_j 可以按照下式计算:

$$
\begin{cases}
c_1+c_2+\cdots+c_n+c_{n+1}=b_1 \\
c_1+2c_2+\cdots+nc_n+(n+1)c_{n+1}=b_2 \\
2c_2+\cdots+n(n-1)c_n+(n+1)nc_{n+1}=b_3 \\
\qquad\vdots \\
\prod_{j=0}^{n-1}(n-j)c_n+\prod_{j=0}^{n-1}(n+1-j)c_{n+1}=b_{n+1}
\end{cases} \tag{6.16}
$$

其中,$b_1=1$,$b_2=2\beta-1$,$b_3=(2\beta-1)(2\beta-2)$,$\cdots$,$b_{n+1}=\prod_{j=0}^{n-1}(2\beta-1-j)$。如果 $n=3$ 且 $\beta=99/101$,则有 $c_1=1419/1321$,$c_2=-151/1320$,$c_3=476/7607$,$c_4=-89/6539$。

基于(6.13)式和假设6.1,如果 $|z_1|\geqslant\varepsilon_{10}$,则有

$$\varphi_1(x)z_1\alpha_1 \leqslant -k_1\varphi_0 z_1^{2\beta} - \frac{z_1^2\hat{\theta}_1\Phi_1^{\mathrm{T}}(X_1)\Phi_1(X_1)}{2a_1^2} - p_1\mu_1 z_1 \tag{6.17}$$

如果$|z_1|<\varepsilon_{10}$,则有

$$\begin{aligned}
\varphi_1(x)z_1\alpha_1 \leqslant & -k_1\varphi_0\left(\sum_{j=1}^{n+1}c_j z_1^j\varepsilon_{10}^{-j+2\beta-1}\right) - \frac{z_1^2\hat{\theta}_1\Phi_1^{\mathrm{T}}(X_1)\Phi_1(X_1)}{2a_1^2} - p_1\mu_1 z_1 \\
\leqslant & -k_1\varphi_0 z_1^{2\beta} + k_1\varphi_0 z_1^{2\beta} - \frac{z_1^2\hat{\theta}_1\Phi_1^{\mathrm{T}}(X_1)\Phi_1(X_1)}{2a_1^2} - p_1\mu_1 z_1 \\
& - k_1\varphi_0 z_1^{2\beta}\left(\sum_{j=1}^{n+1}c_j\left(\frac{z_1}{\varepsilon_{10}}\right)^{-j-2\beta+1}\right) \\
\leqslant & -k_1\varphi_0 z_1^{2\beta} - \frac{z_1^2\hat{\theta}_1\Phi_1^{\mathrm{T}}(X_1)\Phi_1(X_1)}{2a_1^2} - p_1\mu_1 z_1 \\
& + k_1\varphi_0 z_1^{2\beta}\left(1 - \sum_{j=1}^{n+1}c_j\left(\frac{z_1}{\varepsilon_{10}}\right)^{-j-2\beta+1}\right) \\
\leqslant & -k_1\varphi_0 z_1^{2\beta} - \frac{z_1^2\hat{\theta}_1\Phi_1^{\mathrm{T}}(X_1)\Phi_1(X_1)}{2a_1^2} - p_1\mu_1 z_1 \\
& + k_1\varphi_0 z_1^{2\beta}\left(1 + \sum_{j=1}^{n+1}|c_j|\left|\frac{z_1}{\varepsilon_{10}}\right|^{-j-2\beta+1}\right) \\
\leqslant & -k_1\varphi_0 z_1^{2\beta} - \frac{z_1^2\hat{\theta}_1\Phi_1^{\mathrm{T}}(X_1)\Phi_1(X_1)}{2a_1^2} - p_1\mu_1 z_1 \\
& + k_1\varphi_0 z_1^{2\beta}\left(1 + \sum_{j=1}^{n+1}|c_j|\right)
\end{aligned} \tag{6.18}$$

通过(6.17)式和(6.18)式对比可知,(6.18)式中增加了一个小的有界常数项$k_1\varphi_0 z_1^{2\beta}\left(1+\sum_{j=1}^{n+1}|c_j|\right)\leqslant k_1\varphi_0\varepsilon_1^{2\beta}\left(1+\sum_{j=1}^{n+1}|c_j|\right)$。在接下来的设计分析中,将忽略该常数项。

将(6.13)式、(6.14)式和(6.17)式代入(6.12)式中,则有

$$\dot{V}_1 \leqslant -k_1\varphi_0 z_1^{2\beta} + \frac{1}{\gamma_1}\sigma_1\tilde{\theta}_1\hat{\theta}_1 + \frac{1}{2}a_1^2 + \frac{1}{2}\varepsilon_1^2 + \frac{1}{2}\bar{d}_{1\mathrm{U}}^2 \tag{6.19}$$

第 2 步 根据坐标变换(6.2)式和$z_2=x_2-\alpha_1-\mu_2$,则z_2的时间导数计算如下:

$$\begin{aligned}
\dot{z}_2 = & \dot{x}_2 - \dot{\alpha}_1 - \dot{\mu}_2 \\
= & f_2(x) + \varphi_2(x)x_3 + d_2(t) - \dot{\alpha}_1 - \mu_3 + p_2\mu_2 + g_1\mu_1 \\
= & f_2(x) + \varphi_2(x)z_3 + \varphi_2(x)\alpha_2 + \varphi_2(x)\mu_3 + d_2(t) - \dot{\alpha}_1 - \mu_3 + p_2\mu_2 + g_1\mu_1 \\
= & f_2(x) + \varphi_2(x)z_3 + \varphi_2(x)\alpha_2 + (\varphi_2(x)-1)\mu_3 + d_2(t) - \dot{\alpha}_1 + p_2\mu_2 + g_1\mu_1
\end{aligned} \tag{6.20}$$

其中，$z_3 = x_3 - \alpha_2 - \mu_3$ 且 $\dot{\alpha}_1 = \frac{\partial \alpha_1}{\partial x_1}\dot{x}_1 + \frac{\partial \alpha_1}{\partial \mu_1}\dot{\mu}_1 + \frac{\partial \alpha_1}{\partial \hat{\theta}_1}\dot{\hat{\theta}}_1 + \frac{\partial \alpha_1}{\partial y_d}\dot{y}_d + \frac{\partial \alpha_1}{\partial \dot{y}_d}\ddot{y}_d$。

选取如下正定的李雅普诺夫函数：

$$V_2 = \frac{1}{2}z_2^2 + \frac{1}{2\gamma_2}\tilde{\theta}_2^2 \tag{6.21}$$

其中，$\gamma_2 > 0$ 是设计参数，$\tilde{\theta}_2 = \theta_2 - \hat{\theta}_2$ 是估计误差。

进一步，得到 V_2 的时间导数为

$$\begin{aligned}\dot{V}_2 &= z_2\dot{z}_2 - \frac{1}{\gamma_2}\tilde{\theta}_2\dot{\hat{\theta}}_2 \\ &= z_2(f_2(x) + \varphi_2(x)z_3 + \varphi_2(x)\alpha_2 + (\varphi_2(x) - 1)\mu_3 \\ &\quad + d_2(t) - \dot{\alpha}_1 + p_2\mu_2 + g_1\mu_1) - \frac{1}{\gamma_2}\tilde{\theta}_2\dot{\hat{\theta}}_2\end{aligned} \tag{6.22}$$

类似第1步，对于(6.22)式中的 $z_2 d_2(t)$，根据完全平方公式可以得到下面的不等式：

$$z_2 d_2(t) \leqslant \frac{1}{2}z_2^2 + \frac{1}{2}\bar{d}_{2\mathrm{U}}^2 \tag{6.23}$$

同时，可以很容易得到

$$\begin{aligned}\dot{V}_2 &\leqslant z_2(f_2(x) + \varphi_2(x)z_3 + \varphi_2(x)\alpha_2 + (\varphi_2(x) - 1)\mu_3 \\ &\quad - \dot{\alpha}_1 + p_2\mu_2 + g_1\mu_1 + 0.5z_2) - \frac{1}{\gamma_2}\tilde{\theta}_2\dot{\hat{\theta}}_2 + \frac{1}{2}\bar{d}_{2\mathrm{U}}^2 \\ &\leqslant z_2(\Theta_2 + \varphi_2(x)\alpha_2 + p_2\mu_2 + g_1\mu_1) - \frac{1}{\gamma_2}\tilde{\theta}_2\dot{\hat{\theta}}_2 + \frac{1}{2}\bar{d}_{2\mathrm{U}}^2 - \frac{1}{2}z_2^2\end{aligned} \tag{6.24}$$

其中，$\Theta_2 = f_2(x) + \varphi_2(x)z_3 + (\varphi_2(x) - 1)\mu_3 - \dot{\alpha}_1 + z_2$。

对于未知的非线性函数 Θ_2，可以用RBF神经网络进行逼近。根据(2.3)式，对于任意的 $\varepsilon_2 > 0$，存在一个神经网络 $W_2^{*\mathrm{T}}\Phi_2(Z_2)$ 满足

$$\Theta_2 = W_2^{*\mathrm{T}}\Phi_2(Z_2) + \delta_2(Z_2), \quad |\delta_2(Z_2)| \leqslant \varepsilon_2 \tag{6.25}$$

且 $Z_2 = [x_1, x_2, \cdots, x_n, \hat{\theta}_1, \mu_1, \mu_2, \mu_3, y_d, \dot{y}_d, \ddot{y}_d]^{\mathrm{T}}$。

与第1步类似，根据引理2.8，可以容易得到

$$\begin{aligned}z_2\Theta_2 &= z_2(W_2^{*\mathrm{T}}\Phi_2(Z_2) + \delta_2(Z_2)) \\ &\leqslant |z_2|(\|W_2^{*\mathrm{T}}\|\|\Phi_2(Z_2)\| + \varepsilon_2) \\ &\leqslant |z_2|(\|W_2^{*\mathrm{T}}\|\|\Phi_2(X_2)\| + \varepsilon_2) \\ &\leqslant \frac{1}{2a_2^2}z_2^2\theta_2\Phi_2^{\mathrm{T}}(X_2)\Phi_2(X_2) + \frac{1}{2}a_2^2 + \frac{1}{2}z_2^2 + \frac{1}{2}\varepsilon_2^2\end{aligned} \tag{6.26}$$

其中，$a_2 > 0$ 是设计参数，$X_2 = [x_1, x_2, \hat{\theta}_1, \mu_1, \mu_2, y_d, \dot{y}_d, \ddot{y}_d]^{\mathrm{T}}$ 且 $\theta_2 = \|W_2^{*\mathrm{T}}\|^2$。

由(6.21)式～(6.26)式，有

$$\dot{V}_2 \leqslant z_2\left(\frac{1}{2a_2^2}z_2\theta_2\Phi_2^{\mathrm{T}}(X_2)\Phi_2(X_2)+\varphi_2\alpha_2+p_2\mu_2+g_1\mu_1\right)$$

$$-\frac{1}{\gamma_2}\tilde{\theta}_2\dot{\hat{\theta}}_2+\frac{1}{2}\bar{d}_{2\mathrm{U}}^2+\frac{1}{2}a_2^2+\frac{1}{2}\varepsilon_2^2 \tag{6.27}$$

接下来，设计如下虚拟控制律和自适应参数：

$$\alpha_2=-k_2z_2^{2\beta-1}-\frac{1}{2a_2^2\varphi_0}\hat{\theta}_2z_2\Phi_2^{\mathrm{T}}(X_2)\Phi_2(X_2)-\frac{p_2}{\varphi_0}\mu_2-\frac{g_1}{\varphi_0}\mu_1 \tag{6.28}$$

$$\dot{\hat{\theta}}_2=\frac{\gamma_2}{2a_2^2}z_2^2\Phi_2^{\mathrm{T}}(X_2)\Phi_2(X_2)-\sigma_2\hat{\theta}_2,\quad \hat{\theta}_2(0)\geqslant 0 \tag{6.29}$$

其中，$k_2>0$ 和 $\sigma_2>0$ 是设计参数，$z_2^{2\beta-1}$ 定义为

$$z_2^{2\beta-1}=\begin{cases} z_2^{2\beta-1}, & |z_2|\geqslant\varepsilon_{20}\geqslant 0\\ \sum\limits_{j=1}^{n+1}c_jz_2^j\varepsilon_{10}^{-j+2\beta-1}, & |z_2|<\varepsilon_{20}\end{cases} \tag{6.30}$$

其中，ε_{20}是一个较小的正常数，c_j 可以按照(6.16)式计算。

此外，基于(6.28)式和假设 6.1 则有

$$\varphi_2(x)z_2\alpha_2\leqslant -k_2\varphi_0z_2^{2\beta}-\frac{z_2^2\hat{\theta}_2\Phi_2^{\mathrm{T}}(X_2)\Phi_2(X_2)}{2a_2^2}-p_2\mu_2z_2-g_1\mu_1z_2 \tag{6.31}$$

于是，将(6.28)式、(6.29)式和(6.31)式代入(6.27)式中，则有

$$\dot{V}_2\leqslant -k_2\varphi_0z_2^{2\beta}+\frac{1}{\gamma_2}\sigma_2\tilde{\theta}_2\hat{\theta}_2+\frac{1}{2}a_2^2+\frac{1}{2}\varepsilon_2^2+\frac{1}{2}\bar{d}_{2\mathrm{U}}^2 \tag{6.32}$$

第 i 步($3\leqslant i\leqslant n-1$) 类似第 2 步，$z_i=x_i-\alpha_{i-1}-\mu_i$ 的时间导数可以描述为

$$\begin{aligned}\dot{z}_i&=\dot{x}_i-\dot{\alpha}_{i-1}-\dot{\mu}_i\\&=f_i(x)+\varphi_i(x)z_{i+1}+\varphi_i(x)\alpha_i+(\varphi_i(x)-1)\mu_{i+1}\\&\quad+d_i(t)-\dot{\alpha}_{i-1}+p_i\mu_i+g_{i-1}\mu_{i-1}\end{aligned} \tag{6.33}$$

定义如下李雅普诺夫函数 V_i：

$$V_i=\frac{1}{2}z_i^2+\frac{1}{2\gamma_i}\tilde{\theta}_i^2 \tag{6.34}$$

其中，$\gamma_i>0$ 是设计参数，$\tilde{\theta}_i=\theta_i-\hat{\theta}_i$ 是估计误差。

对李雅普诺夫函数 V_i 求导，则有

$$\dot{V}_i=z_i(f_i(x)+\varphi_i(x)z_{i+1}+\varphi_i(x)\alpha_i-\dot{\alpha}_{i-1}+(\varphi_i(x)-1)\mu_{i+1}$$

$$+d_i(t)+p_i\mu_i+g_{i-1}\mu_{i-1})-\frac{1}{\gamma_i}\tilde{\theta}_i\dot{\hat{\theta}}_i \tag{6.35}$$

对于(6.35)式中的 $z_id_i(t)$，类似第 1 步，根据完全平方公式可得

$$z_id_i(t)\leqslant\frac{1}{2}z_i^2+\frac{1}{2}\bar{d}_{i\mathrm{U}}^2 \tag{6.36}$$

将(6.36)式代入(6.35)式中，则有

$$\dot{V}_i \leqslant z_i(\Theta_i + \varphi_i(x)\alpha_i + p_i\mu_i + g_{i-1}\mu_{i-1}) - \frac{1}{\gamma_i}\tilde{\theta}_i\dot{\hat{\theta}}_i + \frac{1}{2}\bar{d}_{iU}^2 - \frac{1}{2}z_i^2 \tag{6.37}$$

其中，

$$\Theta_i = f_i(x) + \varphi_i(x)z_{i+1} + (\varphi_i(x) - 1)\mu_{i+1} - \dot{\alpha}_{i-1} + z_i \tag{6.38}$$

且

$$\dot{\alpha}_{i-1} = \sum_{r=1}^{i-1}\frac{\partial\alpha_{i-1}}{\partial x_r}\dot{x}_r + \sum_{r=1}^{i-1}\frac{\partial\alpha_{i-1}}{\partial\hat{\theta}_r}\dot{\hat{\theta}}_r + \sum_{r=1}^{i-1}\frac{\partial\alpha_{i-1}}{\partial\mu_r}\dot{\mu}_r + \sum_{r=0}^{i-1}\frac{\partial\alpha_{i-1}}{\partial y_d^{(r)}}y_d^{(r+1)} \tag{6.39}$$

类似第2步，可以用RBF神经网络对未知的非线性函数 Θ_i 进行逼近。于是根据(2.3)式，对于任意的 $\varepsilon_i>0$，存在一个神经网络 $W_i^{*\mathrm{T}}\Phi_i(Z_i)$满足

$$\Theta_i = W_i^{*\mathrm{T}}\Phi_i(Z_i) + \delta_i(Z_i), \quad |\delta_i(Z_i)| \leqslant \varepsilon_i \tag{6.40}$$

且 $Z_i = [x_1, x_2, \cdots, x_n, \hat{\theta}_1, \hat{\theta}_2, \cdots, \hat{\theta}_{i-1}, \mu_1, \mu_2, \cdots, \mu_{i+1}, y_d, \dot{y}_d, \cdots, y_d^{(i)}]^{\mathrm{T}}$。

进一步，类似第2步，根据引理2.8有

$$\begin{aligned} z_i\Theta_i &= z_i(W_i^{*\mathrm{T}}\Phi_i(Z_i) + \delta_i(Z_i)) \\ &\leqslant |z_i|(\|W_i^{*\mathrm{T}}\|\,\|\Phi_i(Z_i)\| + \varepsilon_i) \\ &\leqslant |z_i|(\|W_i^{*\mathrm{T}}\|\,\|\Phi_i(X_i)\| + \varepsilon_i) \\ &\leqslant \frac{1}{2a_i^2}z_i^2\theta_i\Phi_i^{\mathrm{T}}(X_i)\Phi_i(X_i) + \frac{1}{2}a_i^2 + \frac{1}{2}z_i^2 + \frac{1}{2}\varepsilon_i^2 \end{aligned} \tag{6.41}$$

其中，$a_i>0$ 是设计参数，$X_i = [x_1, x_2, \cdots, x_i, \hat{\theta}_1, \hat{\theta}_2, \cdots, \hat{\theta}_{i-1}, \mu_1, \mu_2, \cdots, \mu_i, y_d, \dot{y}_d, \cdots, y_d^{(i)}]^{\mathrm{T}}$ 且 $\theta_i = \|W_i^{*\mathrm{T}}\|^2$。

由(6.37)式～(6.41)式，有

$$\begin{aligned} \dot{V}_i \leqslant{}& z_i\left(\frac{1}{2a_i^2}z_i\theta_i\Phi_i^{\mathrm{T}}(X_i)\Phi_i(X_i) + \varphi_i\alpha_i + p_i\mu_i + g_{i-1}\mu_{i-1}\right) \\ &- \frac{1}{\gamma_i}\tilde{\theta}_i\dot{\hat{\theta}}_i + \frac{1}{2}\bar{d}_{iU}^2 + \frac{1}{2}a_i^2 + \frac{1}{2}\varepsilon_i^2 \end{aligned} \tag{6.42}$$

进而，设计如下虚拟控制律和自适应参数：

$$\alpha_i = -k_i z_i^{2\beta-1} - \frac{1}{2a_i^2\varphi_0}\hat{\theta}_i z_i\Phi_i^{\mathrm{T}}(X_i)\Phi_i(X_i) - \frac{p_i}{\varphi_0}\mu_i - \frac{g_{i-1}}{\varphi_0}\mu_{i-1} \tag{6.43}$$

$$\dot{\hat{\theta}}_i = \frac{\gamma_i}{2a_i^2}z_i^2\Phi_i^{\mathrm{T}}(X_i)\Phi_i(X_i) - \sigma_i\hat{\theta}_i, \quad \hat{\theta}_i(0) \geqslant 0 \tag{6.44}$$

其中，$k_i>0$ 和 $\sigma_i>0$ 是设计参数，$z_i^{2\beta-1}$ 定义为

$$z_i^{2\beta-1} = \begin{cases} z_i^{2\beta-1}, & |z_i| \geqslant \varepsilon_{i0} \geqslant 0 \\ \sum_{j=1}^{n+1} c_j z_i^j \varepsilon_{10}^{-j+2\beta-1}, & |z_i| < \varepsilon_{i0} \end{cases} \tag{6.45}$$

其中，ε_{i0}是一个较小的正常数，c_j 可以按照(6.16)式计算。

此外，基于(6.43)式和假设 6.1 有

$$\varphi_i(x)z_i\alpha_i \leqslant -k_i\varphi_0 z_i^{2\beta} - \frac{\varphi_0 z_i^2\hat{\theta}_i\Phi_i^{\mathrm{T}}(X_i)\Phi_i(X_i)}{2a_i^2} - p_i\mu_i z_i - g_{i-1}\mu_{i-1}z_i \tag{6.46}$$

根据(6.42)式～(6.44)式和(6.46)式，有

$$\dot{V}_i \leqslant -k_i\varphi_0 z_i^{2\beta} + \frac{1}{\gamma_i}\sigma_i\tilde{\theta}_i\hat{\theta}_i + \frac{1}{2}a_i^2 + \frac{1}{2}\varepsilon_i^2 + \frac{1}{2}\bar{d}_{i\mathrm{U}}^2 \tag{6.47}$$

第 n 步 根据(6.1)式、(6.2)式和(3.2)式对 z_n 求导，则有

$$\begin{aligned}
\dot{z}_n &= \dot{x}_n - \dot{\alpha}_{n-1} - \dot{\mu}_n \\
&= f_n(x) + \varphi_n(x)u(t-\tau) + d_n(t) - \dot{\alpha}_{n-1} + p_n\mu_n \\
&\quad + g_{n-1}\mu_{n-1} - u(t-\tau) + u(t) \\
&= f_n(x) + (\varphi_n(x)-1)u(t-\tau) + d_n(t) - \dot{\alpha}_{n-1} \\
&\quad + p_n\mu_n + g_{n-1}\mu_{n-1} + u(t)
\end{aligned} \tag{6.48}$$

选择如下李雅普诺夫函数 V_n：

$$V_n = \frac{1}{2}z_n^2 + \frac{1}{2\gamma_n}\tilde{\theta}_n^2 \tag{6.49}$$

其中，$\gamma_n>0$ 是设计参数，$\tilde{\theta}_n=\theta_n-\hat{\theta}_n$ 是估计误差。

显然，李雅普诺夫函数 V_n 的导数满足

$$\begin{aligned}
\dot{V}_n &= z_n(f_n(x) + (\varphi_n(x)-1)u(t-\tau) + d_n(t) - \dot{\alpha}_{n-1} \\
&\quad + p_n\mu_n + g_{n-1}\mu_{n-1} + u(t)) - \frac{1}{\gamma_n}\tilde{\theta}_n\dot{\hat{\theta}}_n
\end{aligned} \tag{6.50}$$

同时，根据完全平方公式，(6.50)式中的 $z_n d_n(t)$满足

$$z_n d_n(t) \leqslant \frac{1}{2}z_n^2 + \frac{1}{2}\bar{d}_{n\mathrm{U}}^2 \tag{6.51}$$

由(6.50)式和(6.51)式可知

$$\dot{V}_n \leqslant z_n(\Theta_n + p_n\mu_n + g_{n-1}\mu_{n-1} + u(t)) - \frac{1}{\gamma_n}\tilde{\theta}_n\dot{\hat{\theta}}_n + \frac{1}{2}\bar{d}_{n\mathrm{U}}^2 - \frac{1}{2}z_n^2 \tag{6.52}$$

其中，$\Theta_n=f_n(x)+(\varphi_n(x)-1)u(t-\tau)-\dot{\alpha}_{n-1}+z_n$。

类似第 i 步，对于任意的 $\varepsilon_n>0$，存在一个神经网络 $W_n^{*\mathrm{T}}\Phi_n(Z_n)$可以对未知非线性函数 Θ_n 进行逼近，且 $z_n\Theta_n$ 满足

$$z_n\Theta_n \leqslant \frac{1}{2a_n^2}z_n^2\theta_n\Phi_n^{\mathrm{T}}(X_n)\Phi_n(X_n) + \frac{1}{2}a_n^2 + \frac{1}{2}z_n^2 + \frac{1}{2}\varepsilon_n^2 \tag{6.53}$$

其中，$a_n>0$ 是设计参数，$X_n=[x_1,x_2,\cdots,x_n,\hat{\theta}_1,\hat{\theta}_2,\cdots,\hat{\theta}_{n-1},\mu_1,\mu_2,\cdots,\mu_n,y_d,$

$\dot{y}_d,\cdots,y_d^{(n)}]^{\mathrm{T}},\theta_n=\|W_n^{*\mathrm{T}}\|^2$。

根据(6.52)式和(6.53)式有

$$\dot{V}_n\leqslant z_n\left(\frac{1}{2a_n^2}z_n\theta_n\Phi_n^{\mathrm{T}}(X_n)\Phi_n(X_n)+u(t)+p_n\mu_n+g_{n-1}\mu_{n-1}\right)$$
$$-\frac{1}{\gamma_n}\tilde{\theta}_n\dot{\hat{\theta}}_n+\frac{1}{2}\bar{d}_{n\mathrm{U}}^2+\frac{1}{2}a_n^2+\frac{1}{2}\varepsilon_n^2 \tag{6.54}$$

此时，设计如下实际控制器 u 和自适应参数 θ_n：

$$u(t)=-k_nz_n^{2\beta-1}-\frac{1}{2a_n^2}\hat{\theta}_nz_n\Phi_n^{\mathrm{T}}(X_n)\Phi_n(X_n)-p_n\mu_n-g_{n-1}\mu_{n-1} \tag{6.55}$$

$$\dot{\hat{\theta}}_n=\frac{\gamma_n}{2a_n^2}z_n^2\Phi_n^{\mathrm{T}}(X_n)\Phi_n(X_n)-\sigma_n\hat{\theta}_n \tag{6.56}$$

其中，$k_n>0$ 和 $\sigma_n>0$ 是设计参数，$z_n^{2\beta-1}$ 定义为

$$z_n^{2\beta-1}=\begin{cases}z_n^{2\beta-1}, & |z_n|\geqslant\varepsilon_{n0}\geqslant 0\\ \sum\limits_{j=1}^{n+1}c_jz_n^j\varepsilon_{10}^{-j+2\beta-1}, & |z_n|<\varepsilon_{n0}\end{cases} \tag{6.57}$$

其中，ε_{n0}是一个较小的正常数，c_j 可以按照(6.16)式计算。

因此，将(6.55)式和(6.56)式代入(6.54)式中，则有

$$\dot{V}_n\leqslant -k_nz_n^{2\beta}+\frac{1}{\gamma_n}\sigma_n\tilde{\theta}_n\hat{\theta}_n+\frac{1}{2}a_n^2+\frac{1}{2}\varepsilon_n^2+\frac{1}{2}\bar{d}_{n\mathrm{U}}^2 \tag{6.58}$$

6.4　稳定性分析

定理6.1　考虑具有外部扰动和输入时滞的非线性系统(6.1)式，在满足假设6.1、假设6.2和假设6.3的条件下，由虚拟控制律(6.13)式、(6.43)式($2\leqslant i\leqslant n-1$)，实际控制器(6.55)式和自适应参数(6.44)式($1\leqslant i\leqslant n$)所组成的控制方案能够确保闭环系统所有信号都是有界的，并且跟踪误差收敛到原点附近的邻域内。

证明　首先，为了证明闭环系统的稳定性，选择如下李雅普诺夫函数 V：

$$V=\sum_{i=1}^{n}V_i$$
$$=\sum_{i=1}^{n}\left(\frac{1}{2}z_i^2+\frac{1}{2\gamma_i}\tilde{\theta}_i^2\right) \tag{6.59}$$

对李雅普诺夫函数 V 求导，则有

$$\dot{V}=\sum_{i=1}^{n}\dot{V}_i$$

$$\leqslant -\sum_{i=1}^{n-1} k_i \varphi_0 z_i^{2\beta} - k_n z_n^{2\beta} + \sum_{i=1}^{n} \frac{\sigma_i \tilde{\theta}_i \hat{\theta}_i}{\gamma_i} + \sum_{i=1}^{n} \left(\frac{a_i^2}{2} + \frac{\varepsilon_i^2}{2} + \frac{1}{2} \bar{d}_{i\mathrm{U}}^2 \right) \tag{6.60}$$

由于 $\tilde{\theta}_i \hat{\theta}_i \leqslant \frac{\theta_i^2}{2} - \frac{\tilde{\theta}_i^2}{2}$，则有

$$\begin{aligned}
\dot{V} &\leqslant -\sum_{i=1}^{n-1} k_i \varphi_0 z_i^{2\beta} - k_n z_n^{2\beta} - \sum_{i=1}^{n} \frac{\sigma_i \tilde{\theta}_i^2}{2\gamma_i} + \sum_{i=1}^{n} \frac{\sigma_i \theta_i^2}{2\gamma_i} + \sum_{i=1}^{n} \left(\frac{a_i^2}{2} + \frac{\varepsilon_i^2}{2} + \frac{1}{2} \bar{d}_{i\mathrm{U}}^2 \right) \\
&\leqslant -c \sum_{i=1}^{n} \frac{z_i^{2\beta}}{2} - c \sum_{i=1}^{n} \frac{\tilde{\theta}_i^2}{2\gamma_i} + \sum_{i=1}^{n} \left(\frac{\sigma_i \theta_i^2}{2\gamma_i} + \frac{a_i^2}{2} + \frac{\varepsilon_i^2}{2} + \frac{1}{2} \bar{d}_{i\mathrm{U}}^2 \right) \\
&\leqslant -c \left(\sum_{i=1}^{n} \frac{z_i^2}{2} \right)^{\beta} - c \left(\sum_{i=1}^{n} \frac{\tilde{\theta}_i^2}{2\gamma_i} \right)^{\beta} + c \left(\sum_{i=1}^{n} \frac{\tilde{\theta}_i^2}{2\gamma_i} \right)^{\beta} - c \sum_{i=1}^{n} \frac{\tilde{\theta}_i^2}{2\gamma_i} \\
&\quad + \sum_{i=1}^{n} \left(\frac{\sigma_i \theta_i^2}{2\gamma_i} + \frac{a_i^2}{2} + \frac{\varepsilon_i^2}{2} + \frac{1}{2} \bar{d}_{i\mathrm{U}}^2 \right)
\end{aligned} \tag{6.61}$$

其中，$c = \min\{2k_i \varphi_0 : 1 \leqslant i \leqslant n-1; 2k_n; \sigma_i : 1 \leqslant i \leqslant n\}$。

令 $\xi = \left(\sum_{i=1}^{n} \frac{\tilde{\theta}_i^2}{2\gamma_i} \right)^{\beta}$，$\omega = 1$，$\varsigma_1 = \beta$，$\varsigma_2 = 1-\beta$，$\varsigma_3 = \beta^{-1}$，根据引理 2.5，有

$$\left(\sum_{i=1}^{n} \frac{\tilde{\theta}_i^2}{2\gamma_i} \right)^{\beta} \leqslant \sum_{i=1}^{n} \frac{\tilde{\theta}_i^2}{2\gamma_i} + (1-\beta) \beta^{\frac{\beta}{1-\beta}} \tag{6.62}$$

将(6.62)式代入(6.61)式中，根据引理 2.6，有

$$\begin{aligned}
\dot{V} &\leqslant -c \left(\sum_{i=1}^{n} \frac{z_i^2}{2} \right)^{\beta} - c \left(\sum_{i=1}^{n} \frac{\tilde{\theta}_i^2}{2\gamma_i} \right)^{\beta} + c(1-\beta) \beta^{\frac{\beta}{1-\beta}} + \sum_{i=1}^{n} \left(\frac{\sigma_i \theta_i^2}{2\gamma_i} + \frac{a_i^2}{2} + \frac{\varepsilon_i^2}{2} + \frac{1}{2} \bar{d}_{i\mathrm{U}}^2 \right) \\
&\leqslant -cV^{\beta} + d
\end{aligned} \tag{6.63}$$

其中，

$$d = \sum_{i=1}^{n} \left(\frac{\sigma_i \theta_i^2}{2\gamma_i} + \frac{a_i^2}{2} + \frac{\varepsilon_i^2}{2} + \frac{1}{2} \bar{d}_{i\mathrm{U}}^2 \right) + c(1-\beta) \beta^{\frac{\beta}{1-\beta}}$$

令

$$T_{R1} = \frac{1}{(1-\beta)c\rho} \left[V^{(1-\beta)}(z(0), \theta(0)) - \left(\frac{d}{(1-\rho)c} \right)^{\frac{1-\beta}{\beta}} \right] \tag{6.64}$$

其中，$0 < \rho < 1$，$z(0) = [z_1(0), \cdots, z_n(0)]^{\mathrm{T}}$，$\theta(0) = [\theta_1(0), \cdots, \theta_n(0)]^{\mathrm{T}}$。

因此，对 $\forall\, t \geqslant T_{R1}$，有

$$V^{\beta}(z(t), \theta(t)) \leqslant \frac{d}{(1-\rho)c} \tag{6.65}$$

根据引理 2.2 和(6.65)式，闭环系统中信号 z_i 和 θ_i 是半全局实际有限时间稳定的。特别地，

$$|z_i| \leqslant 2 \left(\frac{d}{(1-\rho)c} \right)^{\frac{1}{2\beta}}, \quad i = 1, 2, \cdots, n \tag{6.66}$$

下面考虑辅助系统(3.2)式的有限时间稳定性。

首先,定义如下李雅普诺夫函数:

$$V_{\mu_0} = \frac{1}{2}\sum_{i=1}^{n}\mu_i^2 + \frac{1}{\kappa}\int_{t-\tau}^{t}\int_{\theta}^{t}\|\dot{u}(s)\|^2\mathrm{d}s\mathrm{d}\theta \tag{6.67}$$

对 V_{μ_0} 求导,则有

$$\begin{aligned}\dot{V}_{\mu_0} \leqslant{} & \mu_1(\mu_2 - p_1\mu_1) + \sum_{i=2}^{n-1}\mu_i(\mu_{i+1} - p_i\mu_i - g_{i-1}\mu_{i-1}) + \mu_n(-p_n\mu_n \\ & - g_{n-1}\mu_{n-1} + u(t-\tau) - u(t)) + \frac{\tau}{\kappa}\|\dot{u}(t)\|^2 - \frac{1}{\kappa}\int_{t-\tau}^{t}\|\dot{u}(s)\|^2\mathrm{d}s \\ ={} & \sum_{i=1}^{n-1}((1-g_i)\mu_i\mu_{i+1}) + \sum_{i=1}^{n-1}(-p_i\mu_i^2) - p_n\mu_n^2 + (u(t-\tau) - u(t))\mu_n \\ & + \frac{\tau}{\kappa}\|\dot{u}(t)\|^2 - \frac{1}{\kappa}\int_{t-\tau}^{t}\|\dot{u}(s)\|^2\mathrm{d}s \\ \leqslant{} & \sum_{i=1}^{n-1}\frac{|1-g_i|}{2}(\mu_i^2 + \mu_{i+1}^2) + \sum_{i=1}^{n-1}(-p_i\mu_i^2) - p_n\mu_n^2 \\ & + (u(t-\tau) - u(t))\mu_n + \frac{\tau}{\kappa}\|\dot{u}(t)\|^2 - \frac{1}{\kappa}\int_{t-\tau}^{t}\|\dot{u}(s)\|^2\mathrm{d}s \\ \leqslant{} & -\left(p_1 - \frac{|1-g_1|}{2}\right)\mu_1^2 - \sum_{i=2}^{n-1}\left(p_i - \frac{|1-g_{i-1}| + |1-g_i|}{2}\right)\mu_i^2 \\ & - \left(p_n - \frac{|1-g_{n-1}| + 1}{2}\right)\mu_n^2 + \frac{1}{2}\|u(t-\tau) - u(t)\|^2 \\ & + \frac{\tau}{\kappa}\|\dot{u}(t)\|^2 - \frac{1}{\kappa}\int_{t-\tau}^{t}\|\dot{u}(s)\|^2\mathrm{d}s\end{aligned} \tag{6.68}$$

根据 Cauchy-Schwartz 不等式,有

$$\frac{1}{2}\|u(t-\tau) - u(t)\|^2 \leqslant \frac{\tau}{2}\int_{t-\tau}^{t}\|\dot{u}(s)\|^2\mathrm{d}s \tag{6.69}$$

由(6.68)式和(6.69)式,有

$$\dot{V}_{\mu_0} \leqslant -\sum_{i=1}^{n}\bar{p}_i\mu_i^2 - \left(\frac{1}{\kappa} - \frac{\tau}{2}\right)\int_{t-\tau}^{t}\|\dot{u}(s)\|^2\mathrm{d}s + \frac{\tau}{\kappa}\|\dot{u}(t)\|^2 \tag{6.70}$$

其中,$\bar{p}_1 = p_1 - \dfrac{|1-g_1|}{2}$;$\bar{p}_i = p_i - \dfrac{|1-g_i| + |1-g_{i-1}|}{2}$,$i = 2,3,\cdots,n-1$;$\bar{p}_n = p_n - \dfrac{|1-g_{n-1}| + 1}{2}$。

接下来,讨论(6.70)式中的$\dfrac{\tau}{\kappa}\|\dot{u}(t)\|^2$ 的有界性。

根据(6.2)式、(6.13)式、(6.14)式、(6.43)式、(6.44)式、(6.55)式和(6.56)式,容易得到

$$u(t) = \zeta_1(z_n, \hat{\theta}_n) + \zeta_2\mu_n + \zeta_3\mu_{n-1} \tag{6.71}$$

$$\dot{u}(t) = \zeta_4(z_{n-1}, z_n, \hat{\theta}_{n-1}, \hat{\theta}_n) + \sum_{j=1}^{n} \zeta_{6j}(z, \theta)\mu_j + \zeta_5(z, \hat{\theta})u(t-\tau) \tag{6.72}$$

其中，$\zeta_1(\cdot)$，$\zeta_2(\cdot)$，$\zeta_3(\cdot)$，$\zeta_4(\cdot)$，$\zeta_5(\cdot)$和 $\zeta_{6j}(\cdot)(j=1,2,\cdots,n)$是 C^1 函数。因为 $z_{n-1}, z_n, \hat{\theta}_{n-1}$和 $\hat{\theta}_n$ 是有界的，所以可以得到下面的结果：

$$\|\zeta_i\| \leqslant \lambda_i, \quad i = 1,2,\cdots,5 \tag{6.73}$$

$$\|\zeta_{jk}\| \leqslant \lambda_{jk}, \tag{6.74}$$

其中，λ_i 和$\lambda_{jk}(j=6;k=1,2,\cdots,n)$是正常数。

进一步有

$$\begin{aligned}\|u(t)\|^2 &\leqslant (\|\zeta_1(z_n, \hat{\theta}_n) + \zeta_2\mu_n + \zeta_3\mu_{n-1}\|)^2 \\ &\leqslant (\|\zeta_1(z_n, \hat{\theta}_n)\| + \|\zeta_2\|\mu_n + \|\zeta_3\|\mu_{n-1})^2 \\ &\leqslant (\lambda_1 + \lambda_2\mu_n + \lambda_3\mu_{n-1})^2 \\ &\leqslant 3\lambda_1^2 + 3\lambda_2^2\mu_n^2 + 3\lambda_3^2\mu_{n-1}^2 \\ &= \lambda_1' + \lambda_2'\mu_n^2 + \lambda_3'\mu_{n-1}^2\end{aligned} \tag{6.75}$$

其中，$\lambda_1'=3\lambda_1^2$，$\lambda_2'=3\lambda_2^2$，$\lambda_3'=3\lambda_3^2$。

进一步，经过简单计算有

$$\|u(t-\tau)\|^2 \leqslant \lambda_1' + \lambda_2'\mu_n^2(t-\tau) + \lambda_3'\mu_{n-1}^2(t-\tau) \tag{6.76}$$

于是，我们可以得到如下结果：

$$\begin{aligned}&\frac{\tau}{\kappa}\|\dot{u}(t)\|^2 \\ &\leqslant \frac{\tau}{\kappa}\left\|\zeta_4 + \sum_{j=1}^{n}\zeta_{6j}\mu_j + \zeta_5 u(t-\tau)\right\|^2 \\ &\leqslant \frac{\tau}{\kappa}3\left(\lambda_4^2 + n\sum_{j=1}^{n}\lambda_{6j}^2\mu_j^2 + \lambda_5^2 u^2(t-\tau)\right) \\ &\leqslant \frac{\tau}{\kappa}\left(3\lambda_4^2 + 3\lambda_5^2\lambda_1' + 3n\sum_{j=1}^{n}\lambda_{6j}^2\mu_j^2 + 3\lambda_5^2\lambda_2'\mu_n^2(t-\tau) + 3\lambda_5^2\lambda_3'\mu_{n-1}^2(t-\tau)\right) \\ &= \frac{\tau}{\kappa}\left(\lambda_4' + \sum_{j=1}^{n}\lambda_{6j}'\mu_j^2 + \lambda_5'\mu_n^2(t-\tau) + \lambda_5''\mu_{n-1}^2(t-\tau)\right)\end{aligned} \tag{6.77}$$

其中，$\lambda_4'=3\lambda_4^2+3\lambda_5^2\lambda_1'$，$\lambda_{6j}'=3n\lambda_{6j}^2$，$\lambda_5'=3\lambda_5^2\lambda_2'$，$\lambda_5''=3\lambda_5^2\lambda_3'$。

根据(6.77)式，(6.70)式满足

$$\begin{aligned}\dot{V}_{\mu_0} \leqslant &-\sum_{i=1}^{n}\tilde{p}_i\mu_i^2 - \left(\frac{1}{\kappa} - \frac{\tau}{2}\right)\int_{t-\tau}^{t}\|\dot{u}(s)\|^2\mathrm{d}s \\ &+ \frac{\tau}{\kappa}\lambda_4' + \frac{\tau\lambda_5'}{\kappa}\mu_n^2(t-\tau) + \frac{\tau\lambda_5''}{\kappa}\mu_{n-1}^2(t-\tau)\end{aligned} \tag{6.78}$$

其中，$\tilde{p}_i = \bar{p}_i - \frac{\tau}{\kappa}\lambda_{6i}'$，$i=1,2,\cdots,n$。

下面,针对辅助系统(3.2)式定义下面的李雅普诺夫函数:

$$V_{\mu}=V_{\mu_0}+\frac{\tau\lambda'_5}{\kappa}\int_{t-\tau}^{t}\mu_n^2(s)\mathrm{d}s+\frac{1}{v_1}\int_{t-\tau}^{t}\int_{\theta}^{t}\mu_n^2(s)\mathrm{d}s\mathrm{d}\theta$$
$$+\frac{\tau\lambda''_5}{\kappa}\int_{t-\tau}^{t}\mu_{n-1}^2(s)\mathrm{d}s+\frac{1}{v_2}\int_{t-\tau}^{t}\int_{\theta}^{t}\mu_{n-1}^2(s)\mathrm{d}s\mathrm{d}\theta \tag{6.79}$$

进而,V_μ 的导数满足

$$\dot{V}_{\mu}\leqslant-\sum_{i=1}^{n}\hat{p}_i\mu_i^2-\left(\frac{1}{\kappa}-\frac{\tau}{2}\right)\int_{t-\tau}^{t}\|\dot{u}(s)\|^2\mathrm{d}s-\frac{1}{v_1}\int_{t-\tau}^{t}\mu_n^2(s)\mathrm{d}s$$
$$-\frac{1}{v_2}\int_{t-\tau}^{t}\mu_{n-1}^2(s)\mathrm{d}s+\frac{\tau}{\kappa}\lambda'_4 \tag{6.80}$$

其中,$\hat{p}_i=\tilde{p}_i(i=1,2,\cdots,n-2)$,$\hat{p}_{n-1}=\tilde{p}_{n-1}+\frac{\tau}{\kappa}\lambda''_5-\frac{\tau}{v_2}$,$\hat{p}_n=\tilde{p}_n+\frac{\tau}{\kappa}\lambda'_5-\frac{\tau}{v_1}$。

适当选取参数 p_i,κ,v_1 和 v_2,则有

$$\hat{p}_i>0\quad 和\quad \frac{1}{\kappa}-\frac{\tau}{2}>0 \tag{6.81}$$

此外,容易得到下面的结果:

$$\int_{t-\tau}^{t}\int_{\theta}^{t}\|\dot{u}(s)\|^2\mathrm{d}s\mathrm{d}\theta\leqslant\tau\sup_{\theta\in[t-\tau,t]}\int_{t-\tau}^{t}\|\dot{u}(s)\|^2\mathrm{d}s=\tau\int_{t-\tau}^{t}\|\dot{u}(s)\|^2\mathrm{d}s \tag{6.82}$$

$$\int_{t-\tau}^{t}\int_{\theta}^{t}\mu_i^2(s)\mathrm{d}s\mathrm{d}\theta\leqslant\tau\sup_{\theta\in[t-\tau,t]}\int_{t-\tau}^{t}\mu_i^2(s)\mathrm{d}s=\tau\int_{t-\tau}^{t}\mu_i^2(s)\mathrm{d}s,\quad i=n-1,n \tag{6.83}$$

因此,由上面的结果可以得到

$$\dot{V}_{\mu}\leqslant-\sum_{i=1}^{n}\hat{p}_i\mu_i^2-\left(\frac{1}{\kappa}-\frac{\tau}{2}\right)\int_{t-\tau}^{t}\|\dot{u}(s)\|^2\mathrm{d}s+\frac{\tau}{\kappa}\lambda'_4$$
$$-\left(\frac{1}{v_1}-\frac{\tau\lambda'_5}{\kappa}\right)\int_{t-\tau}^{t}\mu_n^2(s)\mathrm{d}s-\frac{\tau\lambda'_5}{\kappa}\int_{t-\tau}^{t}\mu_n^2(s)\mathrm{d}s$$
$$-\left(\frac{1}{v_2}-\frac{\tau\lambda''_5}{\kappa}\right)\int_{t-\tau}^{t}\mu_{n-1}^2(s)\mathrm{d}s-\frac{\tau\lambda''_5}{\kappa}\int_{t-\tau}^{t}\mu_{n-1}^2(s)\mathrm{d}s$$
$$\leqslant-\hat{c}\sum_{i=1}^{n}\mu_i^2-\hat{c}\left(\sum_{i=1}^{n}\mu_i^2\right)^{\beta}+\hat{c}\left(\sum_{i=1}^{n}\mu_i^2\right)^{\beta}-\hat{c}\,\frac{1}{\kappa}\int_{t-\tau}^{t}\int_{\theta}^{t}\|\dot{u}(s)\|^2\mathrm{d}s\mathrm{d}\theta$$
$$-\hat{c}\left(\frac{1}{\kappa}\int_{t-\tau}^{t}\int_{\theta}^{t}\|\dot{u}(s)\|^2\mathrm{d}s\mathrm{d}\theta\right)^{\beta}+\hat{c}\left(\frac{1}{\kappa}\int_{t-\tau}^{t}\int_{\theta}^{t}\|\dot{u}(s)\|^2\mathrm{d}s\mathrm{d}\theta\right)^{\beta}$$
$$+\hat{c}\,\frac{1}{v_1}\int_{t-\tau}^{t}\int_{\theta}^{t}\mu_n^2\mathrm{d}s\mathrm{d}\theta-\hat{c}\left(\frac{1}{v_1}\int_{t-\tau}^{t}\int_{\theta}^{t}\mu_n^2\mathrm{d}s\mathrm{d}\theta\right)^{\beta}+\hat{c}\left(\frac{1}{v_1}\int_{t-\tau}^{t}\int_{\theta}^{t}\mu_n^2\mathrm{d}s\mathrm{d}\theta\right)^{\beta}$$
$$-\frac{\tau\lambda'_5}{\kappa}\int_{t-\tau}^{t}\mu_n^2(s)\mathrm{d}s-\left(\frac{\tau\lambda'_5}{\kappa}\int_{t-\tau}^{t}\mu_n^2(s)\mathrm{d}s\right)^{\beta}+\left(\frac{\tau\lambda'_5}{\kappa}\int_{t-\tau}^{t}\mu_n^2(s)\mathrm{d}s\right)^{\beta}$$
$$-\hat{c}\left(\frac{1}{v_2}\int_{t-\tau}^{t}\int_{\theta}^{t}\mu_{n-1}^2\mathrm{d}s\mathrm{d}\theta\right)^{\beta}-\hat{c}\,\frac{1}{v_2}\int_{t-\tau}^{t}\int_{\theta}^{t}\mu_{n-1}^2\mathrm{d}s\mathrm{d}\theta+\hat{c}\left(\frac{1}{v_2}\int_{t-\tau}^{t}\int_{\theta}^{t}\mu_{n-1}^2\mathrm{d}s\mathrm{d}\theta\right)^{\beta}$$

$$- \frac{\tau\lambda''_5}{\kappa}\int_{t-\tau}^{t}\mu_{n-1}^2(s)\mathrm{d}s - \left(\frac{\tau\lambda''_5}{\kappa}\int_{t-\tau}^{t}\mu_{n-1}^2(s)\mathrm{d}s\right)^{\beta} + \left(\frac{\tau\lambda''_5}{\kappa}\int_{t-\tau}^{t}\mu_{n-1}^2(s)\mathrm{d}s\right)^{\beta} + \frac{\tau}{\kappa}\lambda'_4 \tag{6.84}$$

其中，$\hat{c}=\min\left\{2\hat{p}_i,\frac{1}{\tau}-\frac{\kappa}{2},\frac{1}{\tau}-\frac{v_1\lambda'_5}{\kappa},\frac{1}{\tau}-\frac{v_2\lambda''_5}{\kappa},i=1,2,\cdots,n\right\}$，$0<\beta<1$。

对于(6.84)式中形如 ξ^{β} 项，其中，ξ 分别取 $\sum_{i=1}^{n}\mu_i^2$，$\frac{1}{\kappa}\int_{t-\tau}^{t}\int_{\theta}^{t}\|\dot{u}(s)\|^2\mathrm{d}s\mathrm{d}\theta$，$\frac{1}{v_1}\int_{t-\tau}^{t}\int_{\theta}^{t}\mu_n^2\mathrm{d}s\mathrm{d}\theta$，$\frac{\tau\lambda'_5}{\kappa}\int_{t-\tau}^{t}\mu_n^2(s)\mathrm{d}s$，$\frac{1}{v_2}\int_{t-\tau}^{t}\int_{\theta}^{t}\mu_{n-1}^2\mathrm{d}s\mathrm{d}\theta$ 和 $\frac{\tau\lambda''_5}{\kappa}\int_{t-\tau}^{t}\mu_{n-1}^2(s)\mathrm{d}s$。令 $\omega=1,\varsigma_1=\beta,\varsigma_2=1-\beta,\varsigma_3=\beta^{-1}$，根据引理 2.5，有

$$\left(\sum_{i=1}^{n}\mu_i^2\right)^{\beta} \leqslant \sum_{i=1}^{n}\mu_i^2 + (1-\beta)\beta^{\frac{\beta}{1-\beta}} \tag{6.85}$$

$$\left(\frac{1}{\kappa}\int_{t-\tau}^{t}\int_{\theta}^{t}\|\dot{u}(s)\|^2\mathrm{d}s\mathrm{d}\theta\right)^{\beta} \leqslant \frac{1}{\kappa}\int_{t-\tau}^{t}\int_{\theta}^{t}\|\dot{u}(s)\|^2\mathrm{d}s\mathrm{d}\theta + (1-\beta)\beta^{\frac{\beta}{1-\beta}} \tag{6.86}$$

$$\left(\frac{1}{v_1}\int_{t-\tau}^{t}\int_{\theta}^{t}\mu_n^2\mathrm{d}s\mathrm{d}\theta\right)^{\beta} \leqslant \frac{1}{v_1}\int_{t-\tau}^{t}\int_{\theta}^{t}\mu_n^2\mathrm{d}s\mathrm{d}\theta + (1-\beta)\beta^{\frac{\beta}{1-\beta}} \tag{6.87}$$

$$\left(\frac{\tau\lambda'_5}{\kappa}\int_{t-\tau}^{t}\mu_n^2(s)\mathrm{d}s\right)^{\beta} \leqslant \frac{\tau\lambda'_5}{\kappa}\int_{t-\tau}^{t}\mu_n^2(s)\mathrm{d}s + (1-\beta)\beta^{\frac{\beta}{1-\beta}} \tag{6.88}$$

$$\left(\frac{1}{v_2}\int_{t-\tau}^{t}\int_{\theta}^{t}\mu_{n-1}^2\mathrm{d}s\mathrm{d}\theta\right)^{\beta} \leqslant \frac{1}{v_2}\int_{t-\tau}^{t}\int_{\theta}^{t}\mu_{n-1}^2\mathrm{d}s\mathrm{d}\theta + (1-\beta)\beta^{\frac{\beta}{1-\beta}} \tag{6.89}$$

$$\left(\frac{\tau\lambda''_5}{\kappa}\int_{t-\tau}^{t}\mu_{n-1}^2(s)\mathrm{d}s\right)^{\beta} \leqslant \frac{\tau\lambda''_5}{\kappa}\int_{t-\tau}^{t}\mu_{n-1}^2(s)\mathrm{d}s + (1-\beta)\beta^{\frac{\beta}{1-\beta}} \tag{6.90}$$

将(6.85)式～(6.90)式代入(6.84)式中，根据引理 2.6，有

$$\begin{aligned}\dot{V}_{\mu} \leqslant & -\hat{c}\left(\sum_{i=1}^{n}\mu_i^2\right)^{\beta} - \hat{c}\left(\frac{1}{\kappa}\int_{t-\tau}^{t}\int_{\theta}^{t}\|\dot{u}(s)\|^2\mathrm{d}s\mathrm{d}\theta\right)^{\beta} \\ & - \hat{c}\left(\frac{1}{v_1}\int_{t-\tau}^{t}\int_{\theta}^{t}\mu_n^2\mathrm{d}s\mathrm{d}\theta\right)^{\beta} - \left(\frac{\tau\lambda'_5}{\kappa}\int_{t-\tau}^{t}\mu_n^2(s)\mathrm{d}s\right)^{\beta} \\ & - \hat{c}\left(\frac{1}{v_2}\int_{t-\tau}^{t}\int_{\theta}^{t}\mu_{n-1}^2\mathrm{d}s\mathrm{d}\theta\right)^{\beta} - \frac{\tau\lambda''_5}{\kappa}\int_{t-\tau}^{t}\mu_{n-1}^2(s)\mathrm{d}s \\ & - \left(\frac{\tau\lambda''_5}{\kappa}\int_{t-\tau}^{t}\mu_{n-1}^2(s)\mathrm{d}s\right)^{\beta} + \bar{d} \\ \leqslant & \ \bar{c}V^{\beta} + \bar{d}\end{aligned} \tag{6.91}$$

其中，$\bar{c}=\min\{\hat{c},1\}$，$\bar{d}=\frac{\tau}{\kappa}\lambda'_4+6\hat{c}(1-\beta)\beta^{\frac{\beta}{1-\beta}}$。

令

$$T_{R2} = \frac{1}{(1-\beta)\bar{c}\bar{\rho}}\left[V^{(1-\beta)}(\mu(0)) - \left(\frac{\bar{d}}{(1-\bar{\rho})\bar{c}}\right)^{\frac{1-\beta}{\beta}}\right] \tag{6.92}$$

其中，$0<\bar{\rho}<1$，$\mu(0)=[\mu_1(0),\cdots,\mu_n(0)]^{\mathrm{T}}$。

因此，对$\forall t\geqslant T_{R2}$，有

$$V^{\beta}(\mu(t))\leqslant\frac{\bar{d}}{(1-\bar{\rho})\bar{c}} \tag{6.93}$$

由(6.93)式可知，辅助系统状态信号μ_i有界，即

$$|\mu_i|\leqslant 2\left(\frac{\bar{d}}{(1-\bar{\rho})\bar{c}}\right)^{\frac{1}{2\beta}},\quad i=1,2,\cdots,n \tag{6.94}$$

根据引理2.2和(6.94)式，辅助系统状态信号μ_i是半全局实际有限时间有界的。

由上面的分析可知，令$T_R=\max\{T_{R1},T_{R2}\}$，对任意的$t>T_R$，容易证明$z_i$，$\hat{\theta}_i$和$\mu_i$半全局实际有限时间有界。进一步，可以证明$\alpha_i$，$u$，$x_i$半全局实际有限时间有界。特别地，由$|y-y_d|\leqslant|z_1|+|\mu_1|$可知，系统跟踪误差有界。

6.5　实验仿真

例6.1　考虑下面具有输入时滞的非线性系统：

$$\begin{cases}\dot{x}_1=1-\cos(x_1x_3)+x_2+x_3+(1.5+0.5\sin(x_1))x_2+d_1(t)\\ \dot{x}_2=x_1^2x_3\mathrm{e}^{x_2}+(2+\sin(x_1x_2))x_3+d_2(t)\\ \dot{x}_3=x_1x_2\mathrm{e}^{x_3}+x_3\cos(x_1x_2)+(1+0.1\sin(x_1x_2x_3))u(t-\tau)+d_3(t)\\ y=x_1\end{cases} \tag{6.95}$$

其中，x_1，x_2和x_3是系统的状态变量，$d_1(t)=0.5\sin(2t)$，$d_2(t)=-0.1\cos(2t)$和$d_3(t)=0.1\sin(t)$是系统外部时变扰动。系统状态的初值为$x_1(0)=0.5$，$x_2(0)=0$，$x_3(0)=0$，输入时滞$\tau=0.5\ \mathrm{s}$。

控制目标　设计一个有限时间自适应神经跟踪控制器，使系统输出信号跟踪参考信号$y_d=0.5\sin(t)+0.5\cos(0.5t)$。

根据定理6.1，虚拟控制律α_1，α_2和实际控制器$u(t)$定义为

$$\alpha_1=-k_1z_1^{2\beta-1}-\frac{1}{2a_1^2\varphi_0}\hat{\theta}_1z_1\Phi_1^{\mathrm{T}}(X_1)\Phi_1(X_1)-\frac{p_1}{\varphi_0}\mu_1 \tag{6.96}$$

$$\alpha_2=-k_2z_2^{2\beta-1}-\frac{1}{2a_2^2\varphi_0}\hat{\theta}_2z_2\Phi_2^{\mathrm{T}}(X_2)\Phi_2(X_2)-\frac{p_2}{\varphi_0}\mu_2-\frac{g_1}{\varphi_0}\mu_1 \tag{6.97}$$

$$u(t)=-k_3z_3^{2\beta-1}-\frac{1}{2a_3^2}\hat{\theta}_3z_3\Phi_3^{\mathrm{T}}(X_3)\Phi_3(X_3)-p_3\mu_3-g_2\mu_2 \tag{6.98}$$

并且，自适应参数$\theta_i(i=1,2,3)$定义为

$$\dot{\hat{\theta}}_i = \frac{\gamma_i}{2a_i^2} z_i^2 \Phi_i^{\mathrm{T}}(X_i)\Phi_i(X_i) - \sigma_i \hat{\theta}_i \tag{6.99}$$

其中，$z_1 = x_1 - \mu_1 - y_d$，$z_2 = x_2 - \alpha_1 - \mu_2$，$z_3 = x_3 - \alpha_2 - \mu_3$，$X_1 = [x_1, \mu_1, y_d, \dot{y}_d]^{\mathrm{T}}$，$X_2 = [x_1, x_2, \hat{\theta}_1, \mu_1, \mu_2, y_d, \dot{y}_d, \ddot{y}_d]^{\mathrm{T}}$，$X_3 = [x_1, x_2, x_3, \hat{\theta}_1, \hat{\theta}_2, \mu_1, \mu_2, \mu_3, y_d, \dot{y}_d, \ddot{y}_d, y_d^{(3)}]^{\mathrm{T}}$。

在仿真过程中，辅助系统初值 $\mu_1(0) = 0$，$\mu_2(0) = 0$ 和 $\mu_3(0) = 0$，自适应参数的初值为 $\hat{\theta}_1(0) = 0$，$\hat{\theta}_2(0) = 0$，$\hat{\theta}_3(0) = 0$。其他设计参数设置为 $k_1 = 16$，$k_2 = 17$，$k_3 = 30$，$a_1 = 4$，$a_2 = 2.4$，$a_3 = 3.2$，$p_1 = 2$，$p_2 = 4.5$，$p_3 = 2$，$g_1 = 0.2$，$g_2 = 0.3$，$\gamma_1 = 1$，$\gamma_2 = 1$，$\gamma_3 = 0.01$，$\delta_1 = 1$，$\delta_2 = 1$，$\delta_3 = 2$，$\beta = 99/101$，$\varphi_0 = 1$，$\varepsilon_{10} = 0.3$，$\varepsilon_{20} = 0.3$，$\varepsilon_{30} = 0.3$。高斯函数中心 $v_i = [-5, -4, -3, -2, -1, 0, 1, 2, 3, 4, 5]^{\mathrm{T}}$，高斯函数的宽度 $\eta = 1$。仿真结果如图 6.1～图 6.7 所示。

图 6.1 给出了系统输出信号 x_1 和参考信号 y_d 的运动轨迹。由图 6.1 可知，在系统存在外部时变扰动和输入时滞的情况下，系统输出信号 x_1 可以快速跟踪参考信号 y_d。

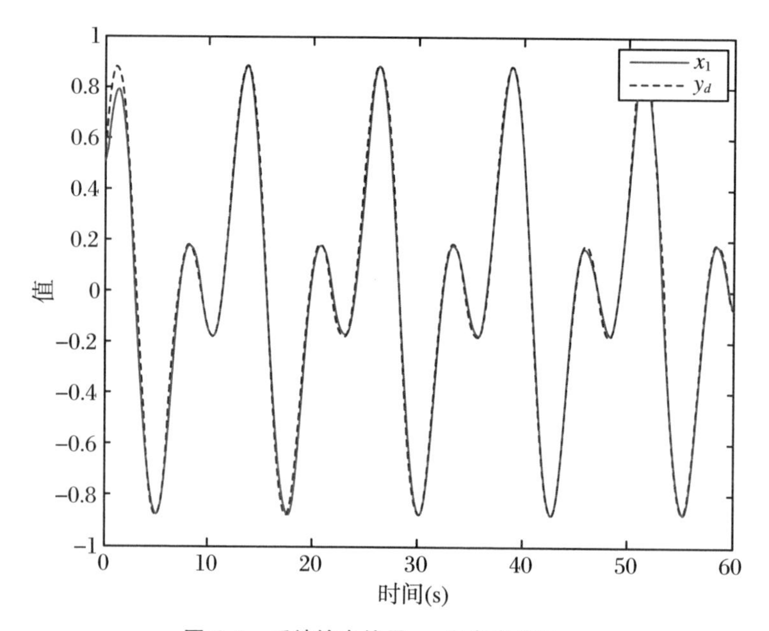

图 6.1　系统输出信号 x_1 和参考信号 y_d

图 6.2 和图 6.3 分别给出了系统状态变量 x_2 和 x_3 的运动轨迹。由图 6.2 和图 6.3 中的仿真结果可知，当系统出现外部扰动且发生输入时滞时闭环系统状态有界。

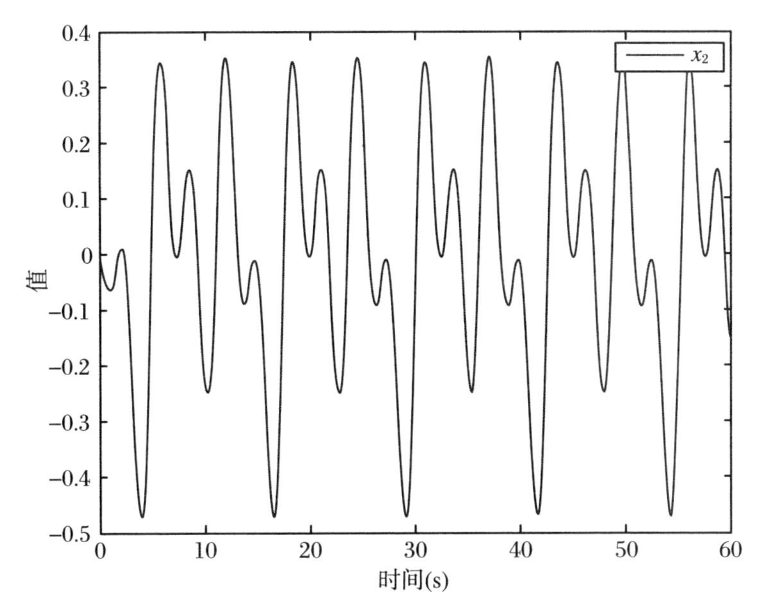

图 6.2　系统状态变量 x_2

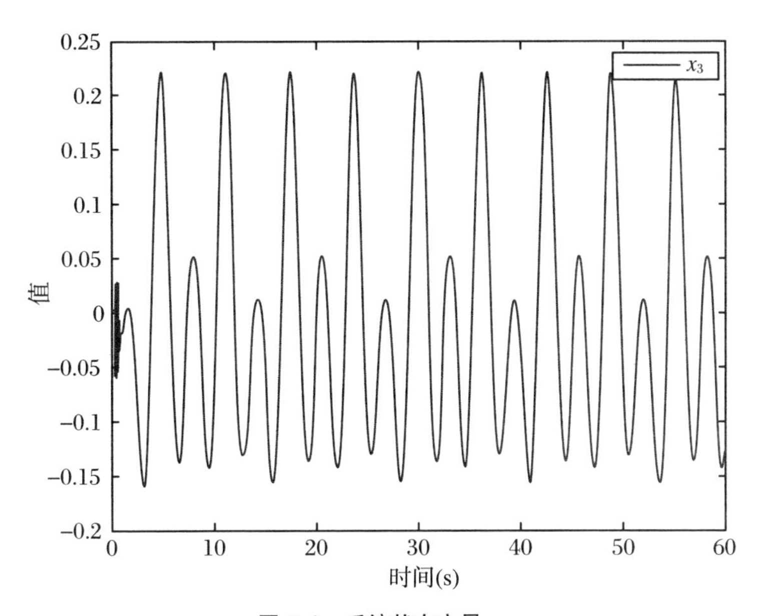

图 6.3　系统状态变量 x_3

图 6.4 给出了跟踪误差信号 z_1,z_2 和 z_3 的运动轨迹。由图 6.4 可知,跟踪误差有界。

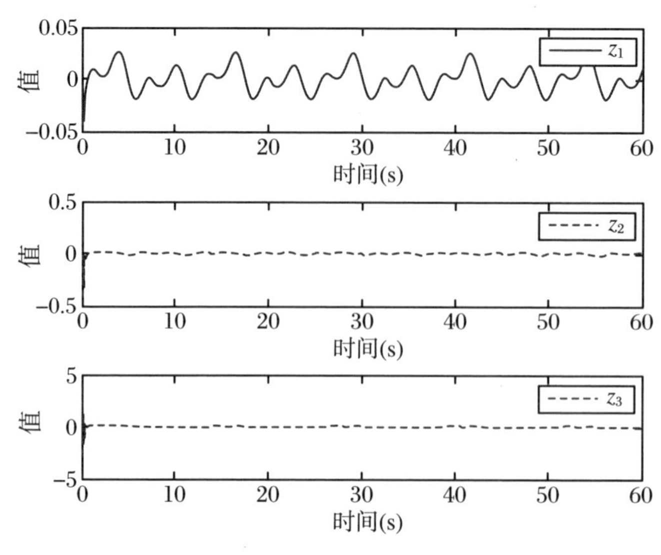

图 6.4　跟踪误差信号 z_1,z_2 和 z_3

图 6.5 给出了辅助系统状态变量运动轨迹。由图 6.5 可知,辅助系统状态有界且渐近稳定。

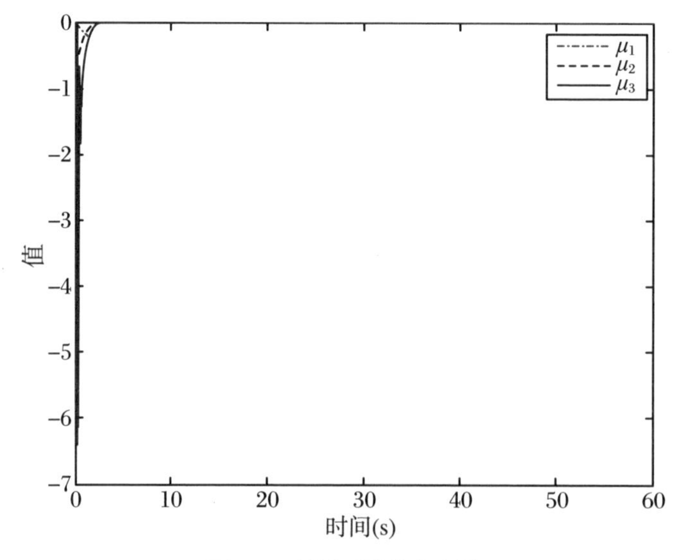

图 6.5　辅助系统状态变量

图 6.6 描述了自适应参数 $\hat{\theta}_1$,$\hat{\theta}_2$ 和 $\hat{\theta}_3$ 的运动轨迹。由图 6.6 可知,自适应参数有界。

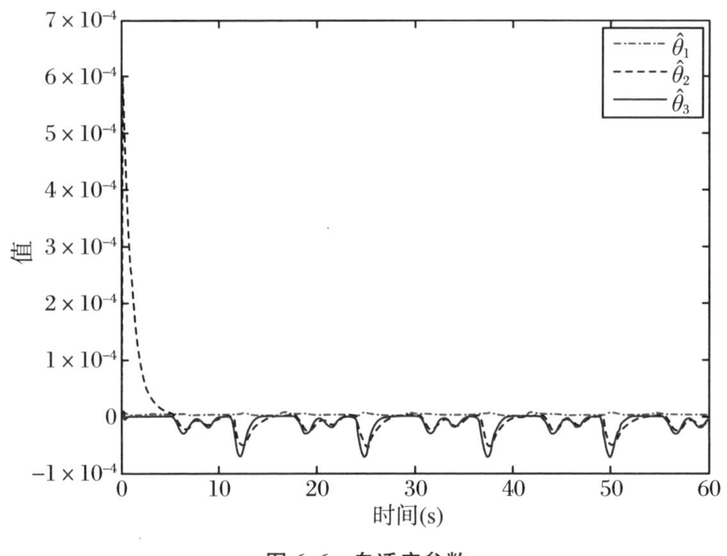

图 6.6　自适应参数

图 6.7 给出了控制输入信号 $u(t-\tau)$的运动轨迹。由图 6.7 中的仿真结果可知，系统输入信号有界。

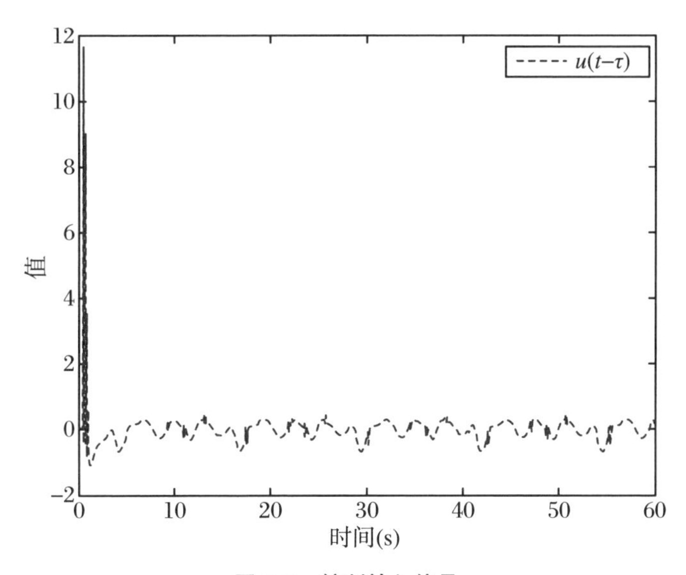

图 6.7　控制输入信号

由图 6.1～图 6.7 中的仿真结果可知，当系统存在外部时变扰动 $d_1(t)=0.5\sin(2t)$，$d_2(t)=-0.1\cos(2t)$，$d_3(t)=0.1\sin(t)$和输入时滞 $\tau=0.5$ s 时，利用所提出的自适应神经跟踪控制器，闭环系统中所有信号有界，并且系统输出信号可以快速跟踪参考信号。

例 6.2 考虑存在外部扰动和输入时滞的机电系统以证明所提出方法的有效性：

$$\begin{cases} \dot{x}_1 = x_2 + d_1(t) \\ \dot{x}_2 = \dfrac{1}{M}x_3 - \dfrac{N}{M}\sin(x_1) - \dfrac{B}{M}x_2 + \dfrac{B}{M}x_2^2 x_3^3 + d_2(t) \\ \dot{x}_3 = \dfrac{1}{L}u(t-\tau) + \dfrac{K_B}{L}x_2 - \dfrac{R}{L}x_3 + \dfrac{R}{L}x_2^2\sin(x_3) + d_3(t) \\ y = x_1 \end{cases} \tag{6.100}$$

其中，$L = 0.025$ H 是电枢电感，$R = 5.0\ \Omega$ 是电枢电阻，$u(t-\tau)$表示输入电压，M，B 和 N 分别为

$$M = \frac{mL_0^2}{3K_\tau} + \frac{J}{K_\tau} + \frac{2M_0R_0^2}{5K_\tau} + \frac{M_0L_0^2}{K_\tau} \tag{6.101}$$

$$B = \frac{B_0}{K_\tau} \tag{6.102}$$

$$N = \frac{M_0L_0G}{K_\tau} + \frac{mL_0G}{2K_\tau} \tag{6.103}$$

其中，$m = 0.506$ kg 是链路群，$L_0 = 0.305$ m 是链路长度，$K_\tau = 0.900.90$ N·m/A 是电枢电流与转矩机电转换的系数，$K_B = 0.900.90$ N·m/A 是电动势系数，$J = 0.001625$ kg·m^2 是转子转动惯量，$M_0 = 0.434$ kg 是负载质量，$R_0 = 0.023$ m 是负载半径，$B_0 = 0.001625$ N·m·s/rad 是黏滞摩擦系数，$G = 9.8$ 是重力系数。系统存在外部扰动 $d_1(t) = 0.3\sin(t) + 0.02\cos(2t)$，$d_2(t) = 0.2\sin(2t)$，$d_3(t) = 0.3\cos(t)$。

控制目标 考虑存在输入时滞 $\tau = 0.3$ s 和外部扰动时，设计一个有限时间自适应神经跟踪控制器，使系统输出信号跟踪参考信号 $y_d = 0.5\sin(t) - \cos(0.5t)$。

根据定理 6.1，虚拟控制律 α_1 和 α_2，实际控制器 $u(t)$和自适应参数 $\theta_i(i = 1, 2, 3)$的定义与例 6.1 中相同。

在仿真过程中，系统状态的初值为 $x_1(0) = -0.6$，$x_2(0) = 0$，$x_3(0) = 0$，辅助系统初值为 $\mu_1(0) = 0$，$\mu_2(0) = 0$ 和 $\mu_3(0) = 0$，自适应参数的初值为 $\hat{\theta}_1(0) = 0.001$，$\hat{\theta}_2(0) = 0.001$，$\hat{\theta}_3(0) = 0.001$。其他设计参数设置为 $k_1 = 16$，$k_2 = 21$，$k_3 = 28$，$a_1 = 6$，$a_2 = 3$，$a_3 = 5$，$p_1 = 2$，$p_2 = 1.5$，$p_3 = 2$，$g_1 = 0.3$，$g_2 = 0.5$，$\gamma_1 = 0.01$，$\gamma_2 = 0.02$，$\gamma_3 = 0.01$，$\delta_1 = 3$，$\delta_2 = 1$，$\delta_3 = 2$，$\beta = 99/101$，$\varphi_0 = 1$，$\varepsilon_{10} = 0.5$，$\varepsilon_{20} = 0.5$，$\varepsilon_{30} = 0.5$。高斯函数中心 $v_i = [-5, -4, -3, -2, -1, 0, 1, 2, 3, 4, 5]^{\mathrm{T}}$，高斯函数的宽度 $\eta = 1$。仿真结果如图 6.8～图 6.14 所示。

图 6.8 给出了系统输出信号 x_1 和参考信号 y_d 的运动轨迹。由图 6.8 可知，当系统存在输入时滞和外部时变扰动时，系统输出信号 x_1 可以快速跟踪参考信号 y_d。

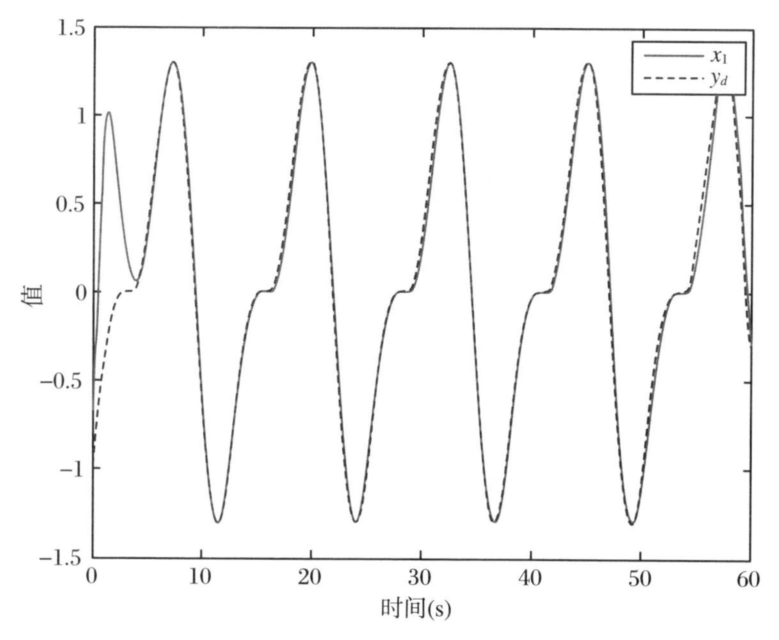

图 6.8　系统输出信号 x_1 和参考信号 y_d

图 6.9 和图 6.10 分别给出了系统状态变量 x_2 和 x_3 的运动轨迹。由图 6.9 和图 6.10 中的仿真结果可知，当系统出现外部扰动且发生输入时滞时，闭环系统状态有界。

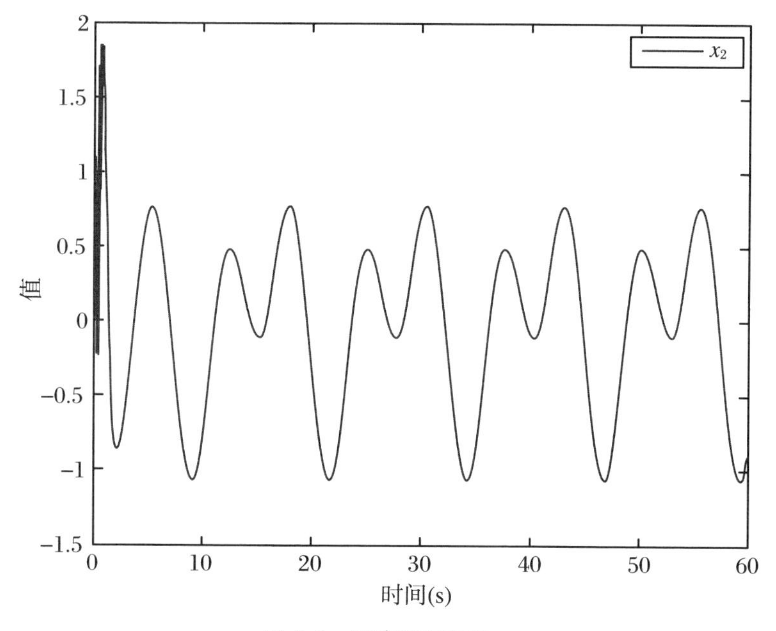

图 6.9　系统状态变量 x_2

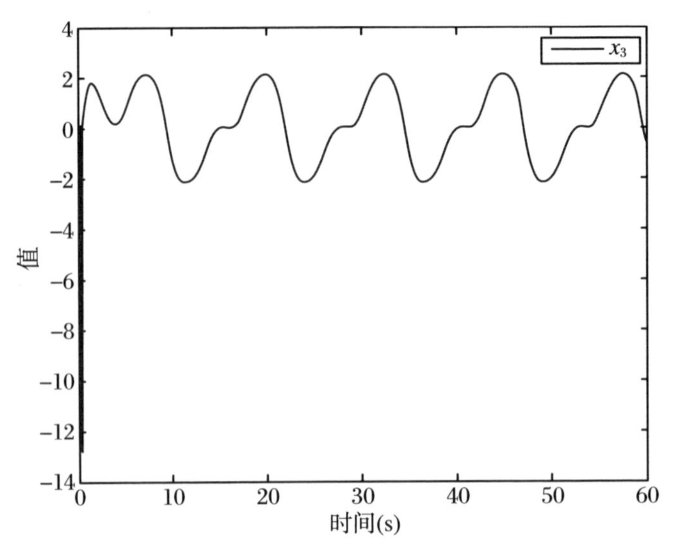

图 6.10　系统状态变量 x_3

图 6.11 给出了跟踪误差信号 z_1,z_2 和 z_3 的运动轨迹。由图 6.11 可知,跟踪误差有界。

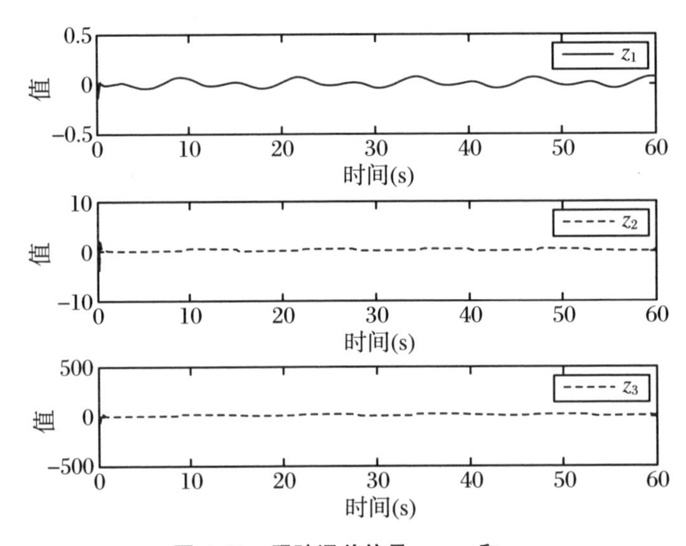

图 6.11　跟踪误差信号 z_1,z_2 和 z_3

图 6.12 给出了辅助系统状态变量的运动轨迹。由图 6.12 可知,辅助系统状态有界且渐近稳定。

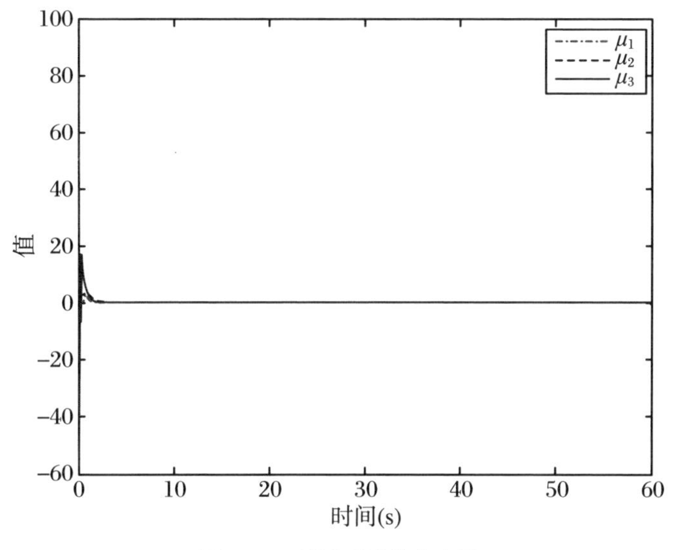

图 6.12　辅助系统状态变量

图 6.13 描述了自适应参数 $\hat{\theta}_1$，$\hat{\theta}_2$ 和 $\hat{\theta}_3$ 的运动轨迹。由图 6.13 可知，自适应参数有界。

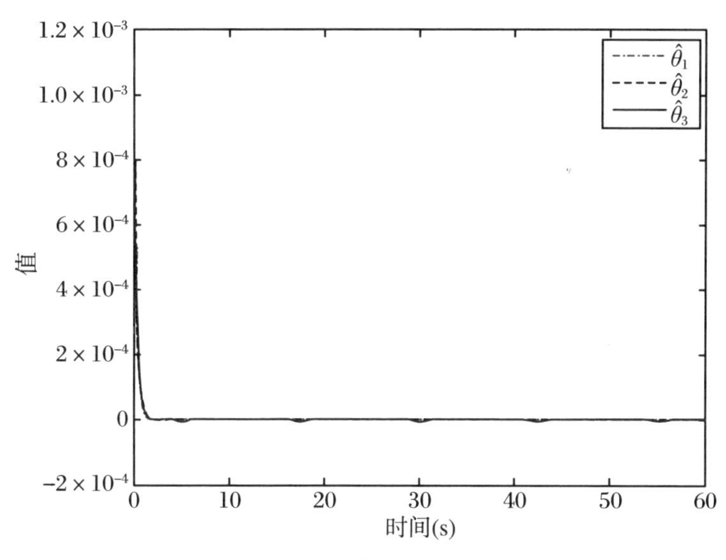

图 6.13　自适应参数

图 6.14 给出了控制输入信号 $u(t-\tau)$的运动轨迹。由图 6.14 中的仿真结果可知，系统输入信号有界。

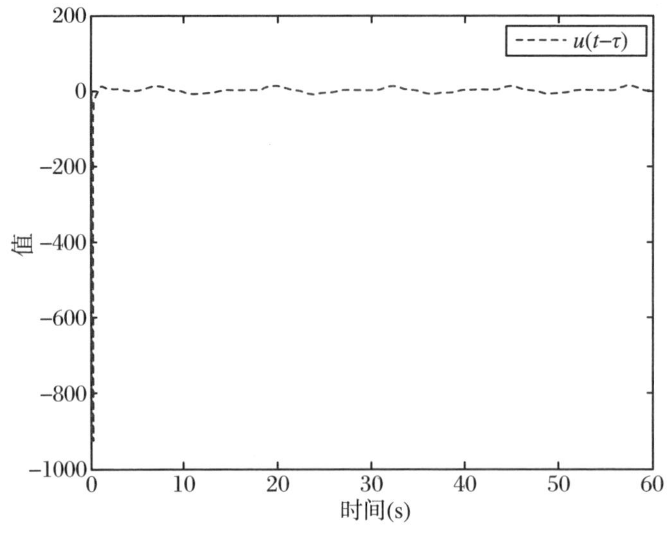

图 6.14 控制输入信号

由图 6.8~图 6.14 中的仿真结果可知，当机电系统存在外部时变扰动 $d_1(t)=0.3\sin(t)+0.02\cos(2t)$，$d_2(t)=0.2\sin(2t)$，$d_3(t)=0.3\cos(t)$和输入时滞$\tau=0.3$ s时，利用所提出的自适应神经跟踪控制器，系统输出信号可以有效跟踪参考信号，并且闭环系统中所有信号有界。

小 结

本章将神经网络与 Backstepping 技术相结合，研究了具有外部时变扰动和输入时滞的非严格反馈不确定非线性系统的自适应神经有限时间跟踪控制。利用补偿机制消除输入时滞的影响，降低了控制器设计的复杂性和难度。在控制器的设计过程中，采用径向基函数神经网络对不确定性进行处理并对未知非线性函数进行逼近。利用分段函数机制解决了控制器设计过程中容易产生奇异性的问题。利用神经网络简化了非严格反馈系统的结构。仿真结果显示了所提出方法的有效跟踪性能。

参考文献

[1] Liu Y, Liu X, Jing Y, et al. Direct adaptive preassigned finite-time control with time-delay and quantized input using neural network[J]. IEEE Transactions on Neural Networks and Learning Systems, 2019, 31(4): 1222-1231.

[2] Du P, Liang H, Zhao S, et al. Neural-based decentralized adaptive finite-time control for nonlinear large-scale systems with time-varying output constraints[J]. IEEE Transactions on Systems, Man, and Cybernetics: Systems, 2019, 51(5): 3136-3147.

[3] Liu Y, Zhu Q. Adaptive neural network finite-time tracking control of full state

constrained pure feedback stochastic nonlinear systems[J]. Journal of the Franklin Institute, 2020, 357(11): 6738-6759.

[4] Liu L, Liu Y J, Tong S. Neural networks-based adaptive finite-time fault-tolerant control for a class of strict-feedback switched nonlinear systems[J]. IEEE Transactions on Cybernetics, 2019, 49(7): 2536-2545.

[5] Luan X, Liu F, Shi P. Neural-network-based finite-time H_∞ control for extended Markov jump nonlinear systems[J]. International Journal of Adaptive Control and Signal Processing, 2010, 24(7): 554-567.

[6] Sun Y, Chen B, Lin C, et al. Finite-time adaptive control for a class of nonlinear systems with nonstrict feedback structure[J]. IEEE Transactions on Cybernetics, 2017, 48(10): 2774-2782.

[7] Li Y X, Wei M, Tong S. Event-triggered adaptive neural control for fractional-order nonlinear systems based on finite-time scheme[J]. IEEE Transactions on Cybernetics, 2021, 52(9): 9481-9489.

[8] Liu Y, Liu X, Jing Y, et al. A novel finite-time adaptive fuzzy tracking control scheme for nonstrict feedback systems[J]. IEEE Transactions on Fuzzy Systems, 2018, 27(4): 646-658.

[9] Zhang H, Liu Y, Wang Y. Observer-based finite-time adaptive fuzzy control for nontriangular nonlinear systems with full-state constraints[J]. IEEE Transactions on Cybernetics, 2020, 51(3): 1110-1120.

[10] Sui S, Chen C L P, Tong S. Fuzzy adaptive finite-time control design for nontriangular stochastic nonlinear systems[J]. IEEE Transactions on Fuzzy Systems, 2018, 27(1): 172-184.

第7章 具有时变输入时滞的高阶非线性系统固定时间跟踪控制

7.1 引　　言

近年来，对一类具有更一般结构的 p-规范型系统，即高阶非线性系统的研究受到了广泛关注。主要原因是高幂次积分的存在使得高阶非线性系统在原点附近既不可反馈线性化也不可控。因此，一阶非线性系统的设计方法不能解决高阶非线性系统的控制设计问题。目前对于高阶非线性系统设计的研究方法主要是通过增加幂次积分的设计方法实现利用稳定域来镇定系统中出现的非线性项，从而取代传统的反馈对消设计方法，并取得了大量优秀的研究成果。此外，高阶非线性系统高幂次积分的存在使得控制信号与非线性不确定项耦合时无法进行解耦处理，从而导致无法对控制信号进行设计。尤其是当实际工程系统中存在输入饱和与死区等非光滑的非线性现象、传感器故障和执行器故障以及时滞和未建模动态等问题时，高阶非线性系统的跟踪控制设计更加困难，而采用传统基于增加幂次积分结合 Backstepping 技术的策略难以直接解决这一问题。

2000 年 Lin 和 Qian 提出了增加幂次积分的机制来构造状态反馈控制器的技术来克服高阶非线性系统控制器设计困难。[1]受这一思想的启发，Xie 和 Tian 研究了高阶随机非线性系统状态反馈控制方案。[2]Sun 等人通过使用 Barrier 李雅普诺夫函数研究了具有状态约束的高阶切换严格反馈系统的自适应控制方法。[3]针对具有任意切换规则的高阶切换系统，Liu 和 Xie 提出了自适应输出反馈控制方案。[4]Zhai 和 Liu 针对高阶非线性系统研究了全局动态输出反馈控制方案。[5]然而，上述结果是基于非线性函数的信息可用这一假设。另外，系统动力学中存在许多未知的非线性现象，如不确定性、外部扰动和时滞。这些未知的非线性现象在实践中不可避免，给传统的控制技术带来了巨大的挑战。为了克服传统控制方法中未知非线性现象可以参数化或由已知函数定界的保守假设，将 Backstepping 技术与神经网络或模糊逻辑系统相结合的智能控制方案已广泛应用于高阶非线性控制系统中。例如，Si 等人通过将神经网络与 Backstepping 技术相结合，研究了严格反馈高阶大规模随机系统的分散自适应控制。[6]随后 Si 等人将分散自适应控制机制推广到高阶随机切换非线性系统。[7]针对全状态约束的严格反馈高阶系统，Sun 等人通过在设计过程中增加幂次积分技术研究了模糊输出跟踪控制。[8] Zhao 等人基于神经网络提出了高阶切换非线性系统自适应跟踪控制方案。[9] Wu 和 Xie 基于模糊逻辑系统研究了高阶时滞系统的全状态约束和输入饱和问题，并提出了自适应模糊跟踪控制方案。[10]然而，上述工作仅限于具有严格反馈形式的高阶系统。众所周知，自适应反推方法不可避免地会出现代数环问题。因此，上述结果不能应用于非严格反馈高阶系统。

此外，上述研究结果是基于无限时间内的渐近稳定性问题。在有限时间控制理论框架下，Sun 等人研究了高阶不确定非线性系统有限时间控制策略。[11]随后 Sun 等人进一步考虑了具有输出约束和未知参数的高阶不确定非线性系统快速有限时间自适应控制策略。[12] Cui 和 Xie 给出了具有输出约束的高阶随机非线性系统有限时间控制方案。[13] Min 等人提出了严格反馈高阶非线性参数化系统的有限时间控制方案。[14] Xie 和 Li 研究了高阶不完全非线性系统有限时间输出反馈控制技术。[15] Fu 等人研究了具有正奇数有理数的高阶切换非线性系统有限时间镇定方案。[16] Tong 等人基于模糊逻辑系统研究了具有未建模动态的高阶非线性系统有限时间控制策略。[17]然而，对于有限时间控制方案，收敛时间取决于系统的初始条件。相反，固定时间控制机制的收敛时间与系统初始状态无关，系统初始状态受一个常数的约束。因此，固定时间控制方案引起了人们的广泛关注。自从 Polyakov[18]提出线性系统的固定时间控制方案以来，非线性系统的固定控制思想受到了广泛的关注，研究人员提出了许多有意义的结果。然而，关于高阶非线性系统的固定时间控制的研究成果很少。此外，对于一般的固定时间控制方法，在设计过程中可能会出现奇异性问题。最近，在自适应 Backstepping 技术的框架下结合神经网络，Ma 等人研究了非严格反馈高阶非线性系统，并提出了自适应神经网络固定时间跟踪控制方法。[19]然而，所提出的方法假设在高阶非线性系统中不存在输入时滞现象。如果输入时滞发生，控制信号在实际系统中将是无用的。在这种情况下，不能保证固定时间稳定性的要求，闭环系统在实践中会不稳定。因此，考虑高阶非线性系统的固定时间稳定性约束，有必要考虑输入时滞现象。

本章针对具有时变输入时滞和外部扰动的高阶非线性系统，基于神经网络和 Backstepping 技术结合幂积分技术和不等式变换技术，研究固定时间跟踪控制方案。

7.2 问题描述

考虑一类具有输入时滞的非严格反馈不确定非线性动态系统，其描述形式如下：

$$\begin{cases}\dot{x}_i(t)=f_i(x(t))+x_{i+1}^{o_i}(t)+d_i(t), & 1\leqslant i\leqslant n-1\\ \dot{x}_n(t)=f_n(x(t))+u^{o_n}(t-\tau(t))+d_n(t)\\ y(t)=x_1(t)\end{cases}\tag{7.1}$$

其中，$x=[x_1,x_2,\cdots,x_n]^{\mathrm{T}}$ 是状态变量；$o_i\geqslant1$ 是正奇数；对于 $1\leqslant i\leqslant n$，$f_i(\cdot)$ 和 $\varphi_i(x(t))$ 是未知的光滑非线性函数；$d_i(t)$ 是未知的外部时变扰动；$u(t-\tau(t))\in\mathbf{R}$ 是控制输入；$\tau(t)$ 代表未知时变输入时滞；$y\in\mathbf{R}$ 是系统输出。

假设 7.1 未知的外部扰动 $d_i(t)$ 是有界的，即存在一个未知的正常数 $d_{i\mathrm{U}}$ 满足 $|d_i|\leqslant d_{i\mathrm{U}}$，$i=1,2,\cdots,n$。

假设 7.2 参考信号 $y_d(t)$ 及其 j 阶时间导数 $y_d^{(j)}(t)$ 连续有界。

假设 7.3[19] 假设 (7.1)式中正奇数 o_i 满足

$$\frac{o+1}{o_i}\geqslant o-o_{i+1}+1,\quad 1\leqslant i\leqslant n-1\tag{7.2}$$

其中，$o=\max\{o_1,o_2,\cdots,o_n\}$。

假设 7.4[20] 假设对于慢时变时滞 $\tau(t)$，存在已知常数 $\hat{\tau}>0$ 满足 $\tau(t)<\hat{\tau}$ 且 $|\dot{\tau}(t)|<\bar{\tau}$。

引理 7.1 对于任意的 $r>0$ 和 $z\in\mathbf{R}$，有

$$0\leqslant|z|-\frac{z^2}{\sqrt{z^2+r^2}}<r\tag{7.3}$$

引理 7.2[19] 对于任意的 $\xi\in\mathbf{R}$，$\omega\in\mathbf{R}$ 以及正奇数 $o\geqslant1$ 有如下不等式成立：

$$|\xi^o-\omega^o|\leqslant o\,|\xi-\omega|\,(\xi^{o-1}+\omega^{o-1})\tag{7.4}$$

引理 7.3[19] 对于任意的 $\xi\in\mathbf{R}$，$\omega\in\mathbf{R}$，令 $\vartheta>0$，则有

$$|\xi+\omega|^{\vartheta}\leqslant m_{\vartheta}(|\xi^{\vartheta}|+|\omega^{\vartheta}|)\tag{7.5}$$

其中，$\begin{cases}m_{\vartheta}=1, & 0\leqslant\vartheta<1\\ m_{\vartheta}=2^{\vartheta}-1, & \vartheta\geqslant1\end{cases}$。

在(7.5)式中，$\vartheta=o_i-1$ 将在后面设计中进一步讨论。下面不等式包括 $\vartheta<1$ 和 $\vartheta\geqslant1$ 两种情况：

$$|\xi+\omega|^{\vartheta}\leqslant2^{\vartheta}(|\xi^{\vartheta}|+|\omega^{\vartheta}|)\tag{7.6}$$

控制任务 设计一种有效的自适应神经固定时间跟踪控制方案，该方案在非线性系统(7.1)式存在外部时变扰动和未知时变输入时滞的情况下能够使系统输出信号有效跟踪参考信号 $y_d(t)$。

7.3　自适应跟踪控制器设计

在本节中，我们将基于 Backstepping 方法为非线性系统(7.1)式设计一种自适应神经固定时间跟踪控制策略。

首先，给出如下坐标变换：

$$\begin{cases} z_1 = x_1 - y_d \\ z_i = x_i - \alpha_{i-1}, \quad i = 2,3,\cdots,n \end{cases} \tag{7.7}$$

其中，α_i 是虚拟控制律，并且将在稍后进行设计；实际控制器 u 将在最后一步给出。

第 1 步　根据(7.1)式和(7.7)式，z_1 的时间导数计算如下：

$$\begin{aligned} \dot{z}_1 &= \dot{x}_1 - \dot{y}_d \\ &= f_1(x) + x_2^{o_1} + d_1(t) - \dot{y}_d \end{aligned} \tag{7.8}$$

选择一个正定的李雅普诺夫函数 V_1：

$$V_1 = \frac{z_1^{o-o_1+2}}{o - o_1 + 2} + \frac{1}{2\gamma_1}\tilde{\theta}_1^2 + \frac{1}{2\bar{\gamma}_1}\tilde{p}_1^2 \tag{7.9}$$

其中，$\gamma_1>0$ 和 $\bar{\gamma}_1>0$ 是设计参数；$\tilde{\theta}_1 = \theta_1 - \hat{\theta}_1$ 和 $\tilde{p}_1 = p_1 - \hat{p}_1$ 是估计误差，$\hat{\theta}_1$ 和 $\hat{p}_1$ 分别是对 θ_1 和 p_1 的估计。

进一步，对 V_1 求导，则有

$$\begin{aligned} \dot{V}_1 &= z_1^{o-o_1+1}\dot{z}_1 - \frac{1}{\gamma_1}\tilde{\theta}_1\dot{\hat{\theta}}_1 - \frac{1}{\bar{\gamma}_1}\tilde{p}_1\dot{\hat{p}}_1 \\ &= z_1^{o-o_1+1}(f_1(x) + x_2^{o_1} + d_1(t) - \dot{y}_d) - \frac{1}{\gamma_1}\tilde{\theta}_1\dot{\hat{\theta}}_1 - \frac{1}{\bar{\gamma}_1}\tilde{p}_1\dot{\hat{p}}_1 \\ &= z_1^{o-o_1+1}(\Lambda_1 + x_2^{o_1} + d_1(t)) - \frac{1}{\gamma_1}\tilde{\theta}_1\dot{\hat{\theta}}_1 - \frac{1}{\bar{\gamma}_1}\tilde{p}_1\dot{\hat{p}}_1 \end{aligned} \tag{7.10}$$

其中，$\Lambda_1 = f_1(x) - \dot{y}_d$。

Λ_1 中出现了未知非线性函数 $f_1(x)$，而 RBF 神经网络可以对未知函数 Λ_1 进行逼近。根据(2.3)式，对于任意的 $\varepsilon_1>0$，存在一个神经网络 $W_1^{*\mathrm{T}}\Phi_1(Z_1)$ 使得

$$\Lambda_1 = W_1^{*\mathrm{T}}\Phi_1(Z_1) + \delta_1(Z_1), \quad |\delta_1(Z_1)| \leqslant \varepsilon_1 \tag{7.11}$$

其中，$Z_1 = [x_1, x_2, \cdots, x_n, y_d, \dot{y}_d]^{\mathrm{T}}$，$\delta_1(Z_1)$ 是逼近误差。

将式(7.11)代入式(7.10)中，根据假设 7.1，有

$$\dot{V}_1 = z_1^{o-o_1+1}(W_1^{*\mathrm{T}}\Phi_1(Z_1) + \delta_1(Z_1) + x_2^{o_1} + d_1(t)) - \frac{1}{\gamma_1}\tilde{\theta}_1\dot{\hat{\theta}}_1 - \frac{1}{\bar{\gamma}_1}\tilde{p}_1\dot{\hat{p}}_1$$
$$\leqslant z_1^{o-o_1+1}W_1^{*\mathrm{T}}\Phi_1(Z_1) + z_1^{o-o_1+1}x_2^{o_1} - z_1^{o-o_1+1}\alpha_1^{o_1} + z_1^{o-o_1+1}\alpha_1^{o_1}$$
$$+ z_1^{o-o_1+1}(\varepsilon_1 + d_{1\mathrm{U}}) - \frac{1}{\gamma_1}\tilde{\theta}_1\dot{\hat{\theta}}_1 - \frac{1}{\bar{\gamma}_1}\tilde{p}_1\dot{\hat{p}}_1 \tag{7.12}$$

对于 $z_1^{o-o_1+1}W_1^{*\mathrm{T}}\Phi_1(Z_1)$,根据引理 2.8,有

$$z_1^{o-o_1+1}W_1^{*\mathrm{T}}\Phi_1(Z_1) \leqslant |z_1^{o-o_1+1}|\,\|W_1^{*\mathrm{T}}\|\,\|\Phi_1(Z_1)\|$$
$$\leqslant |z_1^{o-o_1+1}|\,\|W_1^{*\mathrm{T}}\|\,\|\Phi_1(X_1)\|$$
$$\leqslant \theta_1|z_1^{o-o_1+1}|\,\|\Phi_1(X_1)\| \tag{7.13}$$

其中,$\theta_1 = \|W_1^*\|^2$,$X_1 = [x_1, y_d, \dot{y}_d]^{\mathrm{T}}$。

对于(7.13)式中 $|z_1^{o-o_1+1}|\,\|\Phi_1(X_1)\|$,根据引理 7.1,有

$$|z_1^{o-o_1+1}|\,\|\Phi_1(X_1)\| \leqslant \frac{z_1^{2(o-o_1+1)}\Phi_1^{\mathrm{T}}(X_1)\Phi_1(X_1)}{|z_1^{o-o_1+1}|\,\|\Phi_1(X_1)\| + r_1} + r_1$$
$$\leqslant \frac{z_1^{2(o-o_1+1)}\Phi_1^{\mathrm{T}}(X_1)\Phi_1(X_1)}{\sqrt{z_1^{2(o-o_1+1)}\Phi_1^{\mathrm{T}}(X_1)\Phi_1(X_1) + r_1^2}} + r_1$$
$$\leqslant z_1^{o-o_1+1}\varphi_1 + r_1 \tag{7.14}$$

其中,$\varphi_1 = \dfrac{z_1^{o-o_1+1}\Phi_1^{\mathrm{T}}(X_1)\Phi_1(X_1)}{\sqrt{z_1^{2(o-o_1+1)}\Phi_1^{\mathrm{T}}(X_1)\Phi_1(X_1) + r_1^2}}$,$r_1 > 0$ 是设计参数。

基于引理 7.2、引理 7.3 和坐标变换 $z_2 = x_2 - \alpha_1$,则有

$$|z_1^{o-o_1+1}(x_2^{o_1} - \alpha_1^{o_1})| \leqslant o_1|z_1|^{o-o_1+1}|x_2 - \alpha_1|(x_2^{o_1-1} - \alpha_1^{o_1-1})$$
$$\leqslant o_1|z_1|^{o-o_1+1}|z_2|(2^{o_1-1}z_2^{o_1-1} + 2^{o_1-1}\alpha_1^{o_1-1} - \alpha_1^{o_1-1})$$
$$\leqslant o_1|z_1|^{o-o_1+1}2^{o_1-1}|z_2|^{o_1} + o_1|z_1|^{o-o_1+1}(2^{o_1-1}+1)|\alpha_1|^{o_1-1}|z_2| \tag{7.15}$$

对于(7.15)式中 $o_1|z_1|^{o-o_1+1}2^{o_1-1}|z_2|^{o_1}$,根据杨不等式有

$$o_1|z_1|^{o-o_1+1}2^{o_1-1}|z_2|^{o_1} \leqslant o_1 2^{o_1-1}\frac{o-o_1+1}{o+1}\frac{o+1}{o-o_1+1}\frac{1}{o_1 2^{o_1}}|z_1|^{o+1}$$
$$+ o_1 2^{o_1-1}\frac{o_1}{o+1}\left(\frac{o+1}{o-o_1+1}\frac{1}{o_1 2^{o_1}}\right)^{-\frac{o-o_1+1}{o_1}}|z_2|^{o+1}$$
$$\leqslant \frac{1}{2}z_1^{o+1} + \lambda_{11}z_2^{o+1} \tag{7.16}$$

其中,$\lambda_{11} = o_1 2^{o_1-1}\dfrac{o_1}{o+1}\left(\dfrac{o+1}{o-o_1+1}\dfrac{1}{o_1 2^{o_1}}\right)^{-\frac{o-o_1+1}{o_1}}$ 且 $\lambda_{11} > 0$。

进一步,对于(7.15)式中 $o_1|z_1|^{o-o_1+1}(2^{o_1-1}+1)|\alpha_1|^{o_1-1}|z_2|$,根据杨不等式有

$$o_1|z_1|^{o-o_1+1}(2^{o_1-1}+1)|\alpha_1|^{o_1-1}|z_2|$$

$$\leqslant o_1(2^{o_1-1}+1)\frac{o-o_1+1}{o+1}\frac{o+1}{o-o_1+1}\frac{1}{o_1(2^{o_1}+2)}|z_1|^{o+1}$$

$$+o_1(2^{o_1-1}+1)\frac{o_1}{o+1}\left(\frac{o+1}{o-o_1+1}\frac{1}{o_1(2^{o_1}+2)}\right)^{-\frac{o-o_1+1}{o_1}}\alpha_1^{\frac{(o_1-1)(o+1)}{o_1}}|z_2|^{\frac{o+1}{o_1}}$$

$$\leqslant\frac{1}{2}z_1^{o+1}+\lambda_{12}z_2^{\frac{o+1}{o_1}} \tag{7.17}$$

其中，$\lambda_{12}=o_1(2^{o_1-1}+1)\frac{o_1}{o+1}\left(\frac{o+1}{o-o_1+1}\frac{1}{o_1(2^{o_1}+2)}\right)^{-\frac{o-o_1+1}{o_1}}\alpha_1^{\frac{(o_1-1)(o+1)}{o_1}}$ 且 $\lambda_{12}>0$。

根据(7.12)式～(7.17)式，有

$$\dot{V}_1\leqslant\theta_1z_1^{o-o_1+1}\varphi_1+\theta_1r_1+\frac{1}{2}z_1^{o+1}+\lambda_{11}z_2^{o+1}+\frac{1}{2}z_1^{o+1}+\lambda_{12}z_2^{\frac{o+1}{o_1}}$$

$$+z_1^{o-o_1+1}\alpha_1^{o_1}+|z_1^{o-o_1+1}|p_1-\frac{1}{\gamma_1}\tilde{\theta}_1\dot{\hat{\theta}}_1-\frac{1}{\bar{\gamma}_1}\tilde{p}_1\dot{\hat{p}}_1$$

$$\leqslant z_1^{o-o_1+1}\alpha_1^{o_1}+\frac{1}{\gamma_1}\tilde{\theta}_1(\gamma_1z_1^{o-o_1+1}\varphi_1+\gamma_1r_1-\dot{\hat{\theta}}_1)+z_1^{o+1}+\lambda_{11}z_2^{o+1}+\lambda_{12}z_2^{\frac{o+1}{o_1}}$$

$$+\frac{1}{\bar{\gamma}_1}\tilde{p}_1(|z_1^{o-o_1+1}|\bar{\gamma}_1-\dot{\hat{p}}_1)-L_1z_1^{\frac{3}{4}(o+1)}+L_1z_1^{\frac{3}{4}(o+1)} \tag{7.18}$$

其中，$p_1=\varepsilon_1+d_{1U}$，$L_1>0$ 是设计参数。

说明：$\hat{p}_1$ 用于估计逼近误差和时变扰动的上界。对于估计参数 $\hat{p}_1$ 不需要逼近误差和时变扰动上界的先验知识。此外，在(7.18)式中增加减幂次积分 $L_1z_1^{\frac{3}{4}(o+1)}$，可以在后续的设计过程中通过不等式变换技术避免奇异性问题的出现，同时也可以保证逼近理论的正确性。

接下来，令 $\xi=z_1^{o+1}$，$\omega=1$，$\varsigma_1=\frac{3}{4}$，$\varsigma_2=1-\varsigma_1$，$\varsigma_3=\varsigma_1^{-1}$。根据引理2.5，有

$$\begin{aligned}
z_1^{\frac{3}{4}(o+1)}&=(z_1^{o+1})^{\varsigma_1}\times1^{1-\varsigma_1}\\
&=(z_1^{o+1})^{\varsigma_1}\times1^{\varsigma_2}\\
&\leqslant\frac{\varsigma_1}{\varsigma_1+\varsigma_2}\varsigma_3(z_1^{o+1})^{\varsigma_1+\varsigma_2}+\frac{\varsigma_2}{\varsigma_1+\varsigma_2}\varsigma_3^{-\frac{\varsigma_1}{\varsigma_2}}\times1^{\varsigma_1+\varsigma_2}\\
&=\varsigma_1\varsigma_3z_1^{o+1}+\varsigma_2\varsigma_3^{-\frac{\varsigma_1}{\varsigma_2}}\\
&=z_1^{o+1}+\varsigma_2\varsigma_3^{-\frac{\varsigma_1}{\varsigma_2}}
\end{aligned} \tag{7.19}$$

将(7.19)式代入(7.18)式中，则有

$$\dot{V}_1\leqslant z_1^{o-o_1+1}\alpha_1^{o_1}+\frac{1}{\gamma_1}\tilde{\theta}_1(\gamma_1z_1^{o-o_1+1}\varphi_1+\gamma_1r_1-\dot{\hat{\theta}}_1)+(L_1+1)z_1^{o+1}+\lambda_{11}z_2^{o+1}$$

$$+\lambda_{12} z_2^{\frac{o+1}{o_1}}+\frac{1}{\bar{\gamma}_1}\tilde{p}_1\left(\left|z_1^{o-o_1+1}\right|\bar{\gamma}_1-\dot{\hat{p}}_1\right)-L_1 z_1^{\frac{3}{4}(o+1)}+L_1 \varsigma_2 \varsigma_3^{-\frac{\varsigma_1}{\varsigma_2}} \tag{7.20}$$

令虚拟控制律为

$$\alpha_1=\left(-\frac{z_1^{o-o_1+1}\breve{\alpha}_1^2}{\sqrt{z_1^{2(o-o_1+1)}\breve{\alpha}_1^2+\sigma_1^2}}\right)^{\frac{1}{o_1}} \tag{7.21}$$

$$\breve{\alpha}_1=(L_1+1) z_1^{o_1}+K_1 z_1^{2(o+1)-(o-o_1+1)}+\varphi_1 \hat{\theta}_1+r_1 \hat{\theta}_1 z_1^{-(o-o_1+1)}+\frac{\left|z_1^{o-o_1+1}\right|}{z_1^{o-o_1+1}} \hat{p}_1 \tag{7.22}$$

自适应参数如下式所示：

$$\dot{\hat{\theta}}_1=\gamma_1 z_1^{o-o_1+1} \varphi_1+\gamma_1 r_1-a_1 \hat{\theta}_1-\frac{b_1}{\gamma_1} \hat{\theta}_1^3 \tag{7.23}$$

$$\dot{\hat{p}}_1=\bar{\gamma}_1\left|z_1^{o-o_1+1}\right|-\bar{a}_1 \hat{p}_1-\frac{\bar{b}_1}{\bar{\gamma}_1} \hat{p}_1^3 \tag{7.24}$$

其中，$K_1>0, a_1>0, b_1>0, \bar{a}_1>0, \bar{b}_1>0$ 和 $\sigma_1>0$ 是设计参数。

根据引理 7.1，有

$$\begin{aligned}
z_1^{o-o_1+1} \alpha_1^{o_1} &= z^{o-o_1+1}\left(\left(-\frac{z_1^{o-o_1+1}\breve{\alpha}_1^2}{\sqrt{z_1^{2(o-o_1+1)}\breve{\alpha}_1^2+\sigma_1^2}}\right)^{\frac{1}{o_1}}\right)^{o_1} \\
&=-z_1^{o-o_1+1} \frac{z_1^{o-o_1+1}\breve{\alpha}_1^2}{\sqrt{z_1^{2(o-o_1+1)}\breve{\alpha}_1^2+\sigma_1^2}} \\
&=-\frac{z_1^{2(o-o_1+1)}\breve{\alpha}_1^2}{\sqrt{z_1^{2(o-o_1+1)}\breve{\alpha}_1^2+\sigma_1^2}} \\
&=-\frac{\left(z_1^{o-o_1+1}\breve{\alpha}_1\right)^2}{\sqrt{\left(z_1^{o-o_1+1}\breve{\alpha}_1\right)^2+\sigma_1^2}} \\
&\leqslant \sigma_1-\left|z_1^{o-o_1+1}\breve{\alpha}_1\right| \\
&\leqslant \sigma_1-z_1^{o-o_1+1}\breve{\alpha}_1
\end{aligned} \tag{7.25}$$

将(7.21)式～(7.25)式代入(7.20)式中，则有

$$\dot{V}_1 \leqslant-L_1 z_1^{\frac{3}{4}(o+1)}-K_1 z_1^{2(o+1)}+\frac{a_1 \tilde{\theta}_1 \hat{\theta}_1}{\gamma_1}+\frac{b_1 \tilde{\theta}_1 \hat{\theta}_1^3}{\gamma_1^2}+\frac{\bar{a}_1 \tilde{p}_1 \hat{p}_1}{\bar{\gamma}_1}+\frac{b_1 \tilde{p}_1 \hat{p}_1^3}{\bar{\gamma}_1^2}+\lambda_{11} z_2^{o+1}+\lambda_{12} z_2^{\frac{o+1}{o_1}}+\bar{\sigma}_1 \tag{7.26}$$

其中，$\bar{\sigma}_1=\sigma_1+L_1 \varsigma_2 \varsigma_3^{-\frac{\varsigma_1}{\varsigma_2}}$。

第 i 步($2 \leqslant i \leqslant n-1$) 对 $z_i=x_i-\alpha_{i-1}$ 求导，则有

$$\begin{aligned}
\dot{z}_i &= \dot{x}_i-\dot{\alpha}_{i-1} \\
&= f_i(x)+x_{i+1}^{o_i}+d_i(t)-\dot{\alpha}_{i-1}
\end{aligned}$$

$$= f_i(x) + x_{i+1}^{o_i} - \alpha_i^{o_i} + \alpha_i^{o_i} + d_i(t) - \dot{\alpha}_{i-1} \tag{7.27}$$

定义如下李雅普诺夫函数 V_i：

$$V_i = V_{i-1} + \frac{z_i^{o-o_i+2}}{o-o_i+2} + \frac{1}{2\gamma_i}\tilde{\theta}_i^2 + \frac{1}{2\bar{\gamma}_i}\tilde{p}_i^2 \tag{7.28}$$

其中，$\gamma_i>0$ 和 $\bar{\gamma}_i>0$ 是设计参数；$\tilde{\theta}_i=\theta_i-\hat{\theta}_i$ 和 $\tilde{p}_i=p_i-\hat{p}_i$ 是估计误差，$\hat{\theta}_i$ 和 $\hat{p}_i$ 分别是对 θ_i 和 p_i 的估计。

对李雅普诺夫函数 V_i 求导，则有

$$\begin{aligned}\dot{V}_i = {}& \dot{V}_{i-1} + z_i^{o-o_i+1}(f_i(x) + x_{i+1}^{o_i} - \alpha_i^{o_i} + \alpha_i^{o_i} + d_i(t) - \dot{\alpha}_{i-1}) \\ & - \frac{1}{\gamma_i}\tilde{\theta}_i\dot{\hat{\theta}}_i - \frac{1}{\bar{\gamma}_i}\tilde{p}_i\dot{\hat{p}}_i \end{aligned} \tag{7.29}$$

令 $\Lambda_i=f_i(x)-\dot{\alpha}_{i-1}$，类似第1步，可以用RBF神经网络对未知的非线性函数 Λ_i 进行逼近。于是根据(2.3)式，对于任意的 $\varepsilon_i>0$，存在一个神经网络 $W_i^{*\mathrm{T}}\Phi_i(Z_i)$ 满足

$$\Lambda_i = W_i^{*\mathrm{T}}\Phi_i(Z_i) + \delta_i(Z_i), \quad |\delta_i(Z_i)| \leqslant \varepsilon_i \tag{7.30}$$

其中，$Z_i=[x_1,x_2,\cdots,x_n,\hat{\theta}_1,\hat{\theta}_2,\cdots,\hat{\theta}_{i-1},\hat{p}_1,\hat{p}_2,\cdots,\hat{p}_{i-1},y_d,\dot{y}_d,\cdots,y_d^{(i)}]^{\mathrm{T}}$ 是输入向量，$\delta_i(Z_i)$ 是逼近误差。

将(7.30)式代入(7.29)式中，则有

$$\begin{aligned}\dot{V}_i = {}& \dot{V}_{i-1} + z_i^{o-o_i+1}(W_i^{*\mathrm{T}}\Phi_i(Z_i) + \delta_i(Z_i) + x_{i+1}^{o_i} - \alpha_i^{o_i} + \alpha_i^{o_i} + d_i(t)) \\ & - \frac{1}{\gamma_i}\tilde{\theta}_i\dot{\hat{\theta}}_i - \frac{1}{\bar{\gamma}_i}\tilde{p}_i\dot{\hat{p}}_i \end{aligned} \tag{7.31}$$

对于(7.31)式中 $z_i^{o-o_i+1}W_i^{*\mathrm{T}}\Phi_i(Z_i)$，根据引理2.8，有

$$\begin{aligned} z_i^{o-o_i+1}W_i^{*\mathrm{T}}\Phi_i(Z_i) &\leqslant |z_i^{o-o_i+1}|\,\|W_i^{*\mathrm{T}}\|\,\|\Phi_i(Z_i)\| \\ &\leqslant |z_i^{o-o_i+1}|\,\|W_i^{*\mathrm{T}}\|\,\|\Phi_i(X_i)\| \\ &\leqslant \theta_i|z_i^{o-o_i+1}|\,\|\Phi_i(X_i)\| \end{aligned} \tag{7.32}$$

其中，$\theta_i=\|W_i^*\|^2$，$X_i=[x_1,x_2,\cdots,x_i,\hat{\theta}_1,\hat{\theta}_2,\cdots,\hat{\theta}_{i-1},\hat{p}_1,\hat{p}_2,\cdots,\hat{p}_{i-1},y_d,\dot{y}_d,\cdots,y_d^{(i)}]^{\mathrm{T}}$。

进一步，对于(7.32)式中 $|z_i^{o-o_i+1}|\,\|\Phi_i(X_i)\|$，根据引理7.1，有

$$\begin{aligned} |z_i^{o-o_i+1}|\,\|\Phi_i(X_i)\| &\leqslant \frac{z_i^{2(o-o_i+1)}\Phi_i^{\mathrm{T}}(X_i)\Phi_i(X_i)}{|z_i^{o-o_i+1}|\,\|\Phi_i(X_i)\|+r_i} + r_i \\ &\leqslant \frac{z_i^{2(o-o_i+1)}\Phi_i^{\mathrm{T}}(X_i)\Phi_i(X_i)}{\sqrt{z_i^{2(o-o_i+1)}\Phi_i^{\mathrm{T}}(X_i)\Phi_i(X_i)+r_i^2}} + r_i \\ &\leqslant z_i^{o-o_i+1}\varphi_i + r_i \end{aligned} \tag{7.33}$$

其中，$\varphi_i=\dfrac{z_i^{o-o_i+1}\Phi_i^{\mathrm{T}}(X_i)\Phi_i(X_i)}{\sqrt{z_i^{2(o-o_i+1)}\Phi_i^{\mathrm{T}}(X_i)\Phi_i(X_i)+r_i^2}}$，$r_i>0$ 是设计参数。

将(7.32)式和(7.33)式代入(7.31)式中，则有

$$\begin{aligned}\dot V_i\leqslant&\ \dot V_{i-1}+z_i^{o-o_i+1}(x_{i+1}^{o_i}-\alpha_i^{o_i})+z_i^{o-o_i+1}\alpha_i^{o_i}+z_i^{o-o_i+1}\theta_i\varphi_i+\theta_i r_i\\&+z_i^{o-o_i+1}(\delta_i(Z_i)+d_i(t))-\frac{1}{\gamma_i}\tilde\theta_i\dot{\hat\theta}_i-\frac{1}{\bar\gamma_i}\tilde p_i\dot{\hat p}_i\\\leqslant&\ \dot V_{i-1}+z_i^{o-o_i+1}(x_{i+1}^{o_i}-\alpha_i^{o_i})+z_i^{o-o_i+1}\alpha_i^{o_i}+z_i^{o-o_i+1}\theta_i\varphi_i+\theta_i r_i\\&+|z_i^{o-o_i+1}|(\varepsilon_i+d_{i\mathrm{U}})-\frac{1}{\gamma_i}\tilde\theta_i\dot{\hat\theta}_i-\frac{1}{\bar\gamma_i}\tilde p_i\dot{\hat p}_i\\\leqslant&\ \dot V_{i-1}+z_i^{o-o_i+1}(x_{i+1}^{o_i}-\alpha_i^{o_i})+z_i^{o-o_i+1}\alpha_i^{o_i}+z_i^{o-o_i+1}\theta_i\varphi_i+\theta_i r_i\\&+|z_i^{o-o_i+1}|p_i-\frac{1}{\gamma_i}\tilde\theta_i\dot{\hat\theta}_i-\frac{1}{\bar\gamma_i}\tilde p_i\dot{\hat p}_i\end{aligned}\tag{7.34}$$

其中，$p_i=\varepsilon_i+d_{i\mathrm{U}}$。

为了避免在后续的设计过程中出现奇异性问题，在(7.34)式中增加减幂次积分 $L_iz_i^{\frac{3}{4}(o+1)}$，于是可以得到

$$\begin{aligned}\dot V_i\leqslant&\ \dot V_{i-1}+z_i^{o-o_i+1}(x_{i+1}^{o_i}-\alpha_i^{o_i})+z_i^{o-o_i+1}\alpha_i^{o_i}+z_i^{o-o_i+1}\theta_i\varphi_i+\theta_i r_i\\&+|z_i^{o-o_i+1}|p_i-\frac{1}{\gamma_i}\tilde\theta_i\dot{\hat\theta}_i-\frac{1}{\bar\gamma_i}\tilde p_i\dot{\hat p}_i-L_iz_i^{\frac{3}{4}(o+1)}+L_iz_i^{\frac{3}{4}(o+1)}\end{aligned}\tag{7.35}$$

其中，L_i 是设计参数。

令 $\xi=z_i^{o+1}$，$\omega=1$，$\varsigma_1=\dfrac{3}{4}$，$\varsigma_2=1-\varsigma_1$，$\varsigma_3=\varsigma_1^{-1}$。根据引理 2.5，有

$$\begin{aligned}z_i^{\frac{3}{4}(o+1)}&=(z_i^{o+1})^{\varsigma_1}\times 1^{1-\varsigma_1}\\&=(z_i^{o+1})^{\varsigma_1}\times 1^{\varsigma_2}\\&\leqslant\frac{\varsigma_1}{\varsigma_1+\varsigma_2}\varsigma_3(z_i^{o+1})^{\varsigma_1+\varsigma_2}+\frac{\varsigma_2}{\varsigma_1+\varsigma_2}\varsigma_3^{-\frac{\varsigma_1}{\varsigma_2}}\times 1^{\varsigma_1+\varsigma_2}\\&=\varsigma_1\varsigma_3z_i^{o+1}+\varsigma_2\varsigma_3^{-\frac{\varsigma_1}{\varsigma_2}}\\&=z_i^{o+1}+\varsigma_2\varsigma_3^{-\frac{\varsigma_1}{\varsigma_2}}\end{aligned}\tag{7.36}$$

将(7.36)式代入(7.35)式中，则有

$$\begin{aligned}\dot V_i\leqslant&\ \dot V_{i-1}+z_i^{o-o_i+1}(x_{i+1}^{o_i}-\alpha_i^{o_i})+(L_i+1)z_i^{o-o_i+1}\alpha_i^{o_i}+z_i^{o-o_i+1}\theta_i\varphi_i+\theta_i r_i\\&+|z_i^{o-o_i+1}|p_i-\frac{1}{\gamma_i}\tilde\theta_i\dot{\hat\theta}_i-\frac{1}{\bar\gamma_i}\tilde p_i\dot{\hat p}_i-L_iz_i^{\frac{3}{4}(o+1)}+L_i\varsigma_2\varsigma_3^{-\frac{\varsigma_1}{\varsigma_2}}\end{aligned}\tag{7.37}$$

基于引理 7.2、引理 7.3 和坐标变换 $z_{i+1}=x_{i+1}-\alpha_i$，有

$$\begin{aligned}|z_i^{o-o_i+1}(x_{i+1}^{o_i}-\alpha_i^{o_i})| &\leqslant o_i|z_i|^{o-o_i+1}|x_{i+1}-\alpha_i|(x_{i+1}^{o_i-1}-\alpha_i^{o_i-1})\\ &\leqslant o_i|z_i|^{o-o_i+1}|z_{i+1}|(2^{o_i-1}z_{i+1}^{o_i-1}+2^{o_i-1}\alpha_i^{o_i-1}-\alpha_i^{o_i-1})\\ &\leqslant o_i|z_i|^{o-o_i+1}2^{o_i-1}|z_{i+1}|^{o_i}\\ &\quad+o_i|z_i|^{o-o_i+1}(2^{o_i-1}+1)|\alpha_i|^{o_i-1}|z_{i+1}|\end{aligned}\tag{7.38}$$

对于(7.38)式中 $o_i|z_i|^{o-o_i+1}2^{o_i-1}|z_{i+1}|^{o_i}$,根据杨不等式有

$$\begin{aligned}o_i|z_i|^{o-o_i+1}2^{o_i-1}|z_{i+1}|^{o_i} &\leqslant o_i2^{o_i-1}\frac{o-o_i+1}{o+1}\frac{o+1}{o-o_i+1}\frac{1}{o_i2^{o_i}}|z_i|^{o+1}\\ &\quad+o_i2^{o_i-1}\frac{o_i}{o+1}\left(\frac{o+1}{o-o_i+1}\frac{1}{o_i2^{o_i}}\right)^{-\frac{o-o_i+1}{o_i}}|z_{i+1}|^{o+1}\\ &\leqslant\frac{1}{2}z_i^{o+1}+\lambda_{i1}z_{i+1}^{o+1}\end{aligned}\tag{7.39}$$

其中,$\lambda_{i1}=o_i2^{o_i-1}\dfrac{o_i}{o+1}\left(\dfrac{o+1}{o-o_i+1}\dfrac{1}{o_i2^{o_i}}\right)^{-\frac{o-o_i+1}{o_i}}$ 且 $\lambda_{i1}>0$。

进一步,对于(7.38)式中 $o_i|z_i|^{o-o_i+1}(2^{o_i-1}+1)|\alpha_i|^{o_i-1}|z_{i+1}|$,根据杨不等式有

$$\begin{aligned}&o_i|z_i|^{o-o_i+1}(2^{o_i-1}+1)|\alpha_i|^{o_i-1}|z_{i+1}|\\ &\leqslant o_i(2^{o_i-1}+1)\frac{o-o_i+1}{o+1}\frac{o+1}{o-o_i+1}\frac{1}{o_i(2^{o_i}+2)}|z_i|^{o+1}\\ &\quad+o_i(2^{o_i-1}+1)\frac{o_i}{o+1}\left(\frac{o+1}{o-o_i+1}\frac{1}{o_i(2^{o_i}+2)}\right)^{-\frac{o-o_i+1}{o_i}}\alpha_i^{\frac{(o_i-1)(o+1)}{o_i}}|z_{i+1}|^{\frac{o+1}{o_i}}\\ &\leqslant\frac{1}{2}z_i^{o+1}+\lambda_{i2}z_{i+1}^{\frac{o+1}{o_i}}\end{aligned}\tag{7.40}$$

其中,$\lambda_{i2}=o_i(2^{o_i-1}+1)\dfrac{o_i}{o+1}\left(\dfrac{o+1}{o-o_i+1}\dfrac{1}{o_i(2^{o_i}+2)}\right)^{-\frac{o-o_i+1}{o_i}}\alpha_i^{\frac{(o_i-1)(o+1)}{o_i}}$ 且 $\lambda_{i2}>0$。

将(7.38)式~(7.40)式代入(7.37)式中,则有

$$\begin{aligned}\dot V_i &\leqslant \dot V_{i-1}+(L_i+1)z_i^{o-o_i+1}+\lambda_{i1}z_{i+1}^{o+1}+\lambda_{i2}z_{i+1}^{\frac{o+1}{o_i}}+z_i^{o-o_i+1}\alpha_i^{o_i}-L_iz_i^{\frac{3}{4}(o+1)}\\ &\quad+\frac{1}{\gamma_i}\tilde\theta_i(\gamma_iz_i^{o-o_i+1}\varphi_i+\theta_ir_i-\dot{\hat\theta}_i)+\frac{1}{\bar\gamma_i}\tilde p_i(|z_i^{o-o_i+1}|\bar\gamma_ip_i-\dot{\hat p}_i)+L_i\varsigma_2\varsigma_3^{-\frac{\varsigma_1}{\varsigma_2}}\\ &\leqslant-\sum_{j=1}^{i}L_jz_j^{\frac{3}{4}(o+1)}-\sum_{j=1}^{i-1}K_jz_j^{2(o+1)}+\sum_{j=1}^{i-1}\frac{a_j}{\gamma_j}\tilde\theta_j\hat\theta_j+\sum_{j=1}^{i-1}\frac{b_j}{\gamma_j^2}\tilde\theta_j\hat\theta_j^3\\ &\quad+\sum_{j=1}^{i-1}\frac{\bar a_j}{\bar\gamma_j}\tilde p_j\hat p_j+\sum_{j=1}^{i-1}\frac{\bar b_j}{\bar\gamma_j^2}\tilde p_j\hat p_j^3+\sum_{j=1}^{i-1}\bar\sigma_j+(\lambda_{(i-1)1}+L_i+1)z_i^{o+1}\\ &\quad+\lambda_{i1}z_{i+1}^{o+1}+\lambda_{i2}z_{i+1}^{\frac{o+1}{o_i}}+z_i^{o-o_i+1}\alpha_i^{o_i}+\lambda_{(i-1)2}z_i^{\frac{o+1}{o_{i-1}}}+L_i\varsigma_2\varsigma_3^{-\frac{\varsigma_1}{\varsigma_2}}\end{aligned}$$

$$+\frac{1}{\gamma_i}\tilde{\theta}_i(\gamma_i z_i^{o-o_i+1}\varphi_i+\theta_i r_i-\dot{\hat{\theta}}_i)+\frac{1}{\bar{\gamma}_i}\tilde{p}_i(|z_i^{o-o_i+1}|\bar{\gamma}_i p_i-\dot{\hat{p}}_i) \tag{7.41}$$

进而,设计虚拟控制律和自适应参数为

$$\alpha_i=\left(-\frac{z_i^{o-o_i+1}\breve{\alpha}_i^2}{\sqrt{z_i^{2(o-o_i+1)}\breve{\alpha}_i^2+\sigma_i^2}}\right)^{\frac{1}{o_i}} \tag{7.42}$$

$$\breve{\alpha}_i=(\lambda_{(i-1)1}+L_i+1)z_i^{o_i}+K_i z_i^{2(o+1)-(o-o_i+1)}+\varphi_i\hat{\theta}_i+r_i\hat{\theta}_i z_i^{-(o-o_i+1)}$$
$$+\lambda_{(i-1)2}z_i^{\frac{o+1}{o_{i-1}}-(o-o_i+1)}+\frac{|z_i^{o-o_i+1}|}{z_i^{o-o_i+1}}\hat{p}_i \tag{7.43}$$

自适应参数如下式所示:

$$\dot{\hat{\theta}}_i=\gamma_i z_i^{o-o_i+1}\varphi_i+\gamma_i r_i-a_i\hat{\theta}_i-\frac{b_i}{\gamma_i}\hat{\theta}_i^3 \tag{7.44}$$

$$\dot{\hat{p}}_i=\bar{\gamma}_i|z_i^{o-o_i+1}|-\bar{a}_i\hat{p}_i-\frac{\bar{b}_i}{\bar{\gamma}_i}\hat{p}_i^3 \tag{7.45}$$

其中,$K_i>0,a_i>0,b_i>0,\bar{a}_i>0,\bar{b}_i>0$ 和 $\sigma_i>0$ 是设计参数。

根据引理 7.1,有

$$\begin{aligned}
z_i^{o-o_i+1}\alpha_i^{o_i}&=z_i^{o-o_i+1}\left(\left(-\frac{z_i^{o-o_i+1}\breve{\alpha}_i^2}{\sqrt{z_i^{2(o-o_1+1)}\breve{\alpha}_i^2+\sigma_i^2}}\right)^{\frac{1}{o_i}}\right)^{o_i}\\
&=-z_i^{o-o_i+1}\frac{z_i^{o-o_i+1}\breve{\alpha}_i^2}{\sqrt{z_i^{2(o-o_i+1)}\breve{\alpha}_i^2+\sigma_i^2}}\\
&=-\frac{z_i^{2(o-o_i+1)}\breve{\alpha}_i^2}{\sqrt{z_i^{2(o-o_i+1)}\breve{\alpha}_i^2+\sigma_i^2}}\\
&=-\frac{(z_i^{o-o_i+1}\breve{\alpha}_i)^2}{\sqrt{(z_i^{o-o_i+1}\breve{\alpha}_i)^2+\sigma_i^2}}\\
&\leqslant\sigma_i-|z_i^{o-o_i+1}\breve{\alpha}_i|\\
&\leqslant\sigma_i-z_i^{o-o_i+1}\breve{\alpha}_i
\end{aligned} \tag{7.46}$$

将(7.42)式~(7.46)式代入(7.41)式中,则有

$$\dot{V}_i\leqslant-\sum_{j=1}^{i}L_j z_j^{\frac{3}{4}(o+1)}-\sum_{j=1}^{i}K_j z_j^{2(o+1)}+\sum_{j=1}^{i}\frac{a_j}{\gamma_j}\tilde{\theta}_j\hat{\theta}_j+\sum_{j=1}^{i}\frac{b_j}{\gamma_j^2}\tilde{\theta}_j\hat{\theta}_j^3$$
$$+\sum_{j=1}^{i}\frac{\bar{a}_j}{\bar{\gamma}_j}\tilde{p}_j\hat{p}_j+\sum_{j=1}^{i}\frac{\bar{b}_j}{\bar{\gamma}_j^2}\tilde{p}_j\hat{p}_j^3+\sum_{j=1}^{i}\bar{\sigma}_j+\lambda_{i1}z_{i+1}^{o+1}+\lambda_{i2}z_{i+1}^{\frac{o+1}{o_i}} \tag{7.47}$$

其中,$\bar{\sigma}_i=\sigma_i+L_i\varsigma_2\varsigma_3^{-\frac{\varsigma_1}{\varsigma_2}}$。

第 n 步 在这一步,首先,引入补偿信号处理输入时滞问题:

$$\dot{\rho}=-h_1\rho-h_2\rho^3+u^{o_n}(t)-u^{o_n}(t-\hat{\tau}) \tag{7.48}$$

接下来,重新定义误差信号 z_n:

$$z_n = x_n - \alpha_{n-1} + \rho \tag{7.49}$$

根据(7.1)式、(7.48)式和(7.49)式对 z_n 求导,则有

$$\begin{aligned}\dot{z}_n &= \dot{x}_n - \dot{\alpha}_{n-1} + \dot{\rho} \\ &= f_n(x) + u^{o_n}(t - \tau(t)) - \dot{\alpha}_{n-1} + d_n(t) \\ &\quad - h_1\rho - h_2\rho^3 + u^{o_n}(t) - u^{o_n}(t - \hat{\tau})\end{aligned} \tag{7.50}$$

选择如下李雅普诺夫函数 V_n:

$$V_n = V_{n-1} + \frac{z_n^{o-o_n+2}}{o - o_n + 2} + \frac{1}{2\gamma_n}\tilde{\theta}_n^2 + \frac{1}{2\bar{\gamma}_n}\tilde{p}_n^2 \tag{7.51}$$

其中,$\gamma_n>0$ 和 $\bar{\gamma}_n>0$ 是设计参数;$\tilde{\theta}_n = \theta_n - \hat{\theta}_n$ 和 $\tilde{p}_n = p_n - \hat{p}_n$ 是估计误差,$\hat{\theta}_n$ 和 $\hat{p}_n$ 分别是对 θ_n 和 p_n 的估计。

显然,李雅普诺夫函数 V_n 的导数满足

$$\begin{aligned}\dot{V}_n &= \dot{V}_{n-1} + z_n^{o-o_n+1}(\Lambda_n + d_n(t) - h_1\rho - h_2\rho^3 + u^{o_n}(t)) \\ &\quad - \frac{1}{\gamma_n}\tilde{\theta}_n\dot{\hat{\theta}}_n - \frac{1}{\bar{\gamma}_n}\tilde{p}_n\dot{\hat{p}}_n\end{aligned} \tag{7.52}$$

其中,$\Lambda_n = f_n(x) + u^{o_n}(t - \tau(t)) - u^{o_n}(t - \hat{\tau}) - \dot{\alpha}_{n-1}$。

类似第 i 步,对于任意的 $\varepsilon_n>0$,存在一个神经网络 $W_n^{*\mathrm{T}}\Phi_n(Z_n)$可以对未知非线性函数 Λ_n 逼近,并且有

$$\Lambda_n = W_n^{*\mathrm{T}}\Phi_n(Z_n) + \delta_n(Z_n), \quad |\delta_n(Z_n)| \leqslant \varepsilon_n \tag{7.53}$$

其中,$Z_n = [x_1, x_2, \cdots, x_n, \hat{\theta}_1, \hat{\theta}_2, \cdots, \hat{\theta}_{n-1}, \hat{p}_1, \hat{p}_2, \cdots, \hat{p}_{n-1}, y_d, \dot{y}_d, \cdots, y_d^{(n)}]^{\mathrm{T}}$ 是输入向量,$\delta_n(Z_n)$是逼近误差。

将(7.53)式代入(7.52)式中,则有

$$\begin{aligned}\dot{V}_n &= \dot{V}_{n-1} + z_n^{o-o_n+1}(W_n^{*\mathrm{T}}\Phi_n(Z_n) + \delta_n(Z_n) + d_n(t) \\ &\quad - h_1\rho - h_2\rho^3 + u^{o_n}(t)) - \frac{1}{\gamma_n}\tilde{\theta}_n\dot{\hat{\theta}}_n - \frac{1}{\bar{\gamma}_n}\tilde{p}_n\dot{\hat{p}}_n\end{aligned} \tag{7.54}$$

根据引理引理 7.1,有

$$\begin{aligned}z_n^{o-o_n+1}W_n^{*\mathrm{T}}\Phi_n(Z_n) &\leqslant |z_n^{o-o_n+1}|\,\|W_n^{*\mathrm{T}}\|\,\|\Phi_n(Z_n)\| \\ &\leqslant \theta_n|z_n^{o-o_n+1}|\,\|\Phi_n(Z_n)\| \\ &\leqslant \frac{z_n^{2(o-o_n+1)}\Phi_n^{\mathrm{T}}(Z_n)\Phi_n(Z_n)}{|z_n^{o-o_n+1}|\,\|\Phi_n(Z_n)\| + r_n} + r_n \\ &\leqslant \frac{z_n^{2(o-o_n+1)}\Phi_n^{\mathrm{T}}(Z_n)\Phi_n(Z_n)}{\sqrt{z_n^{2(o-o_n+1)}\Phi_n^{\mathrm{T}}(Z_n)\Phi_n(Z_n) + r_n^2}} + r_n \\ &\leqslant z_n^{o-o_n+1}\varphi_n + r_n\end{aligned} \tag{7.55}$$

其中，$\theta_n=\|W_n^*\|^2$；$\varphi_n=\dfrac{z_n^{o-o_n+1}\Phi_n^{\mathrm{T}}(Z_n)\Phi_n(Z_n)}{\sqrt{z_n^{2(o-o_n+1)}\Phi_n^{\mathrm{T}}(Z_n)\Phi_n(Z_n)+r_n^2}}$，$r_n>0$ 是设计参数。

将(7.55)式代入(7.54)式中，则有

$$\begin{aligned}\dot{V}_n\leqslant&\ \dot{V}_{n-1}+z_n^{o-o_n+1}\theta_n\varphi_n+\theta_n r_n+z_n^{o-o_n+1}(u^{o_n}(t)-h_1\rho-h_2\rho^3)\\&+|z_n^{o-o_n+1}|(\varepsilon_n+d_{n\mathrm{U}})-\frac{1}{\gamma_n}\tilde{\theta}_n\dot{\hat{\theta}}_n-\frac{1}{\bar{\gamma}_n}\tilde{p}_n\dot{\hat{p}}_n\\\leqslant&\ \dot{V}_{n-1}+z_n^{o-o_n+1}\theta_n\varphi_n+\theta_n r_n+z_n^{o-o_n+1}(u^{o_n}(t)-h_1\rho-h_2\rho^3)\\&+|z_n^{o-o_n+1}|p_n-\frac{1}{\gamma_n}\tilde{\theta}_n\dot{\hat{\theta}}_n-\frac{1}{\bar{\gamma}_n}\tilde{p}_n\dot{\hat{p}}_n\\\leqslant&\ \dot{V}_{n-1}+z_n^{o-o_n+1}(u^{o_n}(t)-h_1\rho-h_2\rho^3)+\frac{1}{\gamma_n}\tilde{\theta}_n(\gamma_n z_n^{o-o_n+1}\theta_n\varphi_n+\gamma_n\theta_n r_n-\dot{\hat{\theta}}_n)\\&+\frac{1}{\bar{\gamma}_n}\tilde{p}_n(|z_n^{o-o_n+1}|\bar{\gamma}_n-\dot{\hat{p}}_n)\end{aligned}\tag{7.56}$$

其中，$p_n=\varepsilon_n+d_{n\mathrm{U}}$。

为了避免出现奇异性问题，在(7.56)式中增加减幂次积分 $L_n z_n^{\frac{3}{4}(o+1)}$，则有

$$\begin{aligned}\dot{V}_i\leqslant&\ \dot{V}_{n-1}+z_n^{o-o_n+1}(u^{o_n}(t)-h_1\rho-h_2\rho^3)\\&+\frac{1}{\gamma_n}\tilde{\theta}_n(\gamma_n z_n^{o-o_n+1}\theta_n\varphi_n+\gamma_n\theta_n r_n-\dot{\hat{\theta}}_n)\\&+\frac{1}{\bar{\gamma}_n}\tilde{p}_n(|z_n^{o-o_n+1}|\bar{\gamma}_n-\dot{\hat{p}}_n)-L_n z_n^{\frac{3}{4}(o+1)}+L_n z_n^{\frac{3}{4}(o+1)}\end{aligned}\tag{7.57}$$

其中，L_n 是设计参数。

与第 i 步类似，令 $\xi=z_n^{o+1}$，$\omega=1$，$\varsigma_1=\dfrac{3}{4}$，$\varsigma_2=1-\varsigma_1$，$\varsigma_3=\varsigma_1^{-1}$，根据引理 2.5 有

$$z_n^{\frac{3}{4}(o+1)}\leqslant z_n^{o+1}+\varsigma_2\varsigma_3^{-\frac{\varsigma_1}{\varsigma_2}}\tag{7.58}$$

将(7.58)式代入(7.57)式中，则有

$$\begin{aligned}\dot{V}_n\leqslant&\ \dot{V}_{n-1}+z_n^{o-o_n+1}(u^{o_n}(t)-h_1\rho-h_2\rho^3)+\frac{1}{\gamma_n}\tilde{\theta}_n(\gamma_n z_n^{o-o_n+1}\theta_n\varphi_n+\gamma_n\theta_n r_n-\dot{\hat{\theta}}_n)\\&+\frac{1}{\bar{\gamma}_n}\tilde{p}_n(|z_n^{o-o_n+1}|\bar{\gamma}_n-\dot{\hat{p}}_n)-L_n z_n^{\frac{3}{4}(o+1)}+L_n z_n^{o+1}+L_n\varsigma_2\varsigma_3^{-\frac{\varsigma_1}{\varsigma_2}}\\\leqslant&-\sum_{j=1}^{n}L_j z_j^{\frac{3}{4}(o+1)}-\sum_{j=1}^{n-1}K_j z_j^{2(o+1)}+\sum_{j=1}^{n-1}\frac{a_j}{\gamma_j}\tilde{\theta}_j\hat{\theta}_j+\sum_{j=1}^{n-1}\frac{b_j}{\gamma_j^2}\tilde{\theta}_j\hat{\theta}_j^3\\&+\sum_{j=1}^{n-1}\frac{\bar{a}_j}{\bar{\gamma}_j}\tilde{p}_j\hat{p}_j+\sum_{j=1}^{n-1}\frac{\bar{b}_j}{\bar{\gamma}_j^2}\tilde{p}_j\hat{p}_j^3+z_n^{o-o_n+1}(u^{o_n}(t)-h_1\rho-h_2\rho^3)\end{aligned}$$

$$+(\lambda_{(n-1)1}+L_n+1)z_n^{o+1}+\lambda_{(n-1)2}z_n^{\frac{o+1}{o_{n-1}}}+\sum_{j=1}^{n-1}\bar{\sigma}_j+L_n\varsigma_2\varsigma_3^{-\frac{\varsigma_1}{\varsigma_2}}$$

$$+\frac{1}{\gamma_n}\tilde{\theta}_n(\gamma_n z_n^{o-o_n+1}\theta_n\varphi_n+\gamma_n\theta_n r_n-\dot{\hat{\theta}}_n)+\frac{1}{\bar{\gamma}_n}\tilde{p}_n(|z_n^{o-o_n+1}|\bar{\gamma}_n-\dot{\hat{p}}_n) \tag{7.59}$$

设计实际控制器和自适应参数为

$$u(t)=\left(-\frac{z_n^{o-o_n+1}\breve{u}_n^2}{\sqrt{z_n^{2(o-o_n+1)}\breve{u}_n^2+\sigma_n^2}}\right)^{\frac{1}{o_n}} \tag{7.60}$$

$$\begin{aligned}\breve{u}=&(\lambda_{(n-1)1}+L_n+1)z_n^{o_n}+K_n z_n^{2(o+1)-(o-o_n+1)}+\varphi_n\hat{\theta}_n+r_n\hat{\theta}_n z_n^{-(o-o_n+1)}\\&+\lambda_{(n-1)2}z_n^{\frac{o+1}{o_{n-1}}-(o-o_n+1)}+\frac{|z_n^{o-o_n+1}|}{z_n^{o-o_n+1}}\hat{p}_n-h_1\rho-h_2\rho^3\end{aligned} \tag{7.61}$$

自适应参数如下式所示：

$$\dot{\hat{\theta}}_n=\gamma_n z_n^{o-o_n+1}\varphi_n+\gamma_n r_n-a_n\hat{\theta}_n-\frac{b_n}{\gamma_n}\hat{\theta}_n^3 \tag{7.62}$$

$$\dot{\hat{p}}_n=\bar{\gamma}_n|z_n^{o-o_n+1}|-\bar{a}_n\hat{p}_n-\frac{\bar{b}_n}{\bar{\gamma}_n}\hat{p}_n^3 \tag{7.63}$$

其中，$K_n>0,a_n>0,b_n>0,\bar{a}_n>0,\bar{b}_n>0$ 和 $\sigma_n>0$ 是设计参数。

根据引理7.1，有

$$\begin{aligned}z_n^{o-o_n+1}u(t)=&z_n^{o-o_n+1}\left(\left(-\frac{z_n^{o-o_n+1}\breve{u}^2}{\sqrt{z_n^{2(o-o_n+1)}\breve{u}^2+\sigma_n^2}}\right)^{\frac{1}{o_n}}\right)^{o_n}\\=&-z_n^{o-o_n+1}\frac{z_n^{o-o_n+1}\breve{u}^2}{\sqrt{z_n^{2(o-o_n+1)}\breve{u}^2+\sigma_n^2}}\\=&-\frac{z_n^{2(o-o_n+1)}\breve{u}^2}{\sqrt{z_n^{2(o-o_n+1)}\breve{u}^2+\sigma_n^2}}\\=&-\frac{(z_n^{o-o_n+1}\breve{u})^2}{\sqrt{(z_n^{o-o_n+1}\breve{u})^2+\sigma_n^2}}\\\leqslant&\sigma_n-|z_n^{o-o_n+1}\breve{u}|\\\leqslant&\sigma_n-z_n^{o-o_n+1}\breve{u}\end{aligned} \tag{7.64}$$

将(7.60)式～(7.64)式代入(7.59)式中，则有

$$\begin{aligned}\dot{V}_n\leqslant&-\sum_{j=1}^{n}L_j z_j^{\frac{3}{4}(o+1)}-\sum_{j=1}^{n}K_j z_j^{2(o+1)}+\sum_{j=1}^{n}\frac{a_j}{\gamma_j}\tilde{\theta}_j\hat{\theta}_j+\sum_{j=1}^{n}\frac{b_j}{\gamma_j^2}\tilde{\theta}_j\hat{\theta}_j^3\\&+\sum_{j=1}^{n}\frac{\bar{a}_j}{\bar{\gamma}_j}\tilde{p}_j\hat{p}_j+\sum_{j=1}^{n}\frac{\bar{b}_j}{\bar{\gamma}_j^2}\tilde{p}_j\hat{p}_j^3+\sum_{j=1}^{n}\bar{\sigma}_j\end{aligned} \tag{7.65}$$

其中，$\bar{\sigma}_j=\sigma_j+L_j\varsigma_2\varsigma_3^{-\frac{\varsigma_1}{\varsigma_2}}$。

7.4 稳定性分析

定理 7.1 考虑具有外部扰动和未知时变输入时滞的高阶非线性系统(7.1)式,在满足假设 7.1、假设 7.2 和假设 7.3 的条件下,由虚拟控制律(7. 21)式和(7.22)式,(7.42)式和(7.43)式($2\leqslant i\leqslant n-1$),实际控制器(7.60)式和(7.61)式以及自适应参数(7.44)式和(7.45)式($1\leqslant i\leqslant n$)所组成的控制方案能够确保闭环系统所有信号都是有界的,并且跟踪误差收敛到原点附近的邻域内。

证明 首先,为了证明闭环系统的稳定性,选择如下李雅普诺夫函数 V:

$$
\begin{aligned}
V &= V_n \\
&= \sum_{i=1}^{n}\left(\frac{z_i^{o-o_i+2}}{o-o_i+2}+\frac{1}{2\gamma_i}\tilde{\theta}_i^2+\frac{1}{2\bar{\gamma}_i}\tilde{p}_i^2\right)
\end{aligned}
\tag{7.66}
$$

对李雅普诺夫函数 V 求导,则有

$$
\begin{aligned}
\dot{V} &= \dot{V}_n \\
&\leqslant -\sum_{i=1}^{n}L_i z_i^{\frac{3}{4}(o+1)}-\sum_{i=1}^{n}K_i z_i^{2(o+1)}+\sum_{i=1}^{n}\frac{a_i}{\gamma_i}\tilde{\theta}_i\hat{\theta}_i+\sum_{i=1}^{n}\frac{b_i}{\gamma_i^2}\tilde{\theta}_i\hat{\theta}_i^3 \\
&\quad +\sum_{i=1}^{n}\frac{\bar{a}_i}{\bar{\gamma}_i}\tilde{p}_i\hat{p}_i+\sum_{i=1}^{n}\frac{\bar{b}_i}{\bar{\gamma}_i^2}\tilde{p}_i\hat{p}_i^3+\sum_{i=1}^{n}\bar{\sigma}_i
\end{aligned}
\tag{7.67}
$$

根据 $\tilde{\theta}_i$ 和 $\tilde{p}_i$ 的定义,由于 $\tilde{\theta}_i\hat{\theta}_i\leqslant\frac{\theta_i^2}{2}-\frac{\tilde{\theta}_i^2}{2}$ 和 $\tilde{p}_i\hat{p}_i\leqslant\frac{p_i^2}{2}-\frac{\tilde{p}_i^2}{2}$,则(7.67)式可以重写为

$$
\begin{aligned}
\dot{V} &\leqslant -\sum_{i=1}^{n}L_i z_i^{\frac{3}{4}(o+1)}-\sum_{i=1}^{n}K_i z_i^{2(o+1)}-\sum_{i=1}^{n}\frac{a_i}{2\gamma_i}\tilde{\theta}_i^2+\sum_{i=1}^{n}\frac{a_i}{2\gamma_i}\theta_i^2+\sum_{i=1}^{n}\frac{b_i}{\gamma_i^2}\tilde{\theta}_i\hat{\theta}_i^3 \\
&\quad -\sum_{i=1}^{n}\frac{\bar{a}_i}{2\bar{\gamma}_i}\tilde{p}_i^2+\sum_{i=1}^{n}\frac{\bar{a}_i}{2\bar{\gamma}_i}p_i^2+\sum_{i=1}^{n}\frac{\bar{b}_i}{\bar{\gamma}_i^2}\tilde{p}_i\hat{p}_i^3+\sum_{i=1}^{n}\bar{\sigma}_i
\end{aligned}
\tag{7.68}
$$

令 $\xi=z_i$,$\omega=1$,$\varsigma_1=k(o-o_i+2)$,$\varsigma_2=k(o+1)-\varsigma_1$,$\varsigma_3=1$,对于 $k=\frac{3}{4}$ 和 $k=2$,根据引理 2.5,有

$$
-z_i^{\frac{3}{4}(o+1)}\leqslant -z_i^{\frac{3}{4}(o-o_i+2)}+\frac{o_i-1}{o-o_i+2}
\tag{7.69}
$$

$$
-z_i^{2(o+1)}\leqslant -z_i^{2(o-o_i+1)}+\frac{o_i-1}{o-o_i+2}
\tag{7.70}
$$

将(7.69)式和(7.70)式代入(7.68)式中,则有

$$\begin{aligned}\dot{V}\leqslant&-\sum_{i=1}^{n}k_{i1}\left(\frac{z_i^{o-o_i+2}}{o-o_i+2}\right)^{\frac{3}{4}}-\sum_{i=1}^{n}k_{i2}\left(\frac{z_i^{o-o_i+2}}{o-o_i+2}\right)^{2}-\sum_{i=1}^{n}\frac{a_i}{2\gamma_i}\tilde{\theta}_i^2\\&+\sum_{i=1}^{n}\frac{a_i}{2\gamma_i}\theta_i^2+\sum_{i=1}^{n}\frac{b_i}{\gamma_i^2}\tilde{\theta}_i\hat{\theta}_i^3-\sum_{i=1}^{n}\frac{\bar{a}_i}{2\bar{\gamma}_i}\tilde{p}_i^2+\sum_{i=1}^{n}\frac{\bar{a}_i}{2\bar{\gamma}_i}p_i^2\\&+\sum_{i=1}^{n}\frac{\bar{b}_i}{\bar{\gamma}_i^2}\tilde{p}_i\hat{p}_i^3+\sum_{i=1}^{n}\bar{\bar{\sigma}}_i\\\leqslant&-\sum_{i=1}^{n}k_{i1}\left(\frac{z_i^{o-o_i+2}}{o-o_i+2}\right)^{\frac{3}{4}}-\sum_{i=1}^{n}k_{i2}\left(\frac{z_i^{o-o_i+2}}{o-o_i+2}\right)^{2}-\left(\sum_{i=1}^{n}\frac{a_i}{2\gamma_i}\tilde{\theta}_i^2\right)^{\frac{3}{4}}\\&+\left(\sum_{i=1}^{n}\frac{a_i}{2\gamma_i}\tilde{\theta}_i^2\right)^{\frac{3}{4}}-\left(\sum_{i=1}^{n}\frac{\bar{a}_i}{2\bar{\gamma}_i}\tilde{p}_i^2\right)^{\frac{3}{4}}+\left(\sum_{i=1}^{n}\frac{\bar{a}_i}{2\bar{\gamma}_i}\tilde{p}_i^2\right)^{\frac{3}{4}}\\&-\sum_{i=1}^{n}\frac{a_i}{2\gamma_i}\tilde{\theta}_i^2+\sum_{i=1}^{n}\frac{a_i}{2\gamma_i}\theta_i^2+\sum_{i=1}^{n}\frac{b_i}{\gamma_i^2}\tilde{\theta}_i\hat{\theta}_i^3-\sum_{i=1}^{n}\frac{\bar{a}_i}{2\bar{\gamma}_i}\tilde{p}_i^2\\&+\sum_{i=1}^{n}\frac{\bar{a}_i}{2\bar{\gamma}_i}p_i^2+\sum_{i=1}^{n}\frac{\bar{b}_i}{\bar{\gamma}_i^2}\tilde{p}_i\hat{p}_i^3+\sum_{i=1}^{n}\bar{\bar{\sigma}}_i\end{aligned}\tag{7.71}$$

其中，$k_{i1}=L_i\ (o-o_i+2)^{\frac{3}{4}}$，$k_{i2}=K_i\ (o-o_i+2)^2$，$\bar{\bar{\sigma}}_i=\bar{\sigma}_i+L_i\ \dfrac{o_i-1}{o-o_i+2}+K_i\ \dfrac{o_i-1}{o-o_i+2}$。

令 $\xi=\left(\sum_{i=1}^{n}\frac{a_i}{2\gamma_i}\tilde{\theta}_i^2\right)^{\frac{3}{4}}$，$\omega=1$，$\varsigma_1=\dfrac{3}{4}$，$\varsigma_2=1-\varsigma_1$，$\varsigma_3=\varsigma_1^{-1}$，根据引理2.5，有

$$\left(\sum_{i=1}^{n}\frac{a_i}{2\gamma_i}\tilde{\theta}_i^2\right)^{\frac{3}{4}}\leqslant\sum_{i=1}^{n}\frac{a_i}{2\gamma_i}\tilde{\theta}_i^2+\varsigma_2\varsigma_3^{-\frac{\varsigma_1}{\varsigma_2}}\tag{7.72}$$

与(7.72)式类似，$\left(\sum_{i=1}^{n}\frac{\bar{a}_i}{2\bar{\gamma}_i}\tilde{p}_i^2\right)^{\frac{3}{4}}$ 满足

$$\left(\sum_{i=1}^{n}\frac{\bar{a}_i}{2\bar{\gamma}_i}\tilde{p}_i^2\right)^{\frac{3}{4}}\leqslant\sum_{i=1}^{n}\frac{\bar{a}_i}{2\bar{\gamma}_i}\tilde{p}_i^2+\varsigma_2\varsigma_3^{-\frac{\varsigma_1}{\varsigma_2}}\tag{7.73}$$

基于 $\tilde{\theta}_i\hat{\theta}_i^3=\tilde{\theta}_i(\theta_i^3-3\theta_i^2\tilde{\theta}_i+3\theta_i\tilde{\theta}_i^2-\tilde{\theta}_i^3)$ 和 $\tilde{p}_i\hat{p}_i^3=\tilde{p}_i(p_i^3-3p_i^2\tilde{p}_i+3p_i\tilde{p}_i^2-\tilde{p}_i^3)$，将(7.72)式和(7.73)式代入(7.71)式中，则有

$$\begin{aligned}\dot{V}\leqslant&-\sum_{i=1}^{n}k_{i1}\left(\frac{z_i^{o-o_i+2}}{o-o_i+2}\right)^{\frac{3}{4}}-\left(\sum_{i=1}^{n}\frac{a_i}{2\gamma_i}\tilde{\theta}_i^2\right)^{\frac{3}{4}}-\left(\sum_{i=1}^{n}\frac{\bar{a}_i}{2\bar{\gamma}_i}\tilde{p}_i^2\right)^{\frac{3}{4}}\\&-\sum_{i=1}^{n}k_{i2}\left(\frac{z_i^{o-o_i+2}}{o-o_i+2}\right)^{2}+\sum_{i=1}^{n}\frac{3b_i}{\gamma_i^2}\tilde{\theta}_i^3\theta_i+\sum_{i=1}^{n}\frac{b_i}{\gamma_i^2}\tilde{\theta}_i\theta_i^3+2\varsigma_2\varsigma_3^{-\frac{\varsigma_1}{\varsigma_2}}\\&+\sum_{i=1}^{n}\frac{3\bar{b}_i}{\bar{\gamma}_i^2}\tilde{p}_i^3p_i+\sum_{i=1}^{n}\frac{\bar{b}_i}{\bar{\gamma}_i^2}\tilde{p}_ip_i^3-\sum_{i=1}^{n}\frac{b_i}{\gamma_i^2}\tilde{\theta}_i^4-\sum_{i=1}^{n}\frac{3b_i}{\gamma_i^2}\tilde{\theta}_i^2\theta_i^2\end{aligned}$$

$$-\sum_{i=1}^{n}\frac{\bar{b}_i}{\bar{\gamma}_i^2}\tilde{p}_i^4-\sum_{i=1}^{n}\frac{3\bar{b}_i}{\bar{\gamma}_i^2}\tilde{p}_i^2p_i^2+\sum_{i=1}^{n}\frac{a_i}{2\gamma_i}\theta_i^2+\sum_{i=1}^{n}\frac{\bar{a}_i}{2\bar{\gamma}_i}p_i^2+\sum_{i=1}^{n}\bar{\sigma}_i \quad (7.74)$$

接下来,基于杨不等式,有

$$\sum_{i=1}^{n}\frac{3b_i}{\gamma_i^2}\tilde{\theta}_i^3\theta_i\leqslant\sum_{i=1}^{n}\frac{9b_ih^{\frac{4}{3}}}{4\gamma_i^2}\tilde{\theta}_i^4+\sum_{i=1}^{n}\frac{3b_i}{4h^4\gamma_i^2}\theta_i^4 \quad (7.75)$$

$$\sum_{i=1}^{n}\frac{b_i}{\gamma_i^2}\tilde{\theta}_i\theta_i^3\leqslant\sum_{i=1}^{n}\frac{3b_i}{\gamma_i^2}\tilde{\theta}_i^2\theta_i^2+\sum_{i=1}^{n}\frac{b_i}{12\gamma_i^2}\theta_i^4 \quad (7.76)$$

$$\sum_{i=1}^{n}\frac{3\bar{b}_i}{\bar{\gamma}_i^2}\tilde{p}_i^3p_i\leqslant\sum_{i=1}^{n}\frac{9\bar{b}_i\bar{h}^{\frac{4}{3}}}{4\bar{\gamma}_i^2}\tilde{p}_i^4+\sum_{i=1}^{n}\frac{3\bar{b}_i}{4\bar{h}^2\bar{\gamma}_i^2}p_i^4 \quad (7.77)$$

$$\sum_{i=1}^{n}\frac{\bar{b}_i}{\bar{\gamma}_i^2}\tilde{p}_ip_i^3\leqslant\sum_{i=1}^{n}\frac{3\bar{b}_i}{\bar{\gamma}_i^2}\tilde{p}_i^2p_i^2+\sum_{i=1}^{n}\frac{\bar{b}_i}{12\bar{\gamma}_i^2}p_i^4 \quad (7.78)$$

将(7.75)式~(7.78)式代入(7.74)式中,则有

$$\begin{aligned}\dot{V}\leqslant&-\sum_{i=1}^{n}k_{i1}\left(\frac{z_i^{o-o_i+2}}{o-o_i+2}\right)^{\frac{3}{4}}-\left(\sum_{i=1}^{n}\frac{a_i}{2\gamma_i}\tilde{\theta}_i^2\right)^{\frac{3}{4}}-\left(\sum_{i=1}^{n}\frac{\bar{a}_i}{2\bar{\gamma}_i}\tilde{p}_i^2\right)^{\frac{3}{4}}\\&-\sum_{i=1}^{n}k_{i2}\left(\frac{z_i^{o-o_i+2}}{o-o_i+2}\right)^2-\sum_{i=1}^{n}(4b_i-9b_ih^{\frac{4}{3}})\left(\frac{\tilde{\theta}}{2\gamma_i}\right)^2\\&-\sum_{i=1}^{n}(4\bar{b}_i-9\bar{b}_i\bar{h}^{\frac{4}{3}})\left(\frac{\tilde{p}}{2\bar{\gamma}_i}\right)^2+d\\\leqslant&-\hat{\pi}_1\sum_{i=1}^{n}\left(\frac{z_i^{o-o_i+2}}{o-o_i+2}\right)^{\frac{3}{4}}-\hat{\pi}_1\left(\sum_{i=1}^{n}\frac{1}{2\gamma_i}\tilde{\theta}_i^2\right)^{\frac{3}{4}}-\hat{\pi}_1\left(\sum_{i=1}^{n}\frac{1}{2\bar{\gamma}_i}\tilde{p}_i^2\right)^{\frac{3}{4}}\\&-\hat{\pi}_2\sum_{i=1}^{n}\left(\frac{z_i^{o-o_i+2}}{o-o_i+2}\right)^2-\hat{\pi}_2\sum_{i=1}^{n}\left(\frac{\tilde{\theta}}{2\gamma_i}\right)^2-\hat{\pi}_2\sum_{i=1}^{n}\left(\frac{\tilde{p}}{2\bar{\gamma}_i}\right)^2+d\end{aligned} \quad (7.79)$$

其中,

$$\hat{\pi}_1=\min\{k_{i1},a_i,\bar{a}_i:i=1,2,\cdots,n\}$$

$$\hat{\pi}_2=\min\{k_{i2},4b_i-9b_ih^{\frac{4}{3}},4\bar{b}_i-9\bar{b}_i\bar{h}^{\frac{4}{3}}:i=1,2,\cdots,n\}$$

$$\begin{aligned}d=&\sum_{i=1}^{n}\frac{3b_i}{4h^4\gamma_i^2}\theta_i^4+\sum_{i=1}^{n}\frac{b_i}{12\gamma_i^2}\theta_i^4+\sum_{i=1}^{n}\frac{3\bar{b}_i}{4\bar{h}^2\bar{\gamma}_i^2}p_i^4+\sum_{i=1}^{n}\frac{\bar{b}_i}{12\bar{\gamma}_i^2}p_i^4\\&+\sum_{i=1}^{n}\frac{a_i}{2\gamma_i}\theta_i^2+\sum_{i=1}^{n}\frac{\bar{a}_i}{2\bar{\gamma}_i}p_i^2+\sum_{i=1}^{n}\bar{\sigma}_i+2\varsigma_2\varsigma_3^{-\frac{\varsigma_1}{\varsigma_2}}\end{aligned}$$

根据引理 2.6 和引理 2.7,有

$$\dot{V}\leqslant-\hat{\pi}_1\left(\sum_{i=1}^{n}\left(\frac{z_i^{o-o_i+2}}{o-o_i+2}\right)^{\frac{3}{4}}-\left(\sum_{i=1}^{n}\frac{1}{2\gamma_i}\tilde{\theta}_i^2\right)^{\frac{3}{4}}-\left(\sum_{i=1}^{n}\frac{1}{2\bar{\gamma}_i}\tilde{p}_i^2\right)^{\frac{3}{4}}\right)$$

$$
\begin{aligned}
&-\hat{\pi}_2\left(\sum_{i=1}^{n}\left(\frac{z_i^{o-o_i+2}}{o-o_i+2}\right)^2-\sum_{i=1}^{n}\left(\frac{\tilde{\theta}}{2\gamma_i}\right)^2-\sum_{i=1}^{n}\left(\frac{\tilde{p}}{2\bar{\gamma}_i}\right)^2\right)+d\\
\leqslant&-\hat{\pi}_1\left(\sum_{i=1}^{n}\frac{z_i^{o-o_i+2}}{o-o_i+2}-\sum_{i=1}^{n}\frac{1}{2\gamma_i}\tilde{\theta}_i^2-\sum_{i=1}^{n}\frac{1}{2\bar{\gamma}_i}\tilde{p}_i^2\right)^{\frac{3}{4}}\\
&-\frac{\hat{\pi}_2}{3n}\left(\sum_{i=1}^{n}\frac{z_i^{o-o_i+2}}{o-o_i+2}-\sum_{i=1}^{n}\frac{\tilde{\theta}}{2\gamma_i}-\sum_{i=1}^{n}\frac{\tilde{p}}{2\bar{\gamma}_i}\right)^2+d\\
\leqslant&-\pi_1V^{\frac{3}{4}}-\pi_2V^2+d
\end{aligned}
\tag{7.80}
$$

其中，$\pi_1=\hat{\pi}_1$，$\pi_2=\frac{1}{3n}\hat{\pi}_2$。

根据(7.80)式，对于 $V^2\geqslant\frac{d}{\pi_2}$，$V$ 有界。因此，z_i，$\tilde{\theta}_i$ 和 $\tilde{p}_i$ 有界。因此，对于 $1\leqslant i\leqslant n-1$，虚拟控制律 α_i，$\breve{\alpha}_i$ 和实际控制器 $u(t)$，$\breve{u}$ 有界。

接下来，将(7.80)式重写为

$$
\dot{V}\leqslant-\pi_1V^{\frac{3}{4}}-(1-\varepsilon_1)\pi_2V^2-\varepsilon_1\pi_2V^2+d \tag{7.81}
$$

其中，$0<\varepsilon_1<1$。如果 $V^2\geqslant\frac{d}{\pi_2\varepsilon_1}$，则有 $\dot{V}\leqslant-\pi_1V^{\frac{3}{4}}-(1-\varepsilon_1)\pi_2V^2$。根据引理2.3，闭环系统所有信号固定时间有界，并且收敛时间满足

$$
T_{s1}\leqslant\frac{1}{\pi_1\varepsilon_1(1-\kappa_1)}+\frac{1}{\pi_2\varepsilon_1(\kappa_2-1)}=\frac{4}{\pi_1\varepsilon_1}+\frac{1}{\pi_2\varepsilon_1} \tag{7.82}
$$

下面考虑补偿信号 ρ 的有界性。

首先定义如下李雅普诺夫函数 V_ρ：

$$
V_\rho=\frac{1}{2}\rho^2 \tag{7.83}
$$

于是，V_ρ 的导数满足

$$
\begin{aligned}
\dot{V}_\rho&=\rho\dot{\rho}\\
&=-h_1\rho^2-h_2\rho^4+\rho(u^{o_n}(t)-u^{o_n}(t-\hat{\tau}))
\end{aligned}
\tag{7.84}
$$

其中，$h_1-1>0$，$h_2>0$。

令 $\xi=\frac{\rho^2}{2}$，$\omega=1$，$\varsigma_1=\frac{3}{4}$，$\varsigma_2=1-\varsigma_1$，$\varsigma_3=\varsigma_1^{-1}$，根据引理2.5，有

$$
-\frac{\rho^2}{2}\leqslant-\left(\frac{\rho^2}{2}\right)^{\frac{3}{4}}+\varsigma_2\varsigma_1^{\frac{\varsigma_1}{\varsigma_2}} \tag{7.85}
$$

$$
\rho(u^{o_n}(t)-u^{o_n}(t-\hat{\tau}))\leqslant\rho^2+\frac{1}{2}\|u(t)\|^2+\frac{1}{2}\|u(t-\hat{\tau})\|^2 \tag{7.86}
$$

将(7.85)式和(7.86)式代入(7.84)式中，则有

$$
\dot{V}_\rho\leqslant-(h_1-1)\rho^2-h_2\rho^4+\frac{1}{2}\|u(t)\|^2+\frac{1}{2}\|u(t-\hat{\tau})\|^2
$$

$$\leqslant -\hat{h}_1\left(\frac{\rho^2}{2}\right)^{\frac{3}{4}}-\hat{h}_2\left(\frac{\rho^2}{2}\right)^2+\hat{h}_1\varsigma_2\varsigma_1^{\frac{\varsigma_1}{\varsigma_2}}+\frac{1}{2}\|u(t)\|^2+\frac{1}{2}\|u(t-\hat{\tau})\|^2 \tag{7.87}$$

其中，$\hat{h}_1=2(h_1-1)>0$ 且 $\hat{h}_2=4h_2>0$

根据(7.60)式～(7.63)式，$u(t)$和 $u(t-\hat{\tau})$可以描述为

$$u(t)=\zeta_1(z_n,\hat{\theta}_n,\hat{p}_n,\rho) \tag{7.88}$$

$$u(t-\hat{\tau})=\zeta_2(z_n(t-\hat{\tau}),\hat{\theta}_n(t-\hat{\tau}),\hat{p}_n(t-\hat{\tau}),\rho(t-\hat{\tau})) \tag{7.89}$$

其中，$\zeta_1(\cdot)$和 $\zeta_2(\cdot)$是 C^1 函数。既然 $z_n,\hat{\theta}_n$ 和 $\hat{p}_n$ 有界，则可以得到下面的结果：

$$\|\zeta_i\|\leqslant\lambda_i,\quad i=1,2 \tag{7.90}$$

其中，$\lambda_i>0(i=1,2)$是常数。于是有

$$\|u(t)\|\leqslant\|\zeta_1(z_n,\hat{\theta}_n,\hat{p}_n,\rho)\|\leqslant\lambda_1 \tag{7.91}$$

和

$$\|u(t-\hat{\tau})\|\leqslant\lambda_2 \tag{7.92}$$

进一步，将(7.91)式和(7.92)式代入(7.87)式中，则有

$$\begin{aligned}\dot{V}_\rho&\leqslant-\hat{h}_1\left(\frac{\rho^2}{2}\right)^{\frac{3}{4}}-\hat{h}_2\left(\frac{\rho^2}{2}\right)^2+\hat{h}_1\varsigma_2\varsigma_1^{\frac{\varsigma_1}{\varsigma_2}}+\frac{1}{2}\lambda_1^2+\frac{1}{2}\lambda_2^2\\&\leqslant-\hat{h}_1V_\rho^{\frac{3}{4}}-\hat{h}_2V_\rho^2+\bar{\lambda}\end{aligned} \tag{7.93}$$

其中，$\bar{\lambda}=\hat{h}_1\varsigma_2\varsigma_1^{\frac{\varsigma_1}{\varsigma_2}}+\frac{1}{2}\lambda_1^2+\frac{1}{2}\lambda_2^2$。

由引理 2.3 和(7.93)式可知，补偿信号 ρ 固定时间内有界，并且收敛时间满足

$$T_{s2}\leqslant\frac{4}{\bar{h}_1\varepsilon_2}+\frac{1}{\bar{h}_2\varepsilon_2} \tag{7.94}$$

其中，$0<\varepsilon_2<1$。

令 $T_s=\max\{T_{s1},T_{s2}\}$，由(7.81)式、(7.93)式和李雅普诺夫稳定性理论可知，$z_i,\tilde{\theta}_i,\tilde{p}_i$ 和ρ 固定时间有界。由 $\tilde{\theta}_i,\tilde{p}_i$ 和ρ 有界可知$\hat{\theta}_i$ 和$\hat{p}_i$ 有界，并且容易得到 $\alpha_i,\breve{\alpha}_i,u(t)$和 $\breve{u}$ 有界。进而，由 $\alpha_i,\breve{\alpha}_i,u(t)$和 $\breve{u}$ 的有界性可知系统状态信号 x_i 固定时间有界。此外，系统跟踪误差$|y-y_d|\leqslant|z_1|$固定时间有界。由上面的分析可知，对于 $t>T_s$，闭环系统所有信号有界。

7.5 实验仿真

例 7.1 考虑一个倒立摆系统，如图 7.1 所示。其系统模型可以描述为

$$ml\ddot{\theta} = -mg\sin\theta - kl\dot{\theta} + \frac{T}{l} \tag{7.95}$$

其中，$m = 0.01$ kg 表示摆锤质量，$l = 10$ m 表示杆长，$k = 0.01$ 表示杆系数，$g = 10$ m/s^{2}表示重力加速度，θ 表示摆角，T 表示输入力矩。

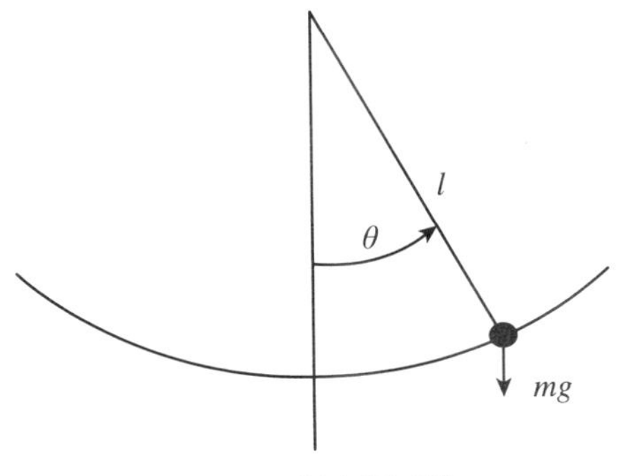

图 7.1　倒立摆系统

令 $x_1 = \theta, x_2 = \dot{\theta}, u(t) = T$，假设系统存在外部扰动和未知时变输入时滞，则系统动态结构可以描述为

$$\begin{cases} \dot{x}_1 = x_2 + d_1(t) \\ \dot{x}_2 = u(t - \tau(t)) - \sin(x_1) - x_2 + d_2(t) \\ y = x_1 \end{cases} \tag{7.96}$$

其中，$d_1(t) = 0.1\sin(t)$ 和 $d_2(t) = 0.1\cos(2t)$ 表示系统外部时变扰动，$u(t - \tau(t))$ 表示具有时变输入时滞的系统输入且 $\tau(t) = (0.3 + 0.1\sin(t))$ s，$o_1 = 1, o_2 = 1, o = 1, f_1(x) = 0, f_2(x) = -\sin(x_1) - x_2$。系统状态初值为 $x_1(0) = 0.2, x_2(0) = 0.2$。

控制目标　设计一个有限时间自适应神经跟踪控制器，使系统输出信号跟踪参考信号 $y_d = 0.5\sin(t) + 0.5\cos(0.5t)$。

根据定理 7.1，虚拟控制律 α_1 和实际控制器 $u(t)$ 定义为

$$\alpha_1 = \left(-\frac{z_1^{o-o_1+1}\breve{\alpha}_1^2}{\sqrt{z_1^{2(o-o_1+1)}\breve{\alpha}_1^2 + \sigma_1^2}}\right)^{\frac{1}{o_1}} \tag{7.97}$$

$$\breve{\alpha}_1 = (L_1 + 1)z_1^{o_1} + K_1 z_1^{2(o+1)-(o-o_1+1)} + \varphi_1\hat{\theta}_1 + r_1\hat{\theta}_1 z_1^{-(o-o_1+1)} + \frac{|z_1^{o-o_1+1}|}{z_1^{o-o_1+1}}\hat{p}_1 \tag{7.98}$$

$$u(t) = \left(-\frac{z_2^{o-o_2+1}\breve{u}_2^2}{\sqrt{z_2^{2(o-o_2+1)}\breve{u}_2^2 + \sigma_2^2}}\right)^{\frac{1}{o_2}} \tag{7.99}$$

$$\breve{u} = (\lambda_{11} + L_2 + 1)z_2^{o_2} + K_2 z_2^{2(o+1)-(o-o_2+1)} + \varphi_2\hat{\theta}_2 + r_2\hat{\theta}_2 z_2^{-(o-o_2+1)}$$

$$+\lambda_{12} z_2^{\frac{o+1}{o_1}-(o-o_2+1)}+\frac{\left|z_2^{o-o_2+1}\right|}{z_2^{o-o_2+1}}\hat{p}_2-h_1\rho-h_2\rho^3 \tag{7.100}$$

并且，自适应参数 $\theta_i(i=1,2)$ 和 $p_i(i=1,2)$ 定义为

$$\dot{\hat{\theta}}_i=\gamma_i z_i^{o-o_i+1}\varphi_i+\gamma_i r_i-a_i\hat{\theta}_i-\frac{b_i}{\gamma_i}\hat{\theta}_i^3 \tag{7.101}$$

$$\dot{\hat{p}}_i=\bar{\gamma}_i\left|z_i^{o-o_i+1}\right|-\bar{a}_i\hat{p}_i-\frac{\bar{b}_i}{\bar{\gamma}_i}\hat{p}_i^3 \tag{7.102}$$

在仿真过程中，自适应参数的初值为 $\hat{\theta}_1(0)=0$，$\hat{\theta}_2(0)=0$，$p_1(0)=0$，$p_2(0)=0$，$\rho(0)=0$。其他设计参数设置为 $L_1=2$，$L_2=2$，$K_1=20$，$K_2=20$，$r_1=0.001$，$r_2=0.001$，$\sigma_1=0.00001$，$\sigma_2=0.00001$，$\gamma_1=0.002$，$\gamma_2=0.002$，$\bar{\gamma}_1=22$，$\bar{\gamma}_2=22$，$a_1=1$，$a_2=1$，$b_1=2$，$b_2=2$，$\bar{a}_1=2$，$\bar{a}_2=2$，$\bar{b}_1=2$，$\bar{b}_2=2$，$h_1=1$，$h_2=1$，$\hat{\tau}=0.4$。高斯函数中心 $v=[-3,-2,-1,0,1,2,3]^{\mathrm{T}}$，高斯函数的宽度 $\eta=2$。仿真结果如图 7.2～图 7.9 所示。

图 7.2 给出了系统输出信号 x_1 和参考信号 y_d 的运动轨迹。由图 7.2 可知，当倒立摆系统存在外部时变扰动并且发生输入时滞时，系统输出信号 x_1 可以快速跟踪参考信号 y_d。

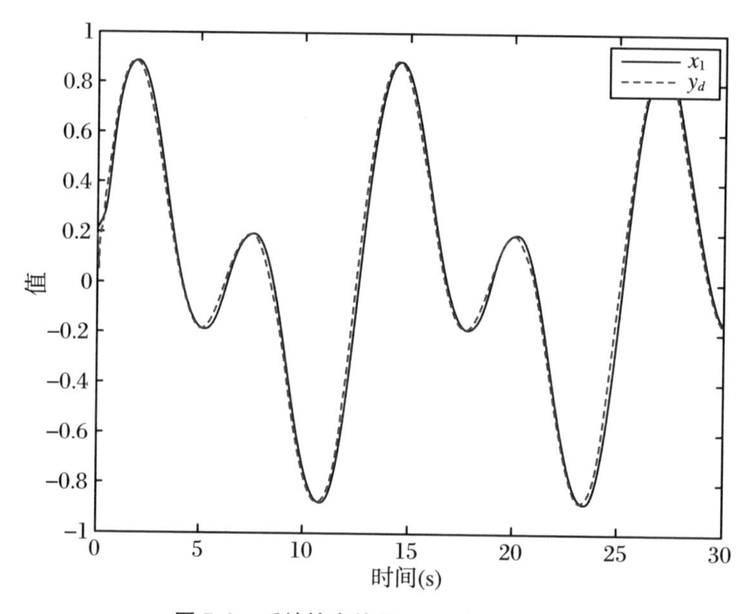

图 7.2　系统输出信号 x_1 和参考信号 y_d

图 7.3 给出了系统状态变量 x_2 的运动轨迹。由图 7.3 中的仿真结果可知，当系统出现外部扰动且发生输入时滞时系统状态有界。

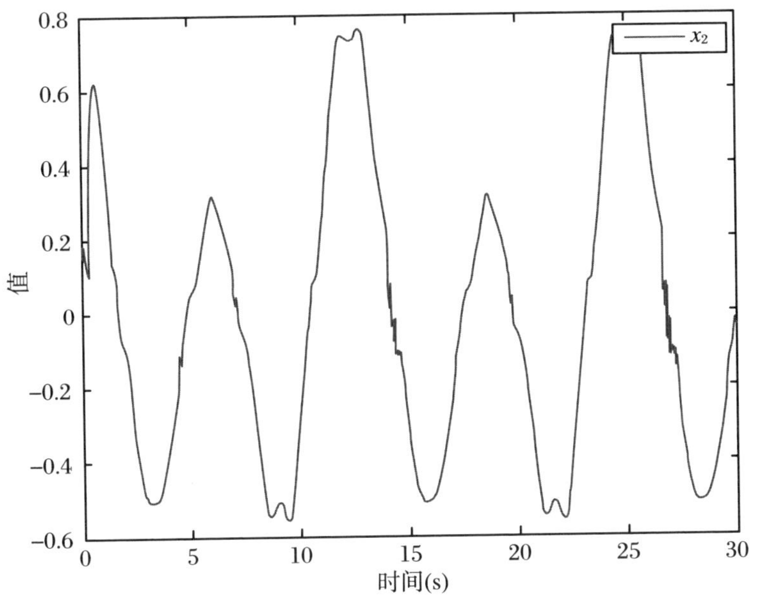

图 7.3　系统状态变量 x_2

图 7.4 和图 7.5 分别给出了跟踪误差信号 z_1 和 z_2 的运动轨迹。由图 7.4 和图 7.5 可知，跟踪误差有界。

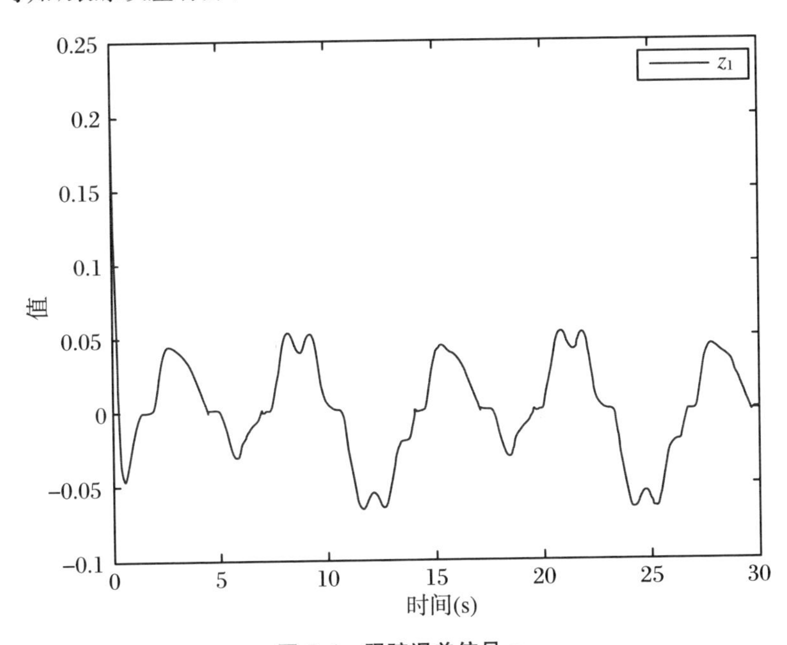

图 7.4　跟踪误差信号 z_1

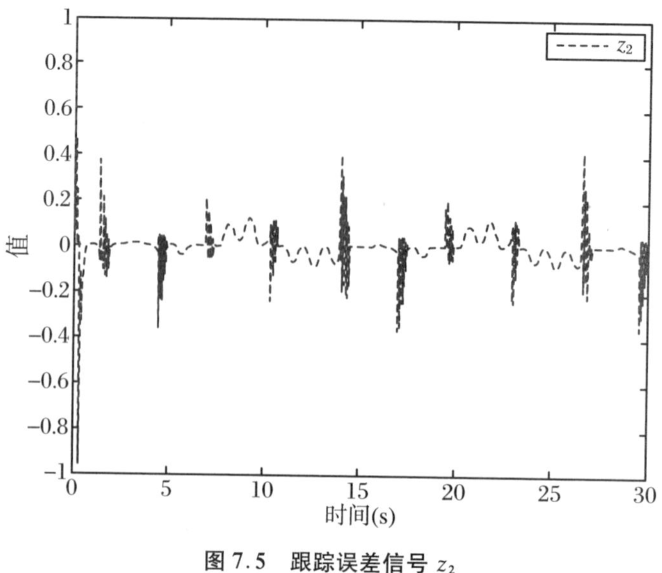

图 7.5 跟踪误差信号 z_2

图 7.6 给出了辅助系统状态运动轨迹。由图 7.6 可知,辅助系统状态固定时间稳定。

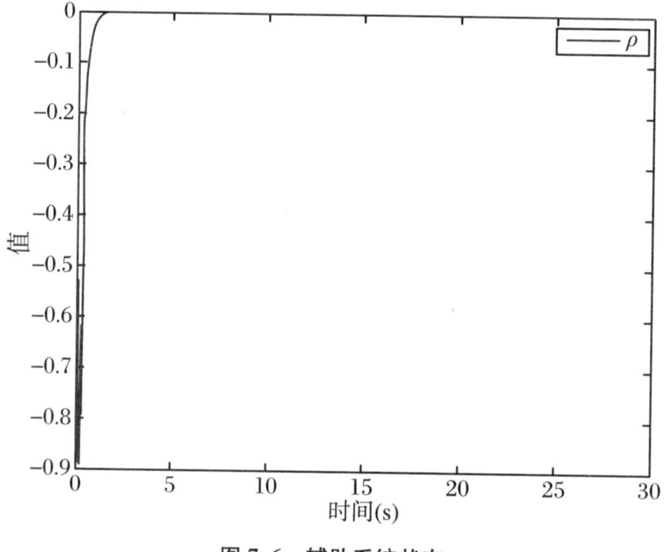

图 7.6 辅助系统状态

图 7.7 和图 7.8 分别描述了自适应参数 $\hat{\theta}_1$,$\hat{\theta}_2$,$\hat{p}_1$ 和 $\hat{p}_2$ 的运动轨迹。由图 7.7 和图 7.8 中的仿真结果可知,自适应参数有界。

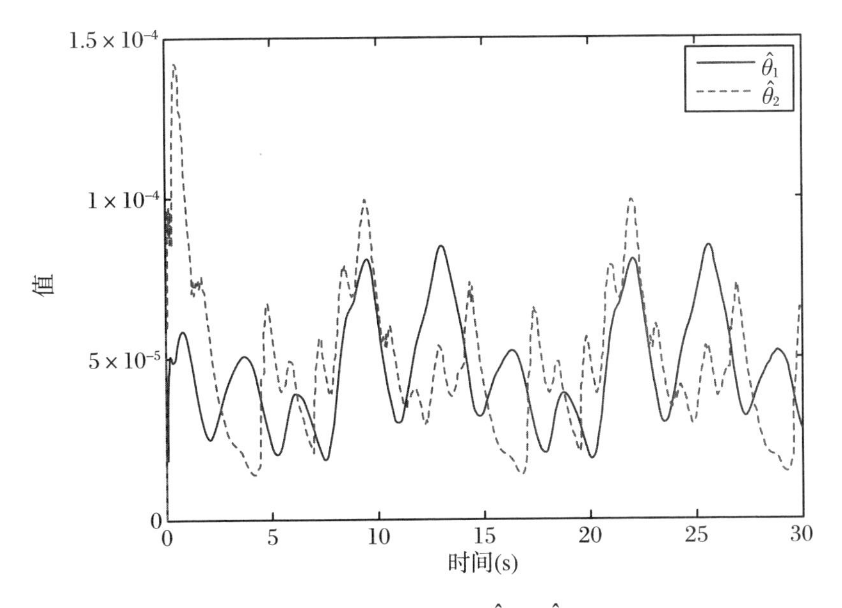

图 7.7　自适应参数 $\hat{\theta}_1$ 和 $\hat{\theta}_2$

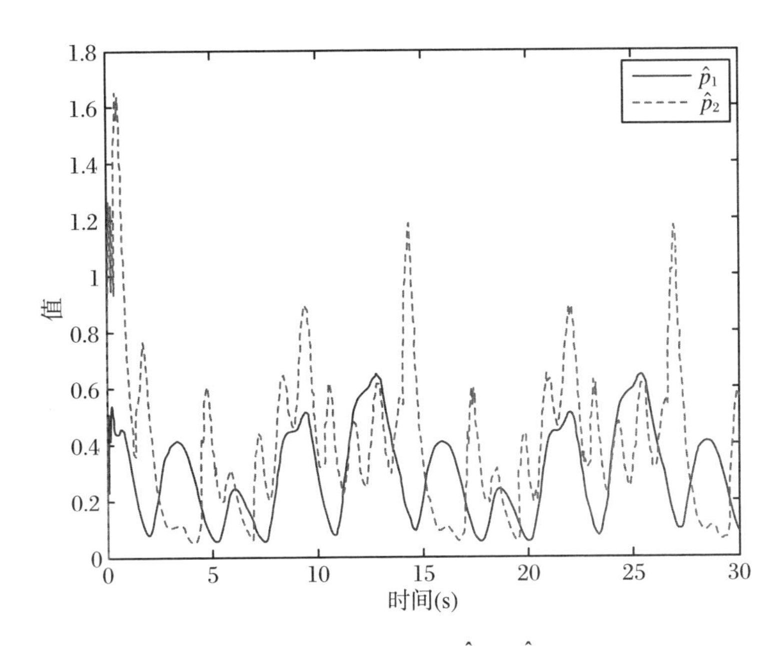

图 7.8　自适应参数 $\hat{p}_1$ 和 $\hat{p}_2$

图 7.9 给出了控制输入信号 $u(t-\tau(t))$的运动轨迹。由图 7.9 中的仿真结果可知,系统输入信号有界。

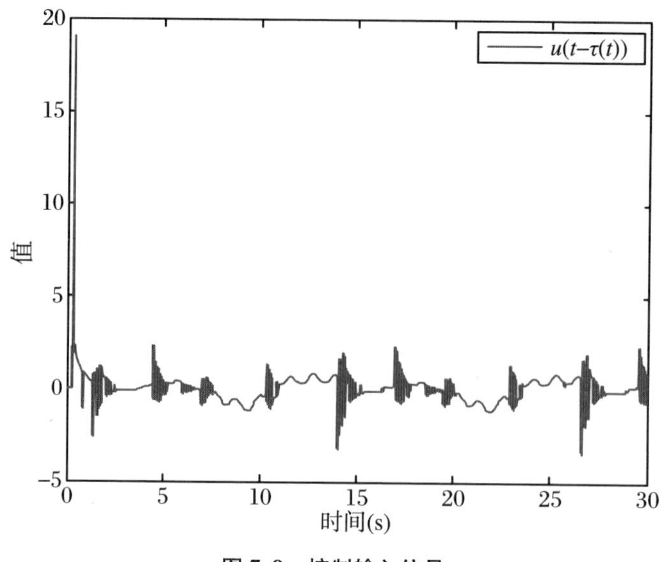

图 7.9 控制输入信号

由图 7.2～图 7.9 中的仿真结果可知，当倒立摆系统存在外部时变扰动 $d_1(t)=0.1\sin(t)$，$d_2(t)=0.1\cos(2t)$ 和时变输入时滞 $\tau(t)=(0.3+0.1\sin(t))$ s 时，利用所提出的自适应固定时间神经跟踪控制器，系统输出信号可以有效跟踪参考信号，并且闭环系统中所有信号固定时间有界。

例 7.2 考虑一个非严格反馈高阶非线性系统，其系统模型可以描述为

$$\begin{cases} \dot{x}_1 = x_2 + \sin(x_1x_2) + d_1(t) \\ \dot{x}_2 = u^3(t-\tau(t)) - \cos(x_1x_2) + d_2(t) \\ y = x_1 \end{cases} \tag{7.103}$$

其中，$d_1(t)=0.2\sin(t)$ 和 $d_2(t)=0.2\cos(t)$，$\tau(t)=(0.3+0.1\sin(t))$ s，$o_1=1$，$o_2=3$，$o=3$，$f_1(x)=\sin(x_1x_2)$，$f_2(x)=\cos(x_1x_2)$。系统状态初值为 $x_1(0)=0.1$，$x_2(0)=0.1$。

控制目标 设计一个有限时间自适应神经跟踪控制器，使系统输出信号跟踪参考信号 $y_d=0.5\sin(t)+0.5\cos(0.5t)$。

根据定理 7.1，虚拟控制律 α_1、实际控制器 $u(t)$、自适应参数 θ_i 和 $p_i(i=1,2)$的定义与例 7.1 中相同。

在仿真过程中，自适应参数的初值为 $\hat{\theta}_1(0)=0$，$\hat{\theta}_2(0)=0$，$p_1(0)=0$，$p_2(0)=0$，$\rho(0)=0$。其他设计参数设置为 $L_1=29$，$L_2=29$，$K_1=30$，$K_2=30$，$r_1=0.001$，$r_2=0.001$，$\sigma_1=0.00001$，$\sigma_2=0.00001$，$\gamma_1=0.0002$，$\gamma_2=0.002$，$\bar{\gamma}_1=4$，$\bar{\gamma}_2=4$，$a_1=1$，$a_2=1$，$b_1=2$，$b_2=2$，$\bar{a}_1=2$，$\bar{a}_2=2$，$\bar{b}_1=2$，$\bar{b}_2=2$，$h_1=1$，$h_2=1$，$\hat{\tau}=0.4$。

高斯函数中心 $v=[-3,-2,-1,0,1,2,3]^{\mathrm{T}}$，高斯函数的宽度 $\eta=2$。仿真结果如图7.10～图7.17所示。

图7.10给出了系统输出信号 x_1 和参考信号 y_d 的运动轨迹。由图7.10可知，当高阶非线性系统存在外部时变扰动并且发生输入时滞时，系统输出信号 x_1 可以快速跟踪参考信号 y_d。

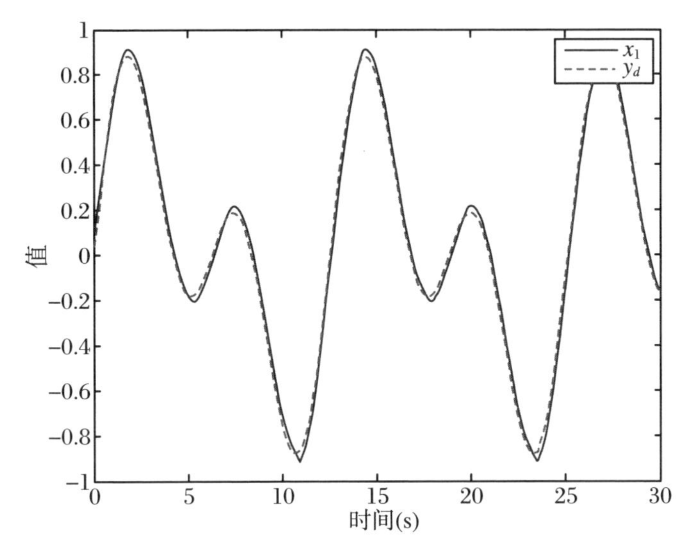

图7.10　系统输出信号 x_1 和参考信号 y_d

图7.11给出了系统状态变量 x_2 的运动轨迹。由图7.11中的仿真结果可知，当高阶非线性系统出现外部扰动且发生输入时滞时，系统状态有界。

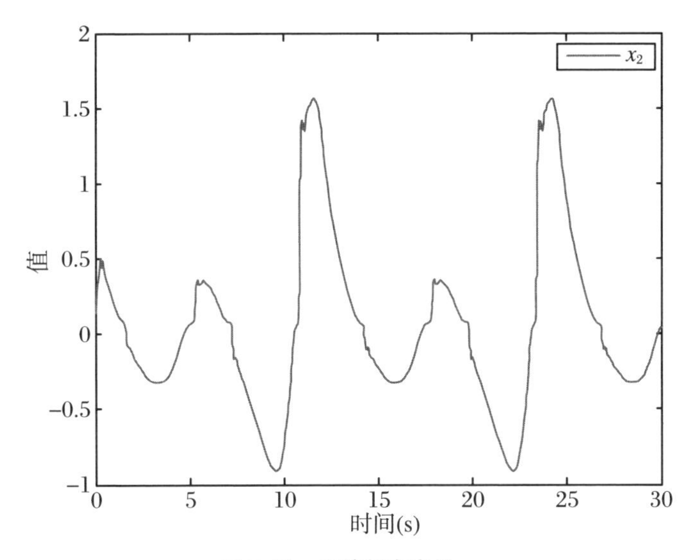

图7.11　系统状态变量 x_2

图 7.12 和图 7.13 分别给出了跟踪误差信号 z_1 和 z_2 的运动轨迹。由图 7.12 和图 7.13 可知，跟踪误差有界。

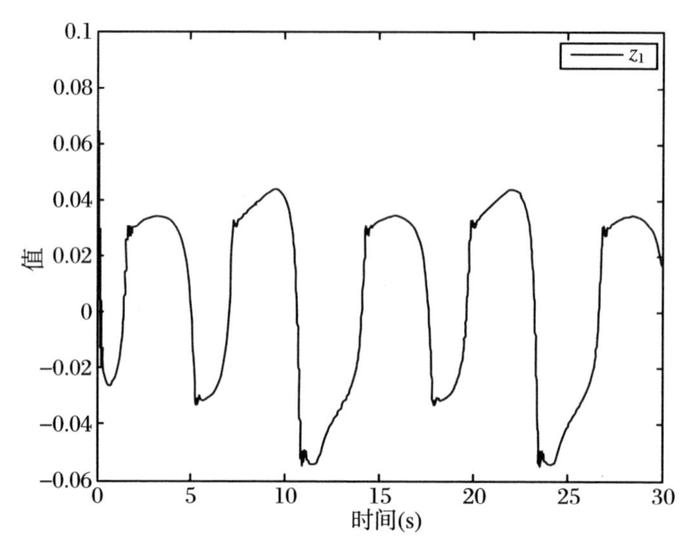

图 7.12 跟踪误差信号 z_1

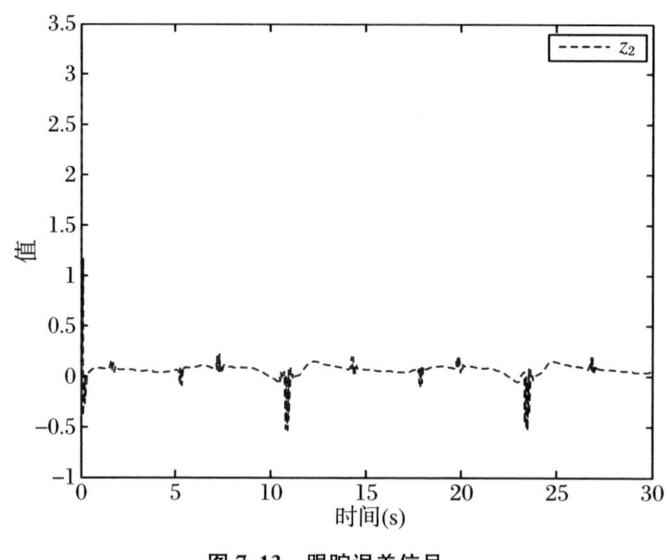

图 7.13 跟踪误差信号 z_2

图 7.14 给出了辅助系统状态运动轨迹。由图 7.14 中的仿真结果可知，辅助系统状态固定时间有界并且趋近于原点。

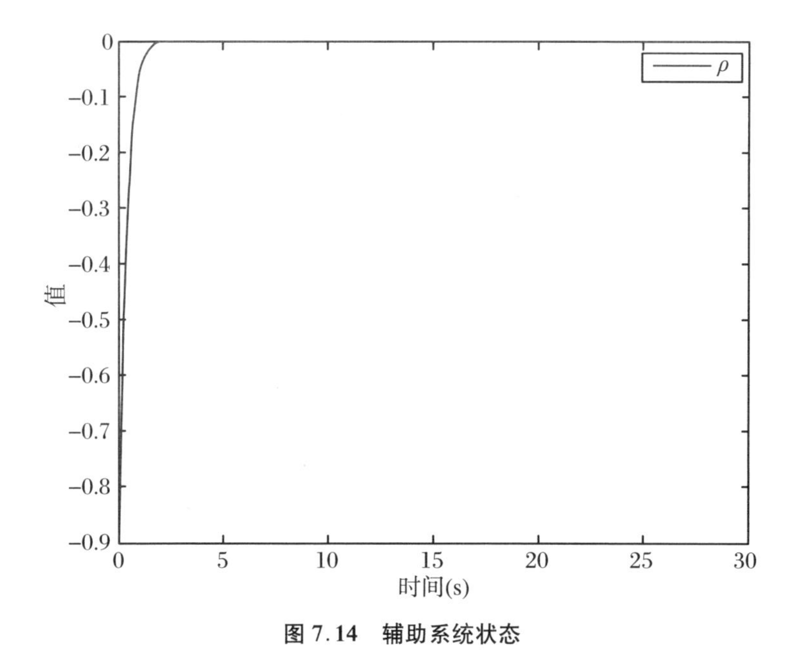

图7.14　辅助系统状态

图7.15和图7.16分别描述了自适应参数$\hat{\theta}_1$，$\hat{\theta}_2$，$\hat{p}_1$和$\hat{p}_2$的运动轨迹。由图7.15和图7.16中的仿真结果可知，自适应参数有界。

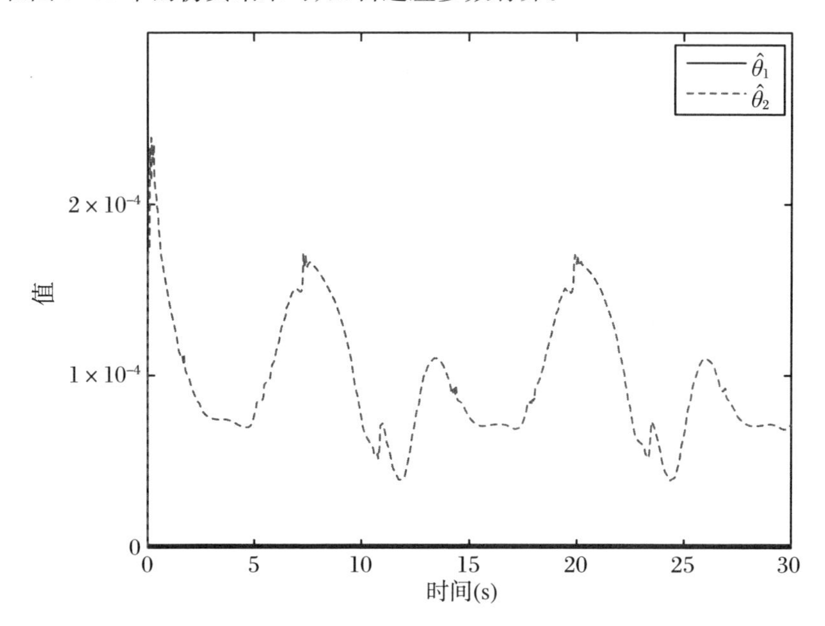

图7.15　自适应参数$\hat{\theta}_1$和$\hat{\theta}_2$

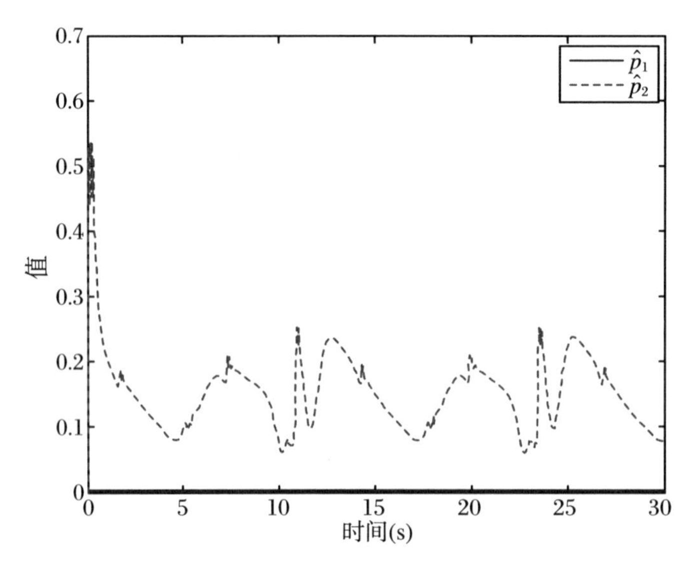

图 7.16　自适应参数 $\hat{p}_1$ 和 $\hat{p}_2$

图 7.17 给出了控制输入信号 $u(t-\tau(t))$的运动轨迹。由图 7.17 中的仿真结果可知,系统输入信号有界。

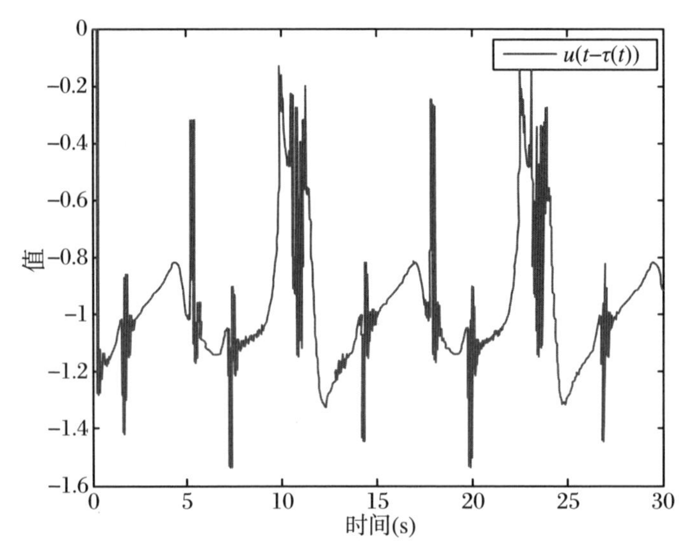

图 7.17　控制输入信号

需要说明的是,设计参数可以影响系统的跟踪性能。比如,如果增加 K_1,K_2,L_1 和 L_2 的值,那么可以获得更好的跟踪性能。假设选择:$K_1=K_2=20$,$L_1=L_2=19$;$K_1=K_2=30$,$L_1=L_2=29$;$K_1=K_2=50$,$L_1=L_2=49$。系统的输出信号 x_1 和参考信号 y_d 的运动轨迹以及跟踪误差信号分别如图 7.18 和图 7.19 所示。

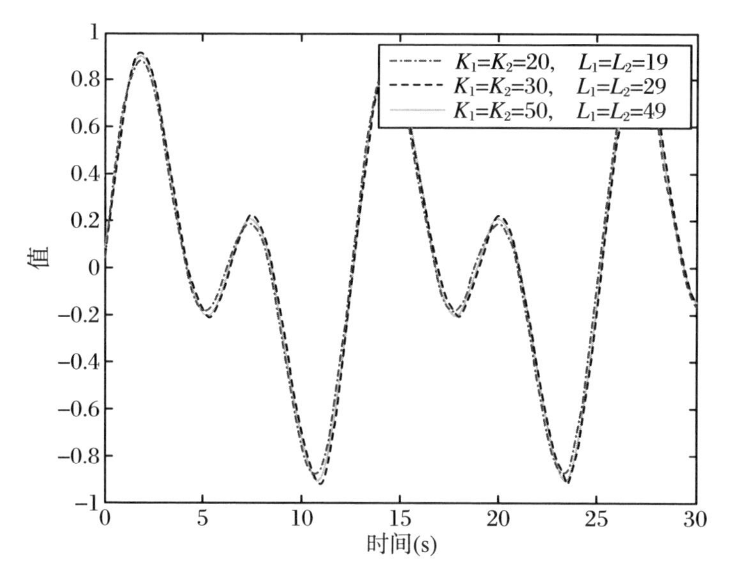

图7.18　不同参数系统输出信号 x_1 和参考信号 y_d

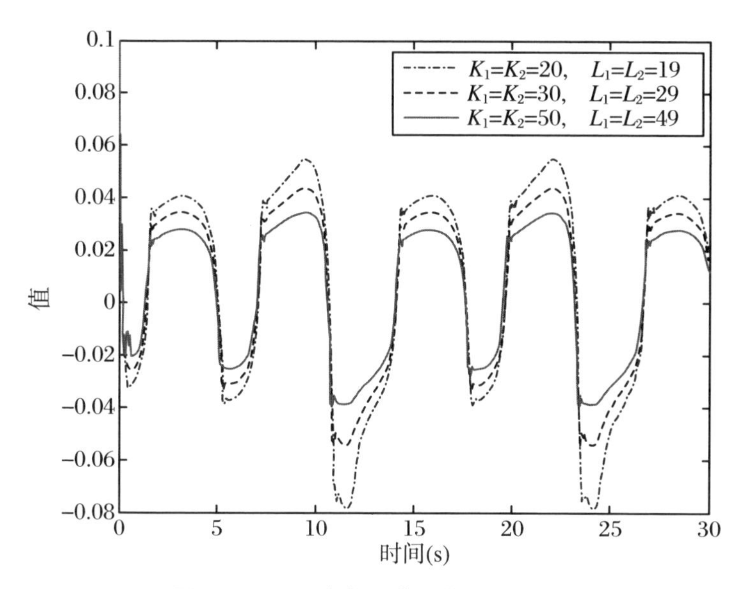

图7.19　不同参数系统跟踪误差信号 z_1

由图7.18和图7.19中的仿真结果可知,如果增加控制参数 K_1, K_2, L_1 和 L_2 的值,则系统的跟踪误差变小,可以获得更好的跟踪性能。

由图7.10～图7.19中的仿真结果可知,当高阶非线性系统出现外部时变扰动 $d_1(t)=0.2\sin(t)$ 和 $d_2(t)=0.2\cos(t)$ 以及未知时变输入时滞 $\tau(t)=(0.3+0.1\sin(t))$ s时,利用所提出的自适应固定时间神经跟踪控制器,系统输出信号可以有效跟踪参考信号,并且闭环系统中所有信号固定时间有界。

小　结

本章针对高阶非线性系统,提出了一种固定时间自适应神经跟踪控制方案。所考虑的系统具有未知外部时变扰动和未知时变输入时滞的非严格反馈形式。通过增加减幂次积分的策略,利用不等式变换技术克服了高阶项导致的设计挑战,避免了基于 Backsetpping 技术设计固定时间控制器过程中存在的奇异性问题。利用补偿信号解决了未知时变输入时滞引起的设计困难。利用神经网络辨识系统中的未知非线性函数,解决了非严格反馈非线性系统的代数环问题。此外,在不使用边界的先验知识的情况下,利用边界估计机制辨识误差和未知外部时变扰动,可以提高闭环系统的鲁棒性。利用李雅普诺夫稳定性定理证明了闭环系统中所有信号的有界性,并且收敛时间与系统状态的初值无关。最后,仿真结果表明了该方法的有效性。

参考文献

[1] Lin W, Qian C. Adding one power integrator: a tool for global stabilization of high-order lower-triangular systems[J]. Systems & Control Letters, 2000, 39(5): 339-351.

[2] Xie X J, Tian J. Adaptive state-feedback stabilization of high-order stochastic systems with nonlinear parameterization[J]. Automatica, 2009, 45(1): 126-133.

[3] Sun Y, Zhao J, Dimirovski G M. Adaptive control for a class of state-constrained high-order switched nonlinear systems with unstable subsystems[J]. Nonlinear Analysis: Hybrid Systems, 2019, 32: 91-105.

[4] Liu L, Xie X J. Continuous output-feedback control for a class of switched high-order planar systems and its application[J]. International Journal of Robust and Nonlinear Control, 2017, 27(18): 4323-4332.

[5] Zhai J, Liu C. Global dynamic output feedback stabilization for a class of high-order nonlinear systems[J]. International Journal of Robust and Nonlinear Control, 2022, 32(3): 1828-1843.

[6] Si W, Dong X, Yang F. Decentralized adaptive neural control for high-order interconnected stochastic nonlinear time-delay systems with unknown system dynamics[J]. Neural Networks, 2018, 99: 123-133.

[7] Si W, Dong X, Yang F. Decentralized adaptive neural prescribed performance control for high-order stochastic switched nonlinear interconnected systems with unknown system dynamics[J]. ISA Transactions, 2019, 84: 55-68.

[8] Sun W, Su S F, Wu Y, et al. Adaptive fuzzy control with high-order barrier Lyapunov functions for high-order uncertain nonlinear systems with full-state constraints[J]. IEEE Transactions on Cybernetics, 2019, 50(8): 3424-3432.

[9] Zhao X, Wang X, Zong G, et al. Adaptive neural tracking control for switched high-

order stochastic nonlinear systems[J]. IEEE Transactions on Cybernetics, 2017, 47(10): 3088-3099.

[10] Wu Y, Xie X J. Adaptive fuzzy control for high-order nonlinear time-delay systems with full-state constraints and input saturation[J]. IEEE Transactions on Fuzzy Systems, 2019, 28(8): 1652-1663.

[11] Sun Z Y, Xue L R, Zhang K. A new approach to finite-time adaptive stabilization of high-order uncertain nonlinear system[J]. Automatica, 2015, 58: 60-66.

[12] Sun Z Y, Peng Y, Wen C, et al. Fast finite-time adaptive stabilization of high-order uncertain nonlinear system with an asymmetric output constraint[J]. Automatica, 2020, 121: 109170.

[13] Cui R H, Xie X J. Finite-time stabilization of output-constrained stochastic high-order nonlinear systems with high-order and low-order nonlinearities[J]. Automatica, 2022, 136: 110085.

[14] Min H, Xu S, Gu J, et al. Adaptive finite-time control for high-order nonlinear systems with multiple uncertainties and its application[J]. IEEE Transactions on Circuits and Systems I: Regular Papers, 2019, 67(5): 1752-1761.

[15] Xie X J, Li G J. Finite-time output-feedback stabilization of high-order nonholonomic systems[J]. International Journal of Robust and Nonlinear Control, 2019, 29(9): 2695-2711.

[16] Fu J, Ma R, Chai T. Global finite-time stabilization of a class of switched nonlinear systems with the powers of positive odd rational numbers[J]. Automatica, 2015, 54: 360-373.

[17] Tong S, Li K, Li Y. Robust fuzzy adaptive finite-time control for high-order nonlinear systems with unmodeled dynamics[J]. IEEE Transactions on Fuzzy Systems, 2020, 29(6): 1576-1589.

[18] Polyakov A. Nonlinear feedback design for fixed-time stabilization of linear control systems[J]. IEEE Transactions on Automatic Control, 2011, 57(8): 2106-2110.

[19] Ma J, Wang H, Qiao J. Adaptive neural fixed-time tracking control for high-order nonlinear systems[J]. IEEE Transactions on Neural Networks and Learning Systems, 2024,35(1):708-717.

[20] Obuz S, Klotz J R, Kamalapurkar R, et al. Unknown time-varying input delay compensation for uncertain nonlinear systems[J]. Automatica, 2017, 76: 222-229.

第8章　具有未建模动态和输入时滞的非线性系统输出反馈控制

8.1 引　　言

在实际工程中，由于测量技术的局限性等问题，系统的实际状态信息通常很难直接获取，从而限制了基于状态反馈控制技术方案的应用。[1-2]与状态反馈控制方案相比，输出反馈控制技术更加符合系统状态不可测量环境下的工程需求。此外，测量噪声、模型误差、外部扰动和模型简化以及系统在运行过程中常常会遇到系统内部参数发生变化、外部受到扰动等因素导致无法获得被控对象的精确模型。因此，在研究实际系统时，对系统进行数学建模往往难以获得一个比较精确的模型，即在建模过程中会出现建模误差，其将会对系统的稳定性产生负面影响。因此，在控制器的设计过程中，消除未建模动态对整个系统稳定性的影响，并从理论的角度抑制未建模动态对系统的影响是十分必要的。[3]

近年来，不少学者致力于分析在有界干扰和未建模动态影响下的自适应控制算法的鲁棒特性。目前针对未建模动态不确定性的处理主要有两类方法：一类是通过假设未建模动态不确定性具有输入状态稳定（Input-to-state Stability，ISS）的特性，根据ISS李雅普诺夫函数构造动态信号来确定未建模动态不确定性的上界；另一类方法是利用小增益定理把未建模动态不确定性和被控对象的稳定性质，传递到整个闭环系统，使得闭环系统也具备相应的稳定性质。例如，Jiang和Praly针对一类带有未建模动态的非线性系统，利用一种动态信号控制系统动态不确定性，在保证系统有界性的前提下，提出了一种自适应控制方案。[4]接下来，Jiang针对一类带有未建模动态的非线性系统，利用小增益定理提出了一种自适应控制新方案。[5]随后，Jiang和Laurent引入一个可测量的动态信号来克服未建模动态问题，针对一类带有未建模动态的非线性系统提出了一种鲁棒自适应控制新方法。[6] Liu和Li对Jiang提出的动态信号技术进行了改进，提出了一种辅助动态信号法，针对一类带有未建模动态的非线性系统提出了一种新的自适应控制方案。[7-8]在系统状态不可测量的条件下，Li等人基于小增益定理和模糊控制技术提出了具有未建模动态和输入死区的严格反馈非线性系统自适应输出反馈控制方案。[9]针对具有未建模动态的随机非线性系统，Sui 等人引入动态信号技术处理未建模动态，提出了基于事件触发的有限时间模糊自适应控制方案。[10] Wang 等人基于模糊逻辑系统研究了具有模糊死区和未建模动态的非线性系统输出反馈控制问题。[11] 然而，上述研究成果没有考虑系统输入时滞的问题。

本章在系统状态不可测的情况下，研究一类具有未知时变输入时滞和未建模动态的非严格反馈不确定非线性系统的输出反馈控制器设计问题。

8.2　问题描述

考虑一类具有输入时滞和未建模动态的非严格反馈不确定非线性动态系统，其描述形式如下式所示：

$$\begin{cases} \dot{z} = q(x,z) \\ \dot{x}_i(t) = x_{i+1} + f_i(x) + \Delta_i(x,z), \quad 1 \leqslant i \leqslant n-1 \\ \dot{x}_n(t) = u(t-\tau(t)) + f_n(x) + \Delta_n(x,z) \\ y(t) = x_1 \end{cases} \tag{8.1}$$

其中，$x = [x_1, x_2, \cdots, x_n]^{\mathrm{T}}$ 是状态变量，除了 x_1 以外，其他状态信号均不可测量；对于 $1 \leqslant i \leqslant n$，$f_i(\cdot)$是未知的光滑非线性函数；$\Delta_i(x,z)$是未知未建模动态；$u(t-\tau(t)) \in \mathbf{R}$ 是控制输入；$\tau(t)$是未知时变输入时滞；$y \in \mathbf{R}$ 是系统输出。

假设 8.1[11]　未建模动态 $\Delta_i(x,z)$满足

$$|\Delta_i(x,z)| \leqslant q_i^* \psi_{i1}(y) + q_i^* \psi_{i2}(|z|), \quad 1 \leqslant i \leqslant n-1 \tag{8.2}$$

其中，q_i^* 是未知正常数，$\psi_{i1}(\cdot)$和 $\psi_{i2}(\cdot)$是已知非负光滑函数。

假设 8.2[10-11]　系统(8.1)式中未建模动态 $\dot{z} = q(x,z)$存在一个实际输入状态稳定(Input-to-state Practically Stability, ISPS)的 Lyapunov 函数 $V(z)$满足

$$\pi_1(|z|) \leqslant V(z) \leqslant \pi_2(|z|) \tag{8.3}$$

$$\frac{\partial V(z)}{\partial z} \leqslant -aV(z) + \kappa(|x|) + b_0 \tag{8.4}$$

其中，π_1，π_2 和 κ 是 K_∞ 类函数，$a>0$，$b_0>0$。

引理 8.1[10]　对于可控的系统如果(8.3)式和(8.4)式成立，则对于任意的常数 $\bar{a} \in (0, a_0)$、函数 $\bar{\kappa}(x) \leqslant \kappa(|x|)$和初始条件 $x_0 = x_0(0)$，都存在有限的时间 $T_0 = T_0(\bar{a}, r_0, z_0)$和定义在 $t \geqslant 0$ 的时间上的一个非负函数 $D(t_0, t)$以及下式定义的动态信号 r：

$$\dot{r} = -\bar{a} r + \bar{\kappa}(x_1(t)) + b_0, \quad r(0) = r_0 \tag{8.5}$$

满足

$$V(z(t)) \leqslant r(t) + D(t_0, t), \quad \forall t \geqslant 0 \tag{8.6}$$

在(8.5)式中，光滑函数 $\bar{\kappa}(\cdot)$ 选择 $\bar{\kappa}(s) = s^2\kappa_0(s^2)$，于是(8.5)式可以重写为

$$\dot{r} = -\bar{a}r + x_1^2\kappa_0(x_1^2) + b_0, \quad r(0) = r_0 \tag{8.7}$$

其中，$\kappa_0(x_1^2) > 0$ 是光滑函数。

假设 8.3 令 $\hat{x} = [\hat{x}_1, \hat{x}_2, \cdots, \hat{x}_n]^{\mathrm{T}}$ 是 $x = [x_1, x_2, \cdots, x_n]^{\mathrm{T}}$ 的估计，l_i 是已知常数且满足

$$|f_i(x) - f_i(\hat{x})| \leqslant l_i |x - \hat{x}|$$

假设 8.4[12] 对于慢时变时滞 $\tau(t)$，存在一个已知常数 $\hat{\tau} > 0$ 满足 $\tau(t) < \hat{\tau}$。$\forall t \in \mathbf{R}$，$|\dot{\tau}(t)| < \eta < 1$，且 $\eta > 0$ 是未知常数。

控制任务 针对非线性系统(8.1)式，设计一种有效的自适应神经控制方案，使闭环系统的所有信号半全局一致最终有界。

8.3 自适应控制器设计

8.3.1 观测器设计

令 $\hat{x} = [\hat{x}_1, \hat{x}_2, \cdots, \hat{x}_n]^{\mathrm{T}}$ 是状态变量 $x = [x_1, x_2, \cdots, x_n]^{\mathrm{T}}$ 的估计，则系统(8.1)式可以转换为

$$\begin{cases} \dot{x}_1 = x_2 + f_1(\hat{x}) + \Delta f_1 + \Delta_1(x, z) \\ \dot{x}_i = x_{i+1} + f_i(\hat{x}) + \Delta f_i + \Delta_i(x, z), \quad i = 2, 3, \cdots, n-1 \\ \dot{x}_n = u(t - \tau(t)) + f_n(\hat{x}) + \Delta f_n + \Delta_n(x, z) \\ y = x_1 \end{cases} \tag{8.8}$$

其中，$\Delta f_i = f_i(x) - f_i(\hat{x}), i = 2, 3, \cdots, n$。

RBF 神经网络可以对未知函数 $f_i(\hat{x}_i)$进行逼近。根据(2.3) 式，对于任意的 $\varepsilon_i^* > 0$，存在

$$f_i(\hat{x}) = \varepsilon_i(\hat{x}) + \hat{f}_i(\hat{x}) = \varepsilon_i(\hat{x}) + \theta_i^{*\mathrm{T}}\Phi_i(\hat{x}), \quad |\varepsilon_i(\hat{x})| \leqslant \varepsilon_i^* \tag{8.9}$$

其中，$\varepsilon_i(\hat{x})$是最小逼近误差，最优参数向量 θ_i^* 定义为

$$\theta_i^* = \arg\min_{\hat{\theta}_i \in U_i}\{\sup_{\hat{x}\in\Omega}|\hat{f}_i(\hat{x}) - \hat{f}_i(x)|\} \tag{8.10}$$

其中，$U_i(i=2,3,\cdots,n)$和 Ω 代表紧集。

将(8.9)式代入(8.8)式，则(8.8)式可以重写为

$$\begin{cases} \dot{x} = Ax + Ly + \sum_{i=1}^{n} B_i\theta_i^{*\mathrm{T}}\Phi_i(\hat{x}) + \varepsilon + \Delta F + B_nU(t-\tau(t)) + \Delta_{xz} \\ y = Cx \end{cases} \tag{8.11}$$

其中，$A = \begin{bmatrix} -L_1 & & \\ \vdots & I_{n-1} & \\ -L_n & 0 \quad \cdots & 0 \end{bmatrix}$，$L = \begin{bmatrix} -L_1 \\ \vdots \\ L_n \end{bmatrix}$，$\Delta F = \begin{bmatrix} \Delta f_1 \\ \vdots \\ \Delta f_n \end{bmatrix}$，$C = [1,0,\cdots,0]$，$\varepsilon = [\varepsilon_1,\cdots,\varepsilon_n]^{\mathrm{T}}$，$B_i = [0,\cdots,1,\cdots,0]^{\mathrm{T}}$，$\Delta_{xz} = [\Delta_1(x,z),\Delta_2(x,z),\cdots,\Delta_n(x,z)]^{\mathrm{T}}$。

为了估计(8.11)式中的不可测量的状态，设计如下状态观测器：

$$\begin{cases} \dot{\hat{x}}_1 = \hat{x}_2 + \theta_1^{\mathrm{T}}\Phi_1(\hat{x}) + l_1(y-\hat{x}_1) \\ \dot{\hat{x}}_i = \hat{x}_{i+1} + \theta_i^{\mathrm{T}}\Phi_i(\hat{x}) + l_i(y-\hat{x}_1), \quad i = 2,3,\cdots,n-1 \\ \dot{\hat{x}}_n = u(t-\tau(t)) + \theta_n^{\mathrm{T}}\Phi_n(\hat{x}) + l_n(y-\hat{x}_1) \end{cases} \tag{8.12}$$

于是，(8.12)式可以重写为

$$\begin{cases} \dot{\hat{x}} = A\hat{x} + Ly + \sum_{i=1}^{n} B_i\hat{\theta}_i^{\mathrm{T}}\Phi_i(\hat{x}) + B_nU(t-\tau(t)) \\ y = Cx \end{cases} \tag{8.13}$$

定义估计误差 e：

$$e = \frac{1}{q^*}[e_1,e_2,\cdots,e_n]^{\mathrm{T}} = \frac{1}{q^*}(x-\hat{x}) \tag{8.14}$$

其中，$q^* = \max\{1,q_i^*,q_i^{*2}:1\leqslant i\leqslant n\}$。

基于(8.11)式和(8.13)式，则观测器可以描述为

$$\dot{e} = Ae + \frac{1}{q^*}\left(\sum_{i=1}^{n} B_i\tilde{\theta}_i^{\mathrm{T}}\Phi_i(\hat{x}) + \varepsilon + \Delta F + \Delta_{xz}\right) \tag{8.15}$$

其中，估计误差 $\tilde{\theta}_i = \theta_i^* - \hat{\theta}_i$。

根据假设8.1和引理8.1，定义如下转换：

$$\bar{e} = \Gamma(r)e \tag{8.16}$$

其中，

$$\Gamma(r) = \left(1 + 4\sum_{i=1}^{n}[\psi_{i2}\circ\psi_1^{-1}(2r)]^2\right)^{-\frac{1}{2}} \tag{8.17}$$

显然，$\Gamma^2(r)\leqslant 1$，且 $\dot{\Gamma}(r)$ 可以描述为

$$\dot{\Gamma}(r) = -\left(1+4\sum_{i=1}^{n}[\psi_{i2}\circ\pi_1^{-1}(2r)]^2\right)^{-\frac{3}{2}}4\sum_{i=1}^{n}[\psi_{i2}\circ\pi_1^{-1}(2r)]^2\frac{\partial(\psi_{i2}\circ\pi_1^{-1}(2r))}{\partial(2r)}2\dot{r}$$

$$= -\Gamma^3(r)4\sum_{i=1}^{n}[\psi_{i2}\circ\pi_1^{-1}(2r)]^2\frac{\partial(\psi_{i2}\circ\pi_1^{-1}(2r))}{\partial(2r)}2\dot{r} \tag{8.18}$$

由(8.15)式~(8.18)式,有

$$\begin{aligned}\dot{\bar{e}} &= \Gamma(r)\dot{e} + e\dot{\Gamma}(r)\\ &= \Gamma(r)\dot{e} + \Gamma^{-1}(r)\bar{e}\dot{\Gamma}(r)\\ &= \Gamma(r)\left(Ae + \frac{1}{q^*}\left(\sum_{i=1}^{n}B_i\tilde{\theta}_i^{\mathrm{T}}\Phi_i(\hat{x}) + \varepsilon + \Delta F + \Delta_{xz}\right)\right) + \Gamma^{-1}(r)\bar{e}\dot{\Gamma}(r)\\ &= A\bar{e} + \frac{1}{q^*}\Gamma(r)\left(\sum_{i=1}^{n}B_i\tilde{\theta}_i^{\mathrm{T}}\Phi_i(\hat{x}) + \varepsilon + \Delta F + \Delta_{xz}\right)\\ &\quad - \Gamma^2(r)4\sum_{i=1}^{n}[\psi_{i2}\circ\pi_1^{-1}(2r)]^2\frac{\partial(\psi_{i2}\circ\pi_1^{-1}(2r))}{\partial(2r)}2\dot{r}\bar{e}\end{aligned} \tag{8.19}$$

选择合适的向量 L 使 A 是一个 Hurwitz 矩阵。于是对于给定的矩阵 $Q=Q^{\mathrm{T}}$,存在矩阵 $P=P^{\mathrm{T}}$ 使得 $A^{\mathrm{T}}P+PA=-Q$。

考虑 Lyapunov 函数 $V_0=\bar{e}^{\mathrm{T}}P\bar{e}$,则有

$$\begin{aligned}\dot{V}_0 &\leqslant -\lambda_{\min}(Q)\|\bar{e}\|^2 + \frac{2\bar{e}^{\mathrm{T}}P}{q^*}\Gamma(r)\left(\sum_{i=1}^{n}B_i\tilde{\theta}_i^{\mathrm{T}}\Phi_i(\hat{x}) + \varepsilon + \Delta F + \Delta_{xz}\right)\\ &\quad - \Gamma^2(r)4\sum_{i=1}^{n}[\psi_{i2}\circ\pi_1^{-1}(2r)]^2\frac{\partial(\psi_{i2}\circ\pi_1^{-1}(2r))}{\partial(2r)}4\dot{r}\bar{e}^{\mathrm{T}}P\bar{e}\end{aligned} \tag{8.20}$$

利用完全平方公式和神经网络的性质 $0<\Phi_i^{\mathrm{T}}(\hat{x})\Phi_i(\hat{x})\leqslant k$,则有

$$\frac{2}{q^*}\Gamma(r)\bar{e}^{\mathrm{T}}P\sum_{i=1}^{n}B_i\tilde{\theta}_i^{\mathrm{T}}\Phi_i(\hat{x}) \leqslant \|P\|^2\sum_{i=1}^{n}\tilde{\theta}_i^{\mathrm{T}}\tilde{\theta}_i k + n\|\bar{e}\|^2 \tag{8.21}$$

$$\begin{aligned}\frac{2}{q^*}\Gamma(r)\bar{e}^{\mathrm{T}}P(\varepsilon+\Delta F) &\leqslant 2\|\bar{e}\|^2 + \|P\|^2\|\varepsilon^*\|^2 + \|P\|^2\|\Delta F\|^2\\ &\leqslant 2\|\bar{e}\|^2 + \|P\|^2\|\varepsilon^*\|^2 + \|P\|^2\left(\sum_{j=1}^{n}l_j^2\|\bar{e}\|^2\right)\end{aligned} \tag{8.22}$$

由假设 8.2 和引理 8.1 可知 $|z|\leqslant\pi_1^{-4}(r+D_0)$。进一步,根据假设 8.1 和完全平方公式,有

$$\begin{aligned}\frac{2}{q^*}\Gamma(r)\bar{e}^{\mathrm{T}}P\Delta_{xz} &\leqslant 2\|\bar{e}\|\|P\| + \left(\sum_{i=1}^{n}\psi_{i1}(y) + \sum_{i=1}^{n}\psi_{i2}|z|\right)\\ &\leqslant n^2\sum_{i=1}^{n}\bar{\psi}_{i1}^2(y)y^2 + 2\|P\|^2\|\bar{e}\|^2 + n\Gamma^2(r)\sum_{i=1}^{n}(\psi_{i2}\circ\pi_1^{-1}(2r))^2\\ &\quad + n\Gamma^2(r)\sum_{i=1}^{n}(\psi_{i2}\circ\pi_1^{-1}(2D))^2\end{aligned}$$

$$\leqslant n^2 \sum_{i=1}^{n} \bar{\psi}_{i1}^2(y) y^2 + 2\|P\|^2 \|\bar{e}\|^2 + n + d_0 \tag{8.23}$$

其中，$\Gamma^2(r) \sum_{i=1}^{n} (\psi_{i2} \circ \pi_1^{-1}(2r))^2 \leqslant 1, d_0 = n \sum_{i=1}^{n} (\psi_{i2} \circ \pi_1^{-1}(2D))^2$ 是光滑函数，且 $y\bar{\psi}_{i1}(y) = \psi_{i1}(y)$。

将(8.21)式～(8.23)式代入(8.20)式中，基于$\dfrac{\partial(\psi_{i2} \circ \pi_1^{-1}(2r))}{\partial(2r)} > 0$ 和 $\bar{e}^{\mathrm{T}} P \bar{e} > 0$，有

$$\dot{V}_0 \leqslant -\lambda_0 \|\bar{e}\|^2 + \|P\|^2 \sum_{j=1}^{n} \tilde{\theta}_j^{\mathrm{T}} \tilde{\theta}_j k + n^2 \sum_{i=1}^{n} \bar{\psi}_{i1}^2(y) y^2 + \Upsilon_0 \tag{8.24}$$

其中，$\lambda_0 = \lambda_{\min}(Q) - \|P\|^2 (\sum_{j=1}^{n} l_j^2) - 2\|P\|^2 - 2 - n$ 且 $\Upsilon_0 = \|P\|^2 \|\varepsilon^*\|^2 + n + d_0$。

8.3.2　控制器设计

首先，我们给出如下坐标变换：

$$\begin{cases} z_1 = x_1 \\ z_i = \hat{x}_i - \omega_i, \quad i = 2,3,\cdots,n \end{cases} \tag{8.25}$$

其中，ω_i 是滤波器输出信号，其定义为

$$\xi_i \dot{\omega}_i + \omega_i = \alpha_{i-1}, \quad \omega_i(0) = \alpha_{i-1}(0) \tag{8.26}$$

其中，ξ_i 是设计参数，α_{i-1}是滤波器输入信号。

滤波器误差定义为

$$\chi_i = \omega_i - \alpha_{i-1}, \quad i = 2,3,\cdots,n \tag{8.27}$$

第1步　根据(8.25)式和(8.8)式，z_1 的时间导数计算如下：

$$\begin{aligned} \dot{z}_1 &= \dot{x}_1 \\ &= x_2 + f_1(\hat{x}) + \Delta f_1 + \Delta_1(x,z) \\ &= \hat{x}_2 + q^* e_2 + \theta_1^{*\mathrm{T}} \Phi_1(\hat{x}) + \varepsilon_1 + \Delta f_1 + \Delta_1(x,z) \end{aligned} \tag{8.28}$$

根据(8.28)式，$z_2 = \hat{x}_2 - \omega_2$ 和 $\chi_2 = \omega_2 - \alpha_1$，虚拟控制律 α_1 可以替换 $\hat{x}_2$，于是有

$$\begin{aligned} \dot{z}_1 &= z_2 + \chi_2 + q^* e_2 + \alpha_1 + \theta_1^{*\mathrm{T}} \Phi_1(\hat{x}) + \varepsilon_1 + \Delta f_1 + \Delta_1(x,z) \\ &= z_2 + \chi_2 + q^* e_2 + \alpha_1 + \theta_1^{*\mathrm{T}} \Phi_1(\hat{x}) + \hat{\theta}_1^{\mathrm{T}} \Phi_1(\hat{x}_1) \\ &\quad - \theta_1^{*\mathrm{T}} \Phi_1(\hat{x}_1) + \tilde{\theta}_1^{\mathrm{T}} \Phi_1(\hat{x}_1) + \varepsilon_1 + \Delta f_1 + \Delta_1(x,z) \end{aligned} \tag{8.29}$$

选择一个正定的李雅普诺夫函数 $V_{\omega 1}$，其定义为

$$V_{\omega 1}=V_0+\frac{1}{2}z_1^2+\frac{1}{2\gamma_1}\tilde{\theta}_1^{\mathrm{T}}\tilde{\theta}_1+\frac{1}{2\bar{\gamma}_1}\tilde{\Theta}_1^2+\frac{1}{2}\tilde{q}^2+\frac{r}{\gamma_0} \tag{8.30}$$

其中，$\tilde{\Theta}_1=\Theta_1^*-\hat{\Theta}_1$ 和 $\tilde{q}=q^*-\hat{q}$ 是估计误差，$\hat{\Theta}_1$ 和 $\hat{q}$ 分别是 $\Theta_1^*=\|\theta_1^*\|^2$ 和 q^* 的估计。$\gamma_1>0$，$\bar{\gamma}_1>0$ 和 $\gamma_0>0$ 是设计参数。

进一步，可以得到 $V_{\omega 1}$ 的导数满足

$$\begin{aligned}\dot{V}_{\omega 1}\leqslant&\dot{V}_0+z_1\dot{z}_1-\frac{1}{\gamma_1}\tilde{\theta}_1^{\mathrm{T}}\dot{\hat{\theta}}_1-\frac{1}{\bar{\gamma}_1}\tilde{\Theta}_1\dot{\hat{\Theta}}_1+\tilde{q}\dot{\tilde{q}}+\frac{1}{\gamma_0}\dot{r}\\ \leqslant&-\lambda_0\|\bar{e}\|^2+\|P\|^2\sum_{j=1}^{n}\tilde{\theta}_j^{\mathrm{T}}\tilde{\theta}_jk-\frac{1}{\gamma_1}\tilde{\theta}_1^T\dot{\hat{\theta}}_1+n^2\sum_{i=1}^{n}\bar{\psi}_{i1}^2(y)y^2+\Upsilon_0-\frac{1}{\bar{\gamma}_1}\tilde{\Theta}_1\dot{\hat{\Theta}}_1\\ &+z_1(z_2+\chi_2+q^*e_2+\alpha_1+\theta_1^{*\mathrm{T}}\Phi_1(\hat{x})+\hat{\theta}_1^{\mathrm{T}}\Phi_1(\hat{x}_1)-\theta_1^{*\mathrm{T}}\Phi_1(\hat{x}_1)\\ &+\tilde{\theta}_1^{\mathrm{T}}\Phi_1(\hat{x}_1)+\varepsilon_1+\Delta f_1+\Delta_1(x,z))-\tilde{q}\dot{\hat{q}}+\frac{1}{\gamma_0}(-\bar{a}r+x_1^2\kappa_0(x_1^2)+b_0)\end{aligned} \tag{8.31}$$

根据杨不等式和神经网络的性质 $0<\Phi_i^{\mathrm{T}}(\hat{x})\Phi_i(\hat{x})\leqslant k$ 可以得到

$$\begin{aligned}z_1(q^*e_2+\varepsilon_1+\Delta f_1+\chi_2)\leqslant&\frac{3}{2}z_1^2+\frac{z_1^2q^*}{2\Gamma^2(r)}+\left(\frac{1}{2}+\frac{l_1^2}{2\Gamma^2(r)}\right)\|\bar{e}\|^2\\ &+\frac{1}{2}\varepsilon_1^{*2}+\frac{1}{2}\chi_2^2\end{aligned} \tag{8.32}$$

$$z_1(\theta_1^{*\mathrm{T}}\Phi_1(\hat{x})-\theta_1^{*\mathrm{T}}\Phi_1(\hat{x}_1))\leqslant\frac{\varsigma_1}{2}\Theta_1^*+\frac{2k}{\varsigma_1} \tag{8.33}$$

其中，$\varsigma_1>0$ 是设计参数。

由(8.2)式和(8.3)式可知

$$\begin{aligned}z_1\Delta_1(x,z)\leqslant&\frac{1}{4}[\psi_{i2}\circ\pi_1^{-1}(2r)]^2z_1^2q^*+1+\frac{1}{4}z_1^2q^*\\ &+4[\psi_{i2}\circ\pi_1^{-1}(2D)]^2+\bar{\psi}_{i1}(y)yz_1q^*\end{aligned} \tag{8.34}$$

接下来，将(8.32)式～(8.34)式代入(8.31)式中，则有

$$\begin{aligned}\dot{V}_{\omega 1}\leqslant&-\lambda_1\|\bar{e}\|^2+\tilde{\theta}_1^{\mathrm{T}}\left(\Phi_1(\hat{x}_1)z_1-\frac{1}{\gamma_1}\dot{\hat{\theta}}_1\right)+\tilde{\Theta}_1\left(\frac{\varsigma_1}{2}z_1^2-\frac{1}{\bar{\gamma}_1}\dot{\hat{\Theta}}_1\right)\\ &+z_1\left(\frac{3}{2}z_1+\alpha_1+z_2+\frac{z_1^2\kappa_0(x_1^2)}{\gamma_0}+\frac{\varsigma_1\hat{\Theta}_1}{2}z_1\right.\\ &\left.+n^2\sum_{i=1}^{n}\bar{\psi}_{i1}^2(y)y^2+\hat{\theta}_1^{\mathrm{T}}\Phi_1(\hat{x}_1)+\delta_1\hat{q}\right)+\tilde{q}(\delta_1y-\dot{\hat{q}})\\ &+\frac{1}{\gamma_0}(-\bar{a}r+b_0)+\|P\|^2\sum_{j=1}^{n}\tilde{\theta}_j^{\mathrm{T}}\tilde{\theta}_jk+\frac{1}{2}\chi_2^2+\overline{\Upsilon}_1\end{aligned} \tag{8.35}$$

其中，$\lambda_1=\lambda_0-\left(\frac{1}{2}+\frac{l_1^2}{2\Gamma^2(r)}\right)$，$\delta_1=\frac{z_1}{2\Gamma^2(r)}+\frac{1}{4}[\psi_{i2}\circ\pi_1^{-1}(2r)]^2z_1+\frac{1}{4}z_1+$

$\bar{\psi}_{i1}(y)y$，$\overline{\Upsilon}_1 = \Upsilon_0 + \frac{2k}{\varsigma_1} + \frac{1}{2}\varepsilon_1^{*2} + 1 + 4[\psi_{i2}\circ\pi_1^{-1}(2D)]^2$。

接下来，为了镇定系统，设计虚拟控制律为

$$\alpha_1 = -\frac{3}{2}z_1 - k_1 z_1^{2\beta-1} - \frac{z_1^2\kappa_0(x_1^2)}{\gamma_0} - \frac{\varsigma_1\hat{\Theta}_1}{2}z_1 - n^2\sum_{i=1}^{n}\bar{\psi}_{i1}^2(y)y^2 - \hat{\theta}_1^{\mathrm{T}}\Phi_1(\hat{x}_1) + \delta_1\hat{q} \tag{8.36}$$

自适应参数 $\dot{\hat{\theta}}_1$ 和 $\dot{\hat{\Theta}}_1$ 分别为

$$\dot{\hat{\theta}}_1 = \gamma_1\Phi_1^{\mathrm{T}}(\hat{x}_1)z_1 - \varsigma_1\hat{\theta}_1 \tag{8.37}$$

$$\dot{\hat{\Theta}}_1 = \frac{1}{2}\bar{\gamma}_1\varsigma_1 z_1^2 - \bar{\varsigma}_1\hat{\Theta}_1 \tag{8.38}$$

调整函数 ζ_1 定义为

$$\zeta_1 = \delta_1 z_1 - \bar{\omega}\hat{q}_1 \tag{8.39}$$

其中，$k_1>0$，$\varsigma_1>0$，$\bar{\varsigma}_1>0$ 和 $\bar{\omega}>0$ 是设计参数。

由(8.35)式～(8.39)式可知

$$\dot{V}_{\omega 1} \leqslant -\lambda_1\|\bar{e}\|^2 - k_1 z_1^{2\beta} + z_1 z_2 + \frac{\varsigma_1\tilde{\theta}_1^{\mathrm{T}}\hat{\theta}_1}{\gamma_1} + \frac{\bar{\varsigma}_1\tilde{\Theta}_1\hat{\Theta}_1}{\bar{\gamma}_1} + \bar{\omega}\tilde{q}\hat{q} - \tilde{q}(\dot{\hat{q}} - \zeta_1) + \frac{1}{\gamma_0}(-\bar{a}r + b_0) + \|P\|^2\sum_{j=1}^{n}\tilde{\theta}_j^{\mathrm{T}}\tilde{\theta}_j k + \frac{1}{2}\chi_2^2 + \overline{\Upsilon}_1 \tag{8.40}$$

为了解决对虚拟控制律 α_1 反复求导导致的“复杂性爆炸”问题，将虚拟控制律 α_1 通过(8.26)式中定义的一阶滤波器 ω_2，其中，滤波器时间参数为 ξ_2，滤波器误差 χ_2 定义如下：

$$\dot{\omega}_2 = -\frac{\chi_2}{\xi_2} \tag{8.41}$$

其中，

$$\begin{aligned}\dot{\chi}_2 &= \dot{\omega}_2 - \dot{\alpha}_1\\ &= -\frac{\chi_2}{\xi_2} - \dot{\alpha}_1\\ &= -\frac{\chi_2}{\xi_2} + M_2(\cdot)\end{aligned} \tag{8.42}$$

在(8.42)式中，$M_2(\cdot)$是连续函数，其定义如下：

$$\begin{aligned}M_2(\cdot) &= M_2(z_1, z_2, \dot{\chi}_2, \hat{\theta}_1, \hat{\Theta}_1, y_d, \dot{y}_d, \ddot{y}_d)\\ &= -\left(\frac{\partial\alpha_1}{\partial\hat{x}_1}\dot{\hat{x}}_1 + \frac{\partial\alpha_1}{\partial z_1}\dot{z}_1 + \frac{\partial\alpha_1}{\partial\theta_1}\dot{\hat{\theta}}_1 + \frac{\partial\alpha_1}{\partial\hat{\Theta}_1}\dot{\hat{\Theta}}_1 + \frac{\partial\alpha_1}{\partial y_d}\dot{y}_d\right)\end{aligned} \tag{8.43}$$

进一步，对于任意 B_0 和 σ，紧集 $H_0:=\{(y_d,\dot{y}_d,\ddot{y}_d):(y_d)^2+(\dot{y}_d)^2+(\ddot{y}_d)^2\leqslant B_0\}\in\mathbf{R}^3$ 和紧集 $H_2:=\left\{\sum_{j=1}^{2}z_j^2+\gamma_1^{-1}\tilde{\theta}_1^{\mathrm{T}}\tilde{\theta}_1+\gamma_1^{-1}\tilde{\Theta}_1\tilde{\Theta}_1+\chi_2^2\leqslant 2\sigma\right\}\in\mathbf{R}^{N_1+3}$，其中，$N_1$ 是 $\tilde{\theta}_1^{\mathrm{T}}$ 的维数。由 Wang 和 Huang 的研究结果可知[13]，$M_2(\cdot)$存在一个最大值 B_2。于是

$$
\begin{aligned}
\chi_2\dot{\chi}_2 &= \chi_2(\dot{\omega}_2-\dot{\alpha}_1)\\
&= \chi_2\left(\frac{-\chi_2}{\xi_2}-\dot{\alpha}_1\right)\\
&= \chi_2\left(\frac{-\chi_2}{\xi_2}\right)+\chi_2 M_2(z_1,z_2,\dot{\chi}_2,\hat{\theta}_1,\hat{\Theta}_1,y_d,\dot{y}_d,\ddot{y}_d)\\
&\leqslant -\frac{1}{\xi_2}\chi_2^2+\frac{1}{2}\chi_2^2+\frac{1}{2}B_2^2
\end{aligned}
\tag{8.44}
$$

定义如下李雅普诺夫函数 V_1：

$$
V_1 = V_0+V_{\omega 1}+\frac{1}{2}\chi_2^2 \tag{8.45}
$$

对李雅普诺夫函数 V_1 求导，则有

$$
\begin{aligned}
\dot{V}_1 &= \dot{V}_0+\dot{V}_{\omega 1}+\chi_2\dot{\chi}_2\\
&\leqslant -\lambda_1\|\bar{e}\|^2-k_1 z_1^{2\beta}+z_1 z_2+\frac{\varsigma_1\tilde{\theta}_1^{\mathrm{T}}\hat{\theta}_1}{\gamma_1}+\frac{\bar{\varsigma}_1\tilde{\Theta}_1\hat{\Theta}_1}{\bar{\gamma}_1}+\tilde{\omega}_2\tilde{q}\hat{q}\\
&\quad -\tilde{q}(\dot{\hat{q}}-\zeta_1)+\frac{1}{\gamma_0}(-\bar{a}r+b_0)+\|P\|^2\sum_{i=1}^{n}\tilde{\theta}_i^{\mathrm{T}}\tilde{\theta}_i k+\left(1-\frac{1}{\xi_2}\right)\chi_2^2+\Upsilon_1
\end{aligned}
\tag{8.46}
$$

其中，$\Upsilon_1=\bar{\Upsilon}_1+\frac{1}{2}B_2^2$。

第 i 步（$2\leqslant i\leqslant n-1$）　基于 $z_{i+1}=\hat{x}_{i+1}-\omega_{i+1}$ 和 $\chi_{i+1}=\omega_{i+1}-\alpha_i$，根据(8.25)式～(8.27)式，$z_i$ 的时间导数计算如下：

$$
\begin{aligned}
\dot{z}_i &= \dot{\hat{x}}_i-\dot{\omega}_i\\
&= \hat{x}_{i+1}+\hat{\theta}_i^{\mathrm{T}}\Phi_i(\hat{x})+l_i q^*(x_1-\hat{x}_1)-\dot{\omega}_i\\
&= z_{i+1}+\chi_{i+1}+\alpha_i+l_i q^* e_1-\dot{\omega}_i-\tilde{\theta}_i^{\mathrm{T}}\Phi_i(\hat{x})+\tilde{\theta}_i^{\mathrm{T}}\Phi_i(\underline{\hat{x}}_i)\\
&\quad +\hat{\theta}_i^{\mathrm{T}}\Phi_i(\underline{\hat{x}}_i)-\theta_i^{*\mathrm{T}}\Phi_i(\underline{\hat{x}}_i)+\theta_i^{*\mathrm{T}}\Phi_i(\hat{x})
\end{aligned}
\tag{8.47}
$$

其中，$\underline{\hat{x}}_i=[\hat{x}_1,\hat{x}_2,\cdots,\hat{x}_i]$。

选择如下李雅普诺夫函数：

$$
V_{\omega i} = V_{i-1}+\frac{1}{2}z_i^2+\frac{1}{2\gamma_i}\tilde{\theta}_i^{\mathrm{T}}\tilde{\theta}_i+\frac{1}{2\bar{\gamma}_i}\tilde{\Theta}_i^2 \tag{8.48}
$$

其中,$\tilde{\Theta}_i = \Theta_i^* - \hat{\Theta}_i$ 是估计误差,$\hat{\Theta}_i$ 是对 $\|\theta_i^*\|^2$ 的估计。$\gamma_i>0$ 和 $\bar{\gamma}_i>0$ 是设计参数。

进一步,可以得到 $V_{\omega i}$ 的时间导数满足

$$\begin{aligned}\dot{V}_{\omega i} \leqslant & -\lambda_{i-1}\|\bar{e}\|^2 - \sum_{j=1}^{i-1} k_j z_j^{2\beta} + z_{i-1}z_i + \sum_{j=1}^{i-1}\frac{\varsigma_j\tilde{\theta}_j^{\mathrm{T}}\hat{\theta}_j}{\gamma_j} + \sum_{j=1}^{i-1}\frac{\bar{\varsigma}_j\tilde{\Theta}_j\hat{\Theta}_j}{\gamma_j} + \tilde{\omega}\tilde{q}\hat{q} \\ & + z_i(z_{i+1} + \chi_{i+1} + \alpha_i + l_i q^* e_1 - \dot{\omega}_i - \tilde{\theta}_i^{\mathrm{T}}\Phi_i(\hat{x}) + \tilde{\theta}_i^{\mathrm{T}}\Phi_i(\hat{\underline{x}}_i) - \theta_i^{*\mathrm{T}}\Phi_i(\hat{\underline{x}}_i) \\ & + \hat{\theta}_i^{\mathrm{T}}\Phi_i(\hat{\underline{x}}_i) + \theta_i^{*\mathrm{T}}\Phi_i(\hat{x})) - \frac{1}{\gamma_i}\tilde{\theta}_i^{\mathrm{T}}\dot{\hat{\theta}}_i - \frac{1}{\bar{\gamma}_i}\tilde{\Theta}_i\dot{\hat{\Theta}}_i - \tilde{q}(\dot{\hat{q}} - \zeta_i) + \sum_{j=2}^{i-1}\frac{\tilde{\theta}_j^{\mathrm{T}}\tilde{\theta}_j}{2} \\ & + \frac{1}{\gamma_0}(-\bar{a}r + b_0) + \|P\|^2\sum_{j=1}^{n}\tilde{\theta}_j^{\mathrm{T}}\tilde{\theta}_j k + \sum_{j=1}^{i-1}\left(1 - \frac{1}{\xi_{j+1}}\right)\chi_{j+1}^2 + \Upsilon_{i-1}\end{aligned} \tag{8.49}$$

根据杨不等式和神经网络的性质 $0<\Phi_i^{\mathrm{T}}(\hat{x})\Phi_i(\hat{x})\leqslant k$ 有

$$z_i\chi_{i+1} \leqslant \frac{1}{2}z_i^2 + \frac{1}{2}\chi_{i+1}^2 \tag{8.50}$$

$$z_i q^* l_i e_1 \leqslant \frac{z_i^2 l_i^2 q^*}{2\Gamma^2(r)} + \frac{1}{2}\|\bar{e}\|^2 \tag{8.51}$$

$$-z_i\tilde{\theta}_i^{\mathrm{T}}\Phi_i(\hat{x}) \leqslant \frac{1}{2}z_i^2 + \frac{1}{2}\tilde{\theta}_i^{\mathrm{T}}\tilde{\theta}_i k \tag{8.52}$$

$$z_i(\theta_i^{*\mathrm{T}}\Phi_i(\hat{x}) - \theta_i^{*\mathrm{T}}\Phi_i(\hat{\underline{x}}_i)) \leqslant \frac{\varsigma_i}{2}z_i^2\Theta_i^* + \frac{2k}{\varsigma_i} \tag{8.53}$$

其中,$\varsigma_i>0$ 是设计参数。

将(8.50)式～(8.53)式代入(8.49)式中,则有

$$\begin{aligned}\dot{V}_{\omega i} \leqslant & -\lambda_i\|\bar{e}\|^2 - \sum_{j=1}^{i-1} k_j z_j^{2\beta} + z_{i-1}z_i + \sum_{j=1}^{i-1}\frac{\varsigma_j\tilde{\theta}_j^{\mathrm{T}}\hat{\theta}_j}{\gamma_j} + \sum_{j=1}^{i-1}\frac{\bar{\varsigma}_j\tilde{\Theta}_j\hat{\Theta}_j}{\gamma_j} + \tilde{\omega}\tilde{q}\hat{q} \\ & + z_i\left(z_{i+1} + \chi_{i+1} + \alpha_i + \frac{\varsigma_i}{2}z_i\hat{\Theta}_i + \hat{\theta}_i^{\mathrm{T}}\Phi_i(\hat{\underline{x}}_i) + \delta_i\hat{q} - \dot{\omega}_i\right) - \tilde{q}(\dot{\hat{q}} - \varsigma_i) \\ & + \tilde{\theta}_i^{\mathrm{T}}\left(\Phi_i(\hat{\underline{x}}_i)z_i - \frac{1}{\gamma_i}\dot{\hat{\theta}}_i\right) + \tilde{\Theta}_i\left(\frac{\varsigma_i}{2}z_i^2 - \frac{1}{\bar{\gamma}_i}\dot{\hat{\Theta}}_i\right) + \sum_{j=1}^{i-1}\left(1 - \frac{1}{\xi_{j+1}}\right)\chi_{j+1}^2 + \frac{1}{2}\chi_{i+1}^2 \\ & + \frac{1}{\gamma_0}(-\bar{a}r + b_0) + \|P\|^2\sum_{j=1}^{n}\tilde{\theta}_j^{\mathrm{T}}\tilde{\theta}_j k + \sum_{j=2}^{i}\frac{\tilde{\theta}_j^{\mathrm{T}}\tilde{\theta}_j k}{2} + \frac{2k}{\varsigma_i} + \Upsilon_{i-1}\end{aligned} \tag{8.54}$$

其中,$\lambda_i = \lambda_{i-1} + \frac{1}{2}$ 且 $\delta_i = \frac{z_i l_i^2}{2\Gamma^2(r)}$。

接下来,设计虚拟控制律为

$$\alpha_i = -z_{i-1} - z_i - k_i z_i^{2\beta-1} - \frac{\varsigma_i}{2}z_i\hat{\Theta}_i - \hat{\theta}_i^{\mathrm{T}}\Phi_i(\hat{\underline{x}}_i) + \delta_i\hat{q} + \dot{\omega}_i \tag{8.55}$$

自适应参数 $\dot{\hat{\theta}}_i$ 和 $\dot{\hat{\Theta}}_i$ 分别为

$$\dot{\hat{\theta}}_i = \gamma_i \Phi_i^{\mathrm{T}}(\hat{\underline{x}}_i) z_i - \varsigma_i \hat{\theta}_i \tag{8.56}$$

$$\dot{\hat{\Theta}}_i = \frac{1}{2}\bar{\gamma}_i \varsigma_i z_i^2 - \bar{\varsigma}_i \hat{\Theta}_i \tag{8.57}$$

调整函数 ζ_i 定义为

$$\zeta_i = \zeta_{i-1} + \delta_i z_i \tag{8.58}$$

其中,$k_i>0$,$\varsigma_i>0$ 和$\bar{\varsigma}_i>0$ 是设计参数。

由(8.54)式~(8.58)式可知

$$\begin{aligned}\dot{V}_{\omega i} \leqslant & -\lambda_i \|\bar{e}\|^2 - \sum_{j=1}^{i} k_j z_j^{2\beta} + z_i z_{i+1} + \sum_{j=1}^{i} \frac{\varsigma_j \tilde{\theta}_j^{\mathrm{T}} \hat{\theta}_j}{\gamma_j} + \sum_{j=1}^{i} \frac{\bar{\varsigma}_j \tilde{\Theta}_j \hat{\Theta}_j}{\bar{\gamma}_j} + \tilde{\omega}\tilde{q}\hat{q} \\ & - \tilde{q}(\dot{\hat{q}} - \zeta_i) + \sum_{j=1}^{i-1}\left(1 - \frac{1}{\xi_{j+1}}\right)\chi_{j+1}^2 + \frac{1}{2}\chi_{i+1}^2 + \frac{1}{\gamma_0}(-\bar{a}r + b_0) \\ & + \|P\|^2 \sum_{j=1}^{n} \tilde{\theta}_j^{\mathrm{T}} \tilde{\theta}_j k + \sum_{j=2}^{i} \frac{\tilde{\theta}_j^{\mathrm{T}} \tilde{\theta}_j k}{2} + \frac{2k}{\varsigma_i} + \Upsilon_{i-1}\end{aligned} \tag{8.59}$$

与第 1 步类似,为了解决对虚拟控制律 α_i 反复求导导致的“复杂性爆炸”问题,将虚拟控制律 α_i 通过(8.26)式中定义的一阶滤波器 ω_{i+1},其中,滤波器时间参数为 ξ_{i+1},滤波器误差 χ_{i+1}定义如下:

$$\dot{\omega}_{i+1} = -\frac{\chi_{i+1}}{\xi_{i+1}} \tag{8.60}$$

其中,

$$\begin{aligned}\dot{\chi}_{i+1} &= \dot{\omega}_{i+1} - \dot{\alpha}_i \\ &= -\frac{\chi_{i+1}}{\xi_{i+1}} - \dot{\alpha}_i \\ &= -\frac{\chi_{i+1}}{\xi_{i+1}} + M_{i+1}(\cdot)\end{aligned} \tag{8.61}$$

在(8.61)式中,$M_{i+1}(\cdot)$是连续函数:

$$\begin{aligned}M_{i+1}(\cdot) &= M_{i+1}(z_1,\cdots,z_{i+1},\dot{\chi}_2,\cdots,\dot{\chi}_{i+1},\hat{\theta}_1,\cdots,\hat{\theta}_i,\hat{\Theta}_1,\cdots,\hat{\Theta}_i,y_d,\dot{y}_d,\ddot{y}_d) \\ &= -\left(\frac{\partial\alpha_i}{\partial\hat{\underline{x}}_i}\dot{\hat{\underline{x}}}_i + \frac{\partial\alpha_i}{\partial z_i}\dot{z}_i + \frac{\partial\alpha_i}{\partial\theta_i}\dot{\hat{\theta}}_i + \frac{\partial\alpha_i}{\partial\hat{\Theta}_i}\dot{\hat{\Theta}}_i + \frac{\partial\alpha_i}{\partial y_d}\dot{y}_d\right)\end{aligned} \tag{8.62}$$

进一步,对于任意 B_0 和 σ,紧集 $H_0:=\{(y_d,\dot{y}_d,\ddot{y}_d):(y_d)^2+(\dot{y}_d)^2+(\ddot{y}_d)^2\leqslant B_0\}\in\mathbf{R}^3$ 和紧集 $H_{i+1}:=\left\{\sum_{j=1}^{i+1} z_j^2 + \gamma_i^{-1}\tilde{\theta}_i^{\mathrm{T}}\tilde{\theta}_i + \gamma_i^{-1}\tilde{\Theta}_i\tilde{\Theta}_i + \chi_{i+1}^2 \leqslant 2\sigma\right\}\in\mathbf{R}^{N_i+3}$,其中,$N_i$ 是 $\tilde{\theta}_i^{\mathrm{T}}$ 的维数。由 Wang 和 Huang 的研究结果可知[13],$M_{i+1}(\cdot)$存在一个最大值 B_{i+1}。于是

$$\chi_{i+1}\dot{\chi}_{i+1} = \chi_{i+1}(\dot{\omega}_{i+1} - \dot{\alpha}_i)$$

$$
\begin{aligned}
&= \chi_{i+1}\left(\frac{-\chi_{i+1}}{\xi_{i+1}} - \dot{\alpha}_i\right) \\
&= \chi_{i+1}\left(\frac{-\chi_{i+1}}{\xi_{i+1}}\right) + \chi_{i+1}M_{i+1}(\cdot) \\
&\leqslant -\frac{1}{\xi_{i+1}}\chi_{i+1}^2 + \frac{1}{2}\chi_{i+1}^2 + \frac{1}{2}B_{i+1}^2
\end{aligned}
\tag{8.63}
$$

定义如下李雅普诺夫函数 V_i：

$$
V_i = V_{\omega i} + \frac{1}{2}\chi_{i+1}^2 \tag{8.64}
$$

对李雅普诺夫函数 V_i 求导，则有

$$
\begin{aligned}
\dot{V}_i &= \dot{V}_{\omega i} + \chi_{i+1}\dot{\chi}_{i+1} \\
&\leqslant -\lambda_i\|\bar{e}\|^2 - \sum_{j=1}^{i}k_j z_j^{2\beta} + z_i z_{i+1} + \sum_{j=1}^{i}\frac{\varsigma_j\tilde{\theta}_j^{\mathrm{T}}\hat{\theta}_j}{\gamma_j} + \sum_{j=1}^{i}\frac{\bar{\varsigma}_j\tilde{\Theta}_j\hat{\Theta}_j}{\bar{\gamma}_j} + \tilde{\omega}\tilde{q}\hat{q} \\
&\quad - \tilde{q}(\dot{\hat{q}} - \zeta_i) + \sum_{j=1}^{i}\left(1 - \frac{1}{\xi_{j+1}}\right)\chi_{j+1}^2 + \frac{1}{\gamma_0}(-\bar{a}r + b_0) + \Upsilon_i \\
&\quad + \|P\|^2\sum_{j=1}^{n}\tilde{\theta}_j^{\mathrm{T}}\tilde{\theta}_j k + \sum_{j=2}^{i}\frac{\tilde{\theta}_j^{\mathrm{T}}\tilde{\theta}_j k}{2}
\end{aligned}
\tag{8.65}
$$

其中，$\Upsilon_i = \Upsilon_{i-1} + \dfrac{2k}{\varsigma_i} + \dfrac{1}{2}B_{i+1}^2$。

第 n 步　在这一步，首先引入一个补偿信号 μ 用于解决输入时滞问题，补偿信号 μ 定义为

$$
\dot{\mu} = -h\mu + u(t) - u(t - \hat{\tau}(t)) \tag{8.66}
$$

接下来，重新定义误差信号 z_n：

$$
z_n = \hat{x}_n - \omega_n + \mu \tag{8.67}
$$

根据(8.66)式和(8.67)式，z_n 的时间导数计算如下：

$$
\begin{aligned}
\dot{z}_n &= \dot{\hat{x}}_n - \dot{\omega}_n + \dot{\mu} \\
&= u(t - \tau(t)) + \hat{\theta}_n^{\mathrm{T}}\Phi_n(\hat{x}) + l_n q^* e_1 - \dot{\omega}_n - h\mu - u(t - \hat{\tau}(t)) + u(t)
\end{aligned}
\tag{8.68}
$$

选择如下李雅普诺夫函数 V_n：

$$
V_n = V_{n-1} + \frac{1}{2}z_n^2 + \frac{1}{2}\mu^2 + \frac{1}{2\gamma_n}\tilde{\theta}_n^{\mathrm{T}}\tilde{\theta}_n + D_1 + D_2 + D_3 + D_4 \tag{8.69}
$$

其中，D_1，D_2，D_3 和 D_4 定义如下：

$$
D_1 = \frac{1}{2(1-\eta)}\int_{t-\tau(t)}^{t}\|u(s)\|^2\mathrm{d}s \tag{8.70}
$$

$$D_2 = \frac{1}{1-\eta}\int_{t-\tau(t)}^{t}\int_{\theta}^{t}\|u(s)\|^2\mathrm{d}s\mathrm{d}\theta \tag{8.71}$$

$$D_3 = \int_{t-\hat{\tau}}^{t}\|u(s)\|^2\mathrm{d}s \tag{8.72}$$

$$D_4 = 2\int_{t-\hat{\tau}}^{t}\int_{\theta}^{t}\|u(s)\|^2\mathrm{d}s\mathrm{d}\theta \tag{8.73}$$

D_1, D_2, D_3 和 D_4 的时间导数可以描述为

$$\dot{D}_1 = \frac{1}{2(1-\eta)}(\|u(t)\|^2 - \|u(t-\tau(t))\|^2(1-\dot{\tau}(t))) \tag{8.74}$$

$$\dot{D}_2 = \frac{1}{1-\eta}\left(\|u(t)\|^2\tau(t) - (1-\dot{\tau}(t))\int_{t-\tau(t)}^{t}\|u(s)\|^2\mathrm{d}s\right) \tag{8.75}$$

$$\dot{D}_3 = \|u(t)\|^2 - \|u(t-\hat{\tau})\|^2 \tag{8.76}$$

$$\dot{D}_4 = 2\left(\|u(s)\|^2\hat{\tau} - \int_{t-\hat{\tau}}^{t}\|u(s)\|^2\mathrm{d}s\right) \tag{8.77}$$

则 V_n 的时间导数满足

$$\begin{aligned}
\dot{V}_n = {} & \dot{V}_{n-1} + z_n\dot{z}_n + \mu\dot{\mu} + \frac{\tilde{\theta}_n^{\mathrm{T}}\dot{\tilde{\theta}}_n}{\gamma_n} + \dot{D}_1 + \dot{D}_2 + \dot{D}_3 + \dot{D}_4 \\
\leqslant {} & \dot{V}_{n-1} + z_n(u(t-\tau(t)) + \hat{\theta}_n^{\mathrm{T}}\Phi_n(\hat{x}) + l_n q^* e_1 - \dot{\omega}_n - h\mu + u(t) - u(t-\hat{\tau})) \\
& + \mu(-h\mu + u(t) - u(t-\hat{\tau})) - z_n\tilde{\theta}_n^{\mathrm{T}}\Phi_n(\hat{x}) + \tilde{\theta}_n^{\mathrm{T}}\left(\Phi_n(\hat{x}_n)z_n - \frac{1}{\gamma_n}\dot{\hat{\theta}}_n\right) \\
& + \left(\frac{1+2\tau(t)}{2(1-\eta)} + 2\hat{\tau} + 1\right)\|u(t)\|^2 - \int_{t-\tau(t)}^{t}\|u(s)\|^2\mathrm{d}s \\
& - 2\int_{t-\hat{\tau}}^{t}\|u(s)\|^2\mathrm{d}s - \|u(t-\hat{\tau})\|^2 - \frac{1}{2}\|u(t-\tau(t))\|^2
\end{aligned} \tag{8.78}$$

根据杨不等式和神经网络的性质 $0<\Phi_i^{\mathrm{T}}(\hat{x})\Phi_i(\hat{x})\leqslant k$ 有

$$z_n q^* l_n e_1 \leqslant \frac{z_n^2 l_n^2 q^*}{2\Gamma^2(r)} + \frac{1}{2}\|\bar{e}\|^2 \tag{8.79}$$

$$z_n(u(t-\tau(t)) - u(t-\hat{\tau})) \leqslant z_n^2 + \frac{1}{2}\|u(t-\tau(t))\|^2 + \frac{1}{2}\|u(t-\hat{\tau})\|^2 \tag{8.80}$$

$$\mu(u(t) - u(t-\hat{\tau})) \leqslant \mu^2 + \frac{1}{2}\|u(t)\|^2 + \frac{1}{2}\|u(t-\hat{\tau})\|^2 \tag{8.81}$$

$$z_n\tilde{\theta}_n^{\mathrm{T}}\Phi_n(\hat{x}) \leqslant \frac{1}{2}z_n^2 + \frac{1}{2}\tilde{\theta}_n^{\mathrm{T}}\tilde{\theta}_n k \tag{8.82}$$

进一步,可以得到

$$\int_{t-\tau(t)}^{t}\int_{\theta}^{t}\|u(s)\|^2\mathrm{d}s\mathrm{d}\theta \leqslant \tau(t)\int_{t-\tau(t)}^{t}\|u(s)\|^2\mathrm{d}s \tag{8.83}$$

将(8.79)式~(8.83)式代入(8.78)式中,则有

$$\begin{aligned}\dot{V}_n \leqslant & -\lambda_n \|\bar{e}\|^2 - \sum_{j=1}^{n-1} k_j z_j^{2\beta} + \sum_{j=1}^{n-1} \frac{\varsigma_j \tilde{\theta}_j^{\mathrm{T}} \hat{\theta}_j}{\gamma_j} + \sum_{j=1}^{n-1} \frac{\bar{\varsigma}_j \tilde{\Theta}_j \hat{\Theta}_j}{\bar{\gamma}_j} + \tilde{\omega} \tilde{q} \hat{q} \\ & + z_n \left(z_{n-1} + \frac{3}{2} z_n + \hat{\theta}_n^{\mathrm{T}} \Phi_n(\hat{x}_n) + \delta_n \hat{q} - \dot{\omega}_n - h\mu + u(t) \right) \\ & + \tilde{\theta}_n^{\mathrm{T}} \left(\Phi_n(\hat{x}_n) z_n - \frac{1}{\gamma_n} \dot{\hat{\theta}}_n \right) - \tilde{q}(\dot{\hat{q}} - \zeta_n) + \|P\|^2 \sum_{j=1}^{n} \tilde{\theta}_j^{\mathrm{T}} \tilde{\theta}_j k \\ & + \frac{1}{\gamma_0}(-\bar{a} r + b_0) + \sum_{j=1}^{n-1} \left(1 - \frac{1}{\xi_{j+1}}\right) \chi_{j+1}^2 - (h-1)\mu^2 \\ & - (1-\eta) D_1 - \frac{1}{2\hat{\tau}} D_2 - D_3 - \frac{1}{2\hat{\tau}} D_4 + \sum_{j=2}^{n} \frac{\tilde{\theta}_j^{\mathrm{T}} \tilde{\theta}_j k}{2} \\ & + \left(\frac{1+2\tau(t)}{2(1-\eta)} + 2\hat{\tau} + \frac{3}{2} \right) \| u(t) \|^2 + \Upsilon_n \end{aligned} \tag{8.84}$$

其中，$\lambda_n = \lambda_{n-1} + \dfrac{1}{2}$，$\delta_n = \dfrac{z_n^2 l_n^2}{2\Gamma^2(r)}$，$\Upsilon_n = \Upsilon_{n-1}$。

接下来，设计实际控制器为

$$u(t) = -z_{n-1} - \frac{3}{2} z_n - k_n z_n^{2\beta-1} - \hat{\theta}_n^{\mathrm{T}} \Phi_n(\hat{x}) + \delta_n \hat{q} + \dot{\omega}_n + h\mu \tag{8.85}$$

自适应参数 $\dot{\hat{\theta}}_i$ 和 $\dot{\hat{q}}$ 分别为

$$\dot{\hat{\theta}}_n = \gamma_n \Phi_n^{\mathrm{T}}(\hat{x}) z_n - \varsigma_n \hat{\theta}_n \tag{8.86}$$

$$\dot{\hat{q}} = \zeta_{n-1} - \delta_n z_n \tag{8.87}$$

其中，$k_n > 0$ 和$\varsigma_n > 0$ 是设计参数。

由(8.84)式～(8.87)式可知

$$\begin{aligned}\dot{V}_n \leqslant & -\lambda_n \|\bar{e}\|^2 - \sum_{j=1}^{n} k_j z_j^{2\beta} + \sum_{j=1}^{n} \frac{\varsigma_j \tilde{\theta}_j^{\mathrm{T}} \hat{\theta}_j}{\gamma_j} + \sum_{j=1}^{n-1} \frac{\bar{\varsigma}_j \tilde{\Theta}_j \hat{\Theta}_j}{\bar{\gamma}_j} + \tilde{\omega} \tilde{q} \hat{q} \\ & + \|P\|^2 \sum_{j=1}^{n} \tilde{\theta}_j^{\mathrm{T}} \tilde{\theta}_j k + \frac{1}{\gamma_0}(-\bar{a} r + b_0) + \sum_{j=1}^{n-1} \left(1 - \frac{1}{\xi_{j+1}}\right) \chi_{j+1}^2 \\ & - (h-1)\mu^2 - (1-\eta) D_1 - \frac{1}{2\hat{\tau}} D_2 - D_3 - \frac{1}{2\hat{\tau}} D_4 + \sum_{j=2}^{n} \frac{\tilde{\theta}_j^{\mathrm{T}} \tilde{\theta}_j k}{2} \\ & + \left(\frac{1+2\tau(t)}{2(1-\eta)} + 2\hat{\tau} + \frac{3}{2} \right) \| u(t) \|^2 + \Upsilon_n \end{aligned} \tag{8.88}$$

8.4 稳定性分析

定理 8.1 考虑具有未建模动态、未知时变输入时滞和系统状态不可测的非线性系统(8.1)式,在满足假设 8.1、假设 8.2 和假设 8.3 的条件下,对于初始值 $V(0)\leqslant H$,由虚拟控制律(8.36)式和(8.55)式($2\leqslant i\leqslant n-1$),实际控制器(8.85)式,自适应参数(8.37)式、(8.38)式、(8.56)式、(8.57)式、(8.86)式、(8.87)式以及调整函数(8.39)式和(8.58)式所组成的控制方案能够确保闭环系统所有信号有限时间内是有界的。

证明 首先,为了证明闭环系统的稳定性,选择如下李雅普诺夫函数 V:

$$V = V_n \tag{8.89}$$

根据 $\tilde{\theta}_j$,$\tilde{\Theta}_j$ 和 $\tilde{q}$ 的定义,利用 $\tilde{\theta}_j^{\mathrm{T}}\hat{\theta}_j\leqslant\frac{1}{2}\theta_j^{*\mathrm{T}}\theta_j^* - \frac{1}{2}\tilde{\theta}_j^{\mathrm{T}}\tilde{\theta}_j$,$\tilde{\Theta}_j\hat{\Theta}_j\leqslant\frac{1}{2}\Theta_j^{*2} - \frac{1}{2}\tilde{\Theta}_j^2$ 和 $\tilde{q}\hat{q}\leqslant\frac{1}{2}q^{*2} - \frac{1}{2}\tilde{q}^2$,处理 $\tilde{\theta}_j^{\mathrm{T}}\hat{\theta}_j$,$\tilde{\Theta}_j\hat{\Theta}_j$ 和 $\tilde{q}\hat{q}$,则 V 的导数满足

$$\begin{aligned}\dot{V}_n \leqslant & -\lambda_n\|\bar{e}\|^2 - \sum_{j=1}^{n}k_jz_j^{2\beta} - \left(\frac{\varsigma_1}{2\gamma_1} - \|P\|^2\right)\tilde{\theta}_1^{\mathrm{T}}\tilde{\theta}_1k - \sum_{j=1}^{n-1}\left(1 - \frac{1}{\xi_{j+1}}\right)\chi_{j+1}^2 \\ & - \sum_{j=2}^{n}\left(\frac{\varsigma_1}{2\gamma_1} - \frac{1}{2} - \|P\|^2\right)\tilde{\theta}_j^{\mathrm{T}}\tilde{\theta}_jk - \sum_{j=1}^{n-1}\frac{\bar{\varsigma}_j\tilde{\Theta}_j^2}{2\bar{\gamma}_j} - \frac{\tilde{\omega}\tilde{q}^2}{2} - \frac{\bar{a}r}{\gamma_0} - (h-1)\mu^2 \\ & - (1-\eta)D_1 - \frac{1}{2\hat{\tau}}D_2 - D_3 - \frac{1}{2\hat{\tau}}D_4 + \sum_{j=1}^{n}\frac{\varsigma_j\theta_j^{*\mathrm{T}}\theta_j^*}{2\gamma_j} + \sum_{j=1}^{n-1}\frac{\bar{\varsigma}_j\Theta_j^{*2}}{2\bar{\gamma}_j} \\ & + \frac{\tilde{\omega}q^{*2}}{2} + \left(\frac{1+2\tau(t)}{2(1-\eta)} + 2\hat{\tau} + \frac{3}{2}\right)\|u(t)\|^2 - \frac{b_0}{\gamma_0} + \Upsilon_n\end{aligned} \tag{8.90}$$

令

$$\lambda = \frac{\lambda_n}{\lambda_{\max}(P)} > 0 \tag{8.91}$$

$$\hat{\gamma}_1 = (\varsigma_1 - 2\gamma_1\|P\|^2)k > 0 \tag{8.92}$$

$$\hat{\gamma}_j = (\varsigma_j - \gamma_j - 2\gamma_j\|P\|^2)k > 0,\quad j = 2,3,\cdots,n \tag{8.93}$$

$$\hat{\xi}_{j+1} = \frac{1}{\xi_{j+1}} - 1 > 0,\quad j = 1,2,\cdots,n-1 \tag{8.94}$$

将(8.91)式~(8.94)式代入(8.90)式中,则有

$$\dot{V}_n\leqslant -\lambda\bar{e}^{\mathrm{T}}P\bar{e} - \sum_{j=1}^{n}k_jz_j^{2\beta} - \sum_{j=1}^{n}\frac{\hat{\gamma}_j\tilde{\theta}_j^{\mathrm{T}}\tilde{\theta}_j}{2\gamma_j} - \sum_{j=1}^{n-1}\frac{\bar{\varsigma}_j\tilde{\Theta}_j^2}{2\bar{\gamma}_j} - \sum_{j=1}^{n-1}\hat{\xi}_{j+1}\chi_{j+1}^2 - \frac{\tilde{\omega}\tilde{q}^2}{2}$$

$$
\begin{aligned}
&-\frac{\bar{a}r}{\gamma_0}-(h-1)\mu^2-(1-\eta)D_1-\frac{1}{2\hat{\tau}}D_2-D_3-\frac{1}{2\hat{\tau}}D_4+\sum_{j=1}^{n}\frac{\varsigma_j\theta_j^{*\mathrm{T}}\theta_j^*}{2\gamma_j}\\
&+\sum_{j=1}^{n-1}\frac{\bar{\varsigma}_j\widetilde{\Theta}_j^{*2}}{2\bar{\gamma}_j}+\frac{\tilde{\omega}q^{*2}}{2}+\left(\frac{1+2\tau(t)}{2(1-\eta)}+2\hat{\tau}+\frac{3}{2}\right)\|u(t)\|^2-\frac{b_0}{\gamma_0}+\Upsilon_n\\
\leqslant&-c\bar{e}^{\mathrm{T}}P\bar{e}-c\sum_{j=1}^{n}z_j^{2\beta}-c\sum_{j=1}^{n}\frac{\widetilde{\theta}_j^{\mathrm{T}}\widetilde{\theta}_j}{2\gamma_j}-c\sum_{j=1}^{n-1}\frac{\widetilde{\Theta}_j^2}{2\bar{\gamma}_j}-c\sum_{j=1}^{n-1}\frac{1}{2}\chi_{j+1}^2-c\frac{\tilde{\omega}\widetilde{q}^2}{2}\\
&-c\frac{r}{\gamma_0}-c\mu^2-cD_1-cD_2-cD_3-cD_4+\sum_{j=1}^{n}\frac{\varsigma_j\theta_j^{*\mathrm{T}}\theta_j^*}{2\gamma_j}\\
&+\sum_{j=1}^{n-1}\frac{\bar{\varsigma}_j\widetilde{\Theta}_j^{*2}}{2\bar{\gamma}_j}+\frac{\tilde{\omega}q^{*2}}{2}+\left(\frac{1+2\tau(t)}{2(1-\eta)}+2\hat{\tau}+\frac{3}{2}\right)\|u(t)\|^2-\frac{b_0}{\gamma_0}+\Upsilon_n
\end{aligned}
\tag{8.95}
$$

其中,$c=\min\left\{\lambda,c_1,c_2,\tilde{\omega},\bar{a},2(h-1),1-\eta,\frac{1}{2\hat{\tau}}\right\}$,$c_1=\min\{2k_j,\hat{\gamma}_j:1\leqslant j\leqslant n\}$,$c_2=\min\{\bar{\varsigma}_j,2\hat{\xi}_{j+1}:1\leqslant j\leqslant n-1\}$。

根据引理2.5,有下面不等式成立:

$$(\bar{e}^{\mathrm{T}}P\bar{e})^{\beta}\leqslant\bar{e}^{\mathrm{T}}P\bar{e}+(1-\beta)\beta^{\frac{\beta}{1-\beta}}\tag{8.96}$$

$$\left(\sum_{j=1}^{n}\frac{\widetilde{\theta}_j^{\mathrm{T}}\widetilde{\theta}_j}{2\gamma_j}\right)^{\beta}\leqslant\sum_{j=1}^{n}\frac{\widetilde{\theta}_j^{\mathrm{T}}\widetilde{\theta}_j}{2\gamma_j}+(1-\beta)\beta^{\frac{\beta}{1-\beta}}\tag{8.97}$$

$$\left(\sum_{j=1}^{n-1}\frac{\widetilde{\Theta}_j^2}{2\bar{\gamma}_j}\right)^{\beta}\leqslant\sum_{j=1}^{n-1}\frac{\widetilde{\Theta}_j^2}{2\bar{\gamma}_j}+(1-\beta)\beta^{\frac{\beta}{1-\beta}}\tag{8.98}$$

$$\left(\sum_{j=1}^{n-1}\frac{1}{2}\chi_{j+1}^2\right)^{\beta}\leqslant\sum_{j=1}^{n-1}\frac{1}{2}\chi_{j+1}^2+(1-\beta)\beta^{\frac{\beta}{1-\beta}}\tag{8.99}$$

$$\left(\frac{\widetilde{q}^2}{2}\right)^{\beta}\leqslant\frac{\widetilde{q}^2}{2}+(1-\beta)\beta^{\frac{\beta}{1-\beta}}\tag{8.100}$$

$$\left(\frac{\mu^2}{2}\right)^{\beta}\leqslant\frac{\mu^2}{2}+(1-\beta)\beta^{\frac{\beta}{1-\beta}}\tag{8.101}$$

$$D_i^{\beta}\leqslant D_i+(1-\beta)\beta^{\frac{\beta}{1-\beta}},\quad i=1,2,3,4\tag{8.102}$$

将(8.96)式~(8.102)式代入(8.95)式中,则有

$$
\begin{aligned}
\dot{V}\leqslant&-c(\bar{e}^{\mathrm{T}}P\bar{e})^{\beta}-c\left(\sum_{j=1}^{n}z_j^2\right)^{\beta}-c\left(\sum_{j=1}^{n}\frac{\bar{\theta}_j^{\mathrm{T}}\bar{\theta}_j}{2\gamma_j}\right)^{\beta}-c\left(\sum_{j=1}^{n-1}\frac{\bar{\Theta}_j^2}{2\bar{\gamma}_j}\right)^{\beta}\\
&-c\left(\sum_{j=1}^{n-1}\frac{1}{2}\chi_{j+1}^2\right)^{\beta}-c\left(\frac{\widetilde{q}^2}{2}\right)^{\beta}-c\left(\frac{r}{\gamma_0}\right)^{\beta}-c\left(\frac{\mu^2}{2}\right)^{\beta}-cD_1^{\beta}
\end{aligned}
$$

$$
\begin{aligned}
&-cD_2^\beta-cD_3^\beta-cD_4^\beta+\sum_{j=1}^{n}\frac{\varsigma_j\theta_j^{*\mathrm{T}}\theta_j^*}{2\gamma_j}+\sum_{j=1}^{n-1}\frac{\bar{\varsigma}_j\widetilde{\Theta}_j^{*2}}{2\bar{\gamma}_j}+\frac{\tilde{\omega}q^{*2}}{2}\\
&+\left(\frac{1+2\tau(t)}{2(1-\eta)}+2\hat{\tau}+\frac{3}{2}\right)\|u(t)\|^2-\frac{b_0}{\gamma_0}+\Upsilon_n+11(1-\beta)\beta^{\frac{\beta}{1-\beta}}\\
\leqslant&-cV^\beta+\sum_{j=1}^{n}\frac{\varsigma_j\theta_j^{*\mathrm{T}}\theta_j^*}{2\gamma_j}+\sum_{j=1}^{n-1}\frac{\bar{\varsigma}_j\widetilde{\Theta}_j^{*2}}{2\bar{\gamma}_j}+\frac{\tilde{\omega}q^{*2}}{2}-\frac{b_0}{\gamma_0}+\Upsilon_n\\
&+\left(\frac{1+2\tau(t)}{2(1-\eta)}+2\hat{\tau}+\frac{3}{2}\right)\|u(t)\|^2+11(1-\beta)\beta^{\frac{\beta}{1-\beta}}
\end{aligned}
\tag{8.103}
$$

如果 $V(t)<H$,则误差信号 $z_i(t),\tilde{\theta}_i(t),\bar{e}_i(t),\widetilde{\Theta}_i(t),\chi_{i+1}(t)$和 $\tilde{q}(t)$,动态信号 $r(t)$和补偿信号 $\mu(t)$有界。此外,容易证明 $\hat{\theta}_i(t),\hat{\Theta}_i(t),q(t),e_i(t)$有界。进一步可知 α_i 和$u(t)$有界。因此,$V(t)$满足

$$
\dot{V}(t)<-cV^\beta(t)+d \tag{8.104}
$$

其中,

$$
\begin{aligned}
d=&\sum_{j=1}^{n}\frac{\varsigma_j\theta_j^{*\mathrm{T}}\theta_j^*}{2\gamma_j}+\sum_{j=1}^{n-1}\frac{\bar{\varsigma}_j\Theta_j^{*2}}{2\bar{\gamma}_j}+\frac{\tilde{\omega}q^{*2}}{2}-\frac{b_0}{\gamma_0}+\Upsilon_n\\
&+\left(\frac{1+2\tau(t)}{2(1-\eta)}+\frac{3}{2}+2\hat{\tau}\right)u_{\max}+11(1-\beta)\beta^{\frac{\beta}{1-\beta}}
\end{aligned}
$$

且 $u_{\max}$表示$\|u(t)\|^2$的上界。

根据引理 8.2,闭环系统的轨迹将在有限时间 T_{R} 内收敛于 $V^\beta(t)\leqslant\frac{d}{(1-\rho)c}$ 内,且 T_{R} 计算如下:

$$
T_{\mathrm{R}}=\left(\frac{1}{(1-\beta)c\rho}\right)\left[V^{1-\beta}(0)-\left(\frac{1}{(1-\rho)c}\right)^{\frac{1-\beta}{\beta}}\right] \tag{8.105}
$$

其中,$V(0)$表示 $V(t)$的初值。

如果 $V(t)=H$,由于 $z_i(t),\tilde{\theta}_i(t),\bar{e}_i(t),\widetilde{\Theta}_i(t),\chi_{i+1}(t)$和 $\tilde{q}(t)$有界,故有 $\dot{V}(t)<-cV^\beta(t)+d$,并且

$$
\begin{aligned}
d=&\sum_{j=1}^{n}\frac{\varsigma_j\theta_j^{*\mathrm{T}}\theta_j^*}{2\gamma_j}+\sum_{j=1}^{n-1}\frac{\bar{\varsigma}_j\Theta_j^{*2}}{2\bar{\gamma}_j}+\left(\frac{1+2\tau(t)}{2(1-\eta)}+\frac{3}{2}+2\hat{\tau}\right)u_{\max}\\
&+\frac{\tilde{\omega}q^{*2}}{2}-\frac{b_0}{\gamma_0}+\Upsilon_n+11(1-\beta)\beta^{\frac{\beta}{1-\beta}}
\end{aligned}
\tag{8.106}
$$

如果选择 $c>\frac{d}{H^\beta}$,则有 $\dot{V}(t)<0$,此时系统轨迹仍然在 H 内,即对于任意的 $t\geqslant0$ 和 $V(0)\leqslant H$,有 $V(t)\leqslant H$。因此,不等式(8.104)所有信号将在有限时间内收敛于 $V^\beta(t)\leqslant\frac{d}{(1-\rho)c}$内。

由上面的分析可知,对于任意的 $t \geqslant 0$ 和 $V(0) \leqslant H$,闭环系统所有信号在有限时间内均稳定。

8.5 实验仿真

例 8.1 考虑如下带有电动机的机械臂系统动力学模型:

$$\begin{cases} D\ddot{q} + B\dot{q} + N\sin(q) = I + I_{\mathrm{d}} \\ M\dot{I} + JI = -K_m\dot{q} + V \\ y = q \end{cases} \tag{8.107}$$

其中,q 表示角位置,$\dot{q}$ 表示角速度,$\ddot{q}$ 表示角加速度,I 表示电气子系统产生的扭矩,V 表示机电扭矩系统的输入端,$I_{\mathrm{d}} = \sin(\dot{q})\cos(I)$表示扭矩扰动。系统参数设置为 $D = 1\ \mathrm{kg \cdot m^2}$,$B = 1\ \mathrm{N \cdot m \cdot s/rad}$,$N = 10\ \mathrm{N \cdot m}$,$M = 0.3\ \mathrm{H}$,$J = 1.0\ \Omega$,$K_m = 2\ \mathrm{N \cdot m/A}$。

假设系统存在时变输入时滞和未建模动态的扰动,令 $x_1 = q$,$x_2 = \dot{q}$,$x_3 = I/D$,$u(t-\tau) = V(t-\tau)$,则(8.107)式可以重写为

$$\begin{cases} \dot{z} = -2z + 0.25x_1^2 \\ \dot{x}_1 = x_2 + \Delta_1 \\ \dot{x}_2 = x_3 - \dfrac{N}{D}\sin(x_1) - \dfrac{B}{D}\sin(x_2)\cos(Dx_3) + \Delta_2 \\ \dot{x}_3 = -\dfrac{K_m}{MD}x_2 - \dfrac{J}{MD}x_3 + u(t-\tau) + \Delta_3 \\ y = x_1 \end{cases} \tag{8.108}$$

其中,$\Delta_1 = z^2 x_1 \sin(x_1)$,$\Delta_2 = z^2 x_1 x_2$,$\Delta_3 = z x_1 x_2 x_3$,$\tau(t) = (0.4 + 0.1\sin(t))$ s。

控制目标　设计一个有限时间自适应神经控制器使闭环系统所有信号在有限时间内稳定。

对于 $i = 1,2,3$,令 $\psi_{i1} = y$,$\psi_{i2} = z^2$,则假设 8.1 成立。选择 $V(z) = z^2$,则有 $\dot{V}(z) = -z^2 + 0.5z_1x_1^2 \leqslant -1.5z^2 + 2.5x_1^4 + 0.625$。令 $a = 1.5$,$\kappa(|x|) = 2.5x_1^4$,$b_0 = 0.625$,$\pi_1 = 0.5z^2$ 和 $\pi_2 = 1.5z^2$,则假设 8.2 成立。

选择 $\bar{a} = 1.2 \in (0, a)$,根据引理 8.1,动态信号设计为

$$\dot{r} < -1.2r + 2.5x_1^4 + 0.625 \tag{8.109}$$

虚拟控制律 α_1,α_2 和实际控制器 u 设计为

$$\begin{aligned}\alpha_1 =& -\frac{3}{2}z_1 - k_1 z_1^{2\beta-1} - \frac{z_1^2\kappa_0(x_1^2)}{\gamma_0} - \frac{\varsigma_1\hat{\Theta}_1}{2}z_1 \\ & - n^2\sum_{i=1}^{n}\bar{\psi}_{i1}^2(y)y^2 - \hat{\theta}_1^{\mathrm{T}}\Phi_1(\hat{\underline{x}}_1) + \delta_1\hat{q}\end{aligned} \tag{8.110}$$

$$\alpha_2 = -z_1 - z_2 - k_2 z_2^{2\beta-1} - \frac{\varsigma_2}{2}z_2\hat{\Theta}_2 - \hat{\theta}_2^{\mathrm{T}}\Phi_2(\hat{\underline{x}}_2) + \delta_2\hat{q} + \dot{\omega}_2 \tag{8.111}$$

$$u(t) = -z_2 - \frac{3}{2}z_3 - k_3 z_3^{2\beta-1} - \hat{\theta}_3^{\mathrm{T}}\Phi_3(\hat{x}) + \delta_3\hat{q} + \dot{\omega}_3 + h\mu \tag{8.112}$$

自适应参数 $\dot{\hat{\theta}}_i,\dot{\hat{\Theta}}_i$ 和 $\dot{\hat{q}}$ 分别为

$$\dot{\hat{\theta}}_i = \gamma_i\Phi_i^{\mathrm{T}}(\hat{\underline{x}}_i)z_i - \varsigma_i\hat{\theta}_i,\quad i = 1,2,3 \tag{8.113}$$

$$\dot{\hat{\Theta}}_i = \frac{1}{2}\bar{\gamma}_i\varsigma_i z_i^2 - \bar{\varsigma}_i\hat{\Theta}_i,\quad i = 1,2 \tag{8.114}$$

$$\dot{\hat{q}} = \zeta_2 - \delta_3 z_3 \tag{8.115}$$

调整函数 ζ_1 和 ζ_2 分别定义为

$$\zeta_1 = \delta_1 z_1 - \bar{\omega}\hat{q}_1 \tag{8.116}$$

$$\zeta_2 = \zeta_1 + \delta_2 z_2 \tag{8.117}$$

在仿真过程中，$l_1=80,l_2=2,l_3=2$。选择 $Q=\boldsymbol{I}$，则有

$$P = \begin{bmatrix} 0.1361 & 10.3861 & 0.2500 \\ 10.3861 & 830.908 & 20.2722 \\ 0.2500 & 20.2722 & 21.2722 \end{bmatrix}$$

系统初值 $x(0)=[0.7,0.6,-0.6]$，$\hat{x}(0)=[0,0,0]$，$\hat{\theta}_1(0)=\hat{\theta}_2(0)=\hat{\theta}_3(0)=0$，$\hat{\Theta}_1(0)=\hat{\Theta}_2(0)=0$，$r(0)=0$，$\mu(0)=0$，$\omega_2(0)=\omega_3(0)=0$，$\hat{q}(0)=0$，$z(0)=0.5$。其他设计参数设置为 $k_1=15,k_2=10,k_3=15,\gamma_1=3,\gamma_2=1,\gamma_3=3,\bar{\gamma}_1=\bar{\gamma}_2=\bar{\gamma}_3=3,\gamma_0=2,\varsigma_1=2,\varsigma_2=4,\varsigma_3=3,\bar{\varsigma}_1=2;\bar{\varsigma}_2=4,\bar{\varsigma}_3=3,\bar{\omega}=100,\xi_1=2,\xi_2=0.2,h=4,\beta=0.85,\hat{\tau}=0.5$。仿真结果如图 8.1～图 8.6 所示。

图 8.1、图 8.2 和图 8.3 分别给出了 $x_1,\hat{x}_1,x_2,\hat{x}_2,x_3$ 和 $\hat{x}_3$ 的运动轨迹。由图 8.1～图 8.3 中的仿真结果可知，在时变输入时滞和未建模动态的扰动下，用本方法设计的观测器可以有效估计系统的状态，并且使闭环系统信号有限时间内渐近稳定。

图 8.4 给出了补偿信号 μ 的运动轨迹。由图 8.4 中的仿真结果可以观测到，补偿信号 μ 在有限时间内稳定。

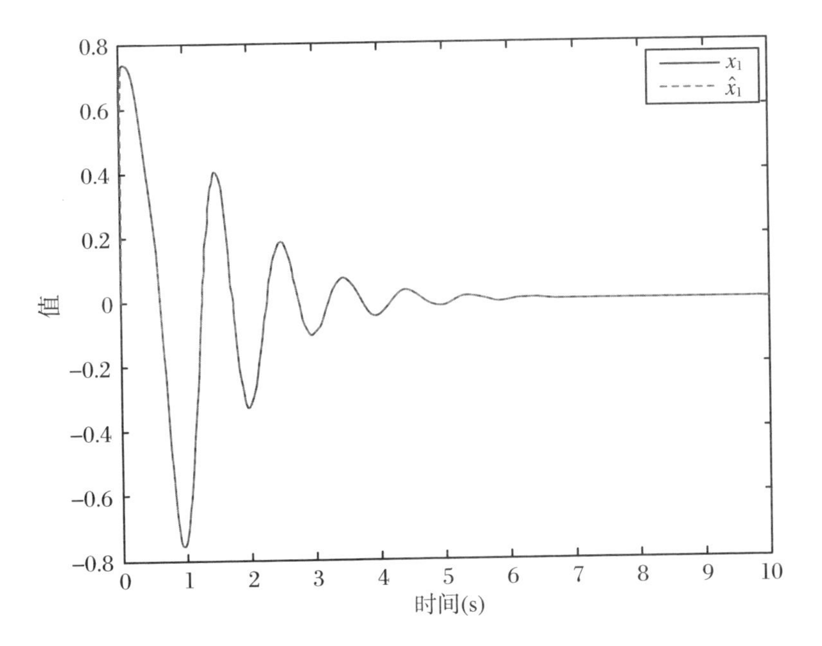

图 8.1　x_1 和 $\hat{x}_1$ 的运动轨迹

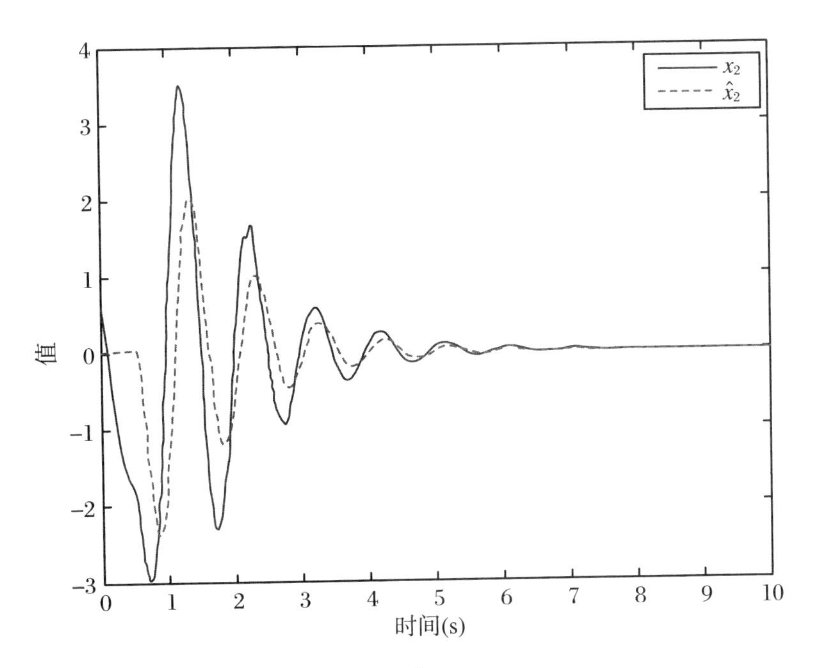

图 8.2　x_2 和 $\hat{x}_2$ 的运动轨迹

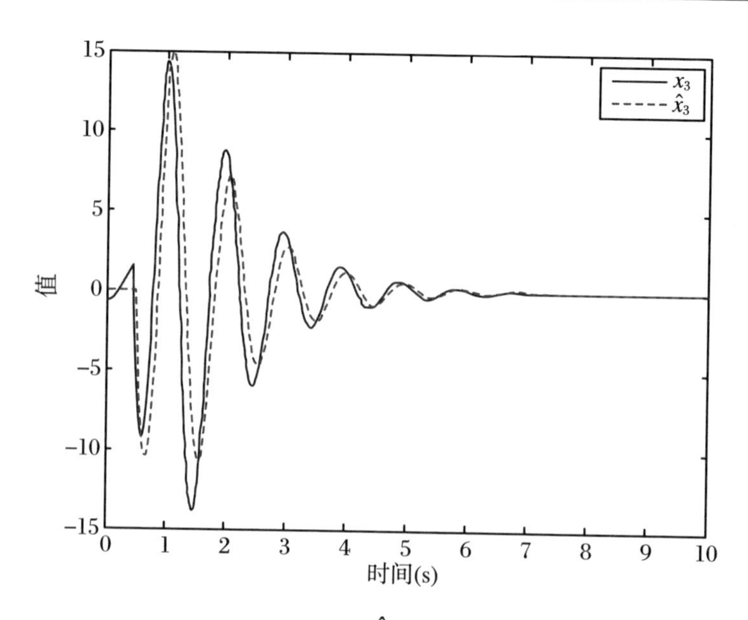

图 8.3 x_3 和 $\hat{x}_3$ 的运动轨迹

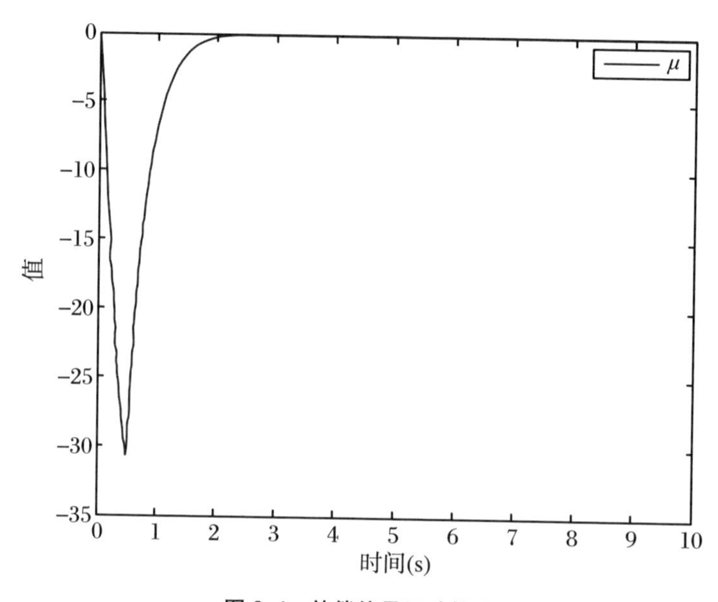

图 8.4 补偿信号运动轨迹

图 8.5 给出了未建模动态信号 z 的运动轨迹。由图 8.5 中的仿真结果可知，未建模动态信号 z 有界。这表明在设计控制器过程中通过引入动态信号测量可以有效抑制未建模动态信号 z。

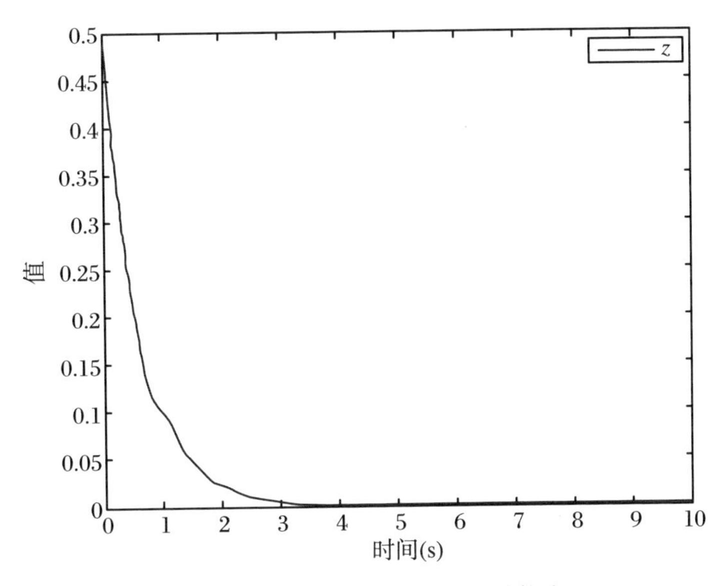

图 8.5　未建模动态信号 z 的运动轨迹

图 8.6 给出了控制输入信号 $u(t-\tau(t))$和 $u(t)$的运动轨迹。由图 8.6 中的仿真结果可知,控制信号有界。

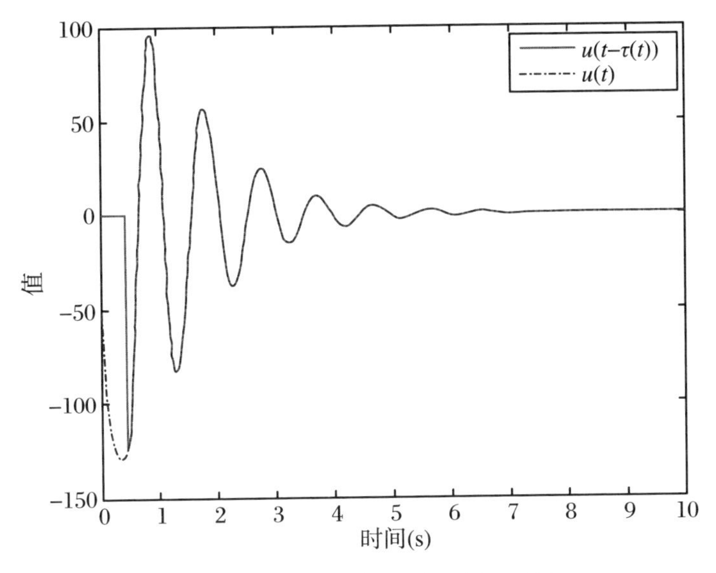

图 8.6　$u(t-\tau(t))$和 $u(t)$的运动轨迹

由图 8.1～图 8.6 中的仿真结果可知,当系统状态不可测,并且系统中存在未建模动态和时变输入时滞时,本章提出的控制器可以有效镇定系统,并且保证闭环系统所有信号在有限时间内有界。

小　结

本章在系统状态不可测的情况下，研究一类具有未知时变输入时滞和未建模动态的非严格反馈不确定非线性系统的输出反馈控制器设计问题。首先，构造状态观测器对系统不可测的状态进行估计，利用神经网络对系统未知的非线性函数进行辨识，并解决非严格反馈系统在基于 Backstepping 设计过程中存在的代数环问题。然后，针对系统中未建模动态引入动态信号函数，利用动态信号控制系统中的动态不确定性。接下来，为了降低系统计算复杂度，在基于 Backstepping 设计过程中引入动态面控制技术。针对未知时变输入时滞，引入新的补偿信号解决系统未知输入时滞问题，从而降低具有输入时滞的不确定非线性系统控制器设计的保守性。最后，给出基于神经网络的有限时间控制设计方案。

参考文献

[1] Lan J, Liu Y J, Liu L, et al. Adaptive output feedback tracking control for a class of nonlinear time-varying state constrained systems with fuzzy dead-zone input[J]. IEEE Transactions on Fuzzy Systems, 2020, 29(7): 1841-1852.

[2] Sui S, Tong S, Li Y. Observer-based adaptive fuzzy decentralized control for stochastic large-scale nonlinear systems with unknown dead-zones[J]. Information Sciences, 2014, 259: 71-86.

[3] Bi W, Wang T. Adaptive fuzzy decentralized control for nonstrict feedback nonlinear systems with unmodeled dynamics[J]. IEEE Transactions on Systems, Man, and Cybernetics: Systems, 2020, 52(1): 275-286.

[4] Jiang Z P, Praly L. Preliminary results about robust lagrange stability in adaptive nonlinear regulation[J]. International Journal of Adaptive Control and Signal Processing, 1992, 6(4): 285-307.

[5] Jiang Z P. Robust adaptive nonlinear control: a preliminary small-gain approach[C]// Proceedings of the European Control Conference, Italy. 1995: 666-670.

[6] Jiang Z P, Laurent P. Design of robust adaptive controllers for nonlinear systems with dynamic uncertainties [J]. Automatica, 1998, 34(7): 825-840.

[7] Liu Y S, Li X Y. Robust adaptive control of nonlinear systems represented by input-output mondels [J]. IEEE Trans, on Automatic Control, 2003, 48(6): 1041-1045.

[8] Liu Y S, Li X Y. Decentralized robust adaptive control of nonlinear systems with unmodeled dynamics [J]. IEEE Trans, on Automatic Control, 2002, 47(5): 848-856.

[9] Li Y, Tong S, Liu Y, et al. Adaptive fuzzy robust output feedback control of nonlinear systems with unknown dead zones based on a small-gain approach [J]. IEEE Transactions on Fuzzy Systems, 2013, 22(1): 164-176.

[10] Sui S, Chen C L P, Tong S. Event-trigger-based finite-time fuzzy adaptive control for stochastic nonlinear system with unmodeled dynamics[J]. IEEE Transactions on Fuzzy Systems, 2020, 29(7): 1914-1926.

[11] Wang L, Li H, Zhou Q, et al. Adaptive fuzzy control for nonstrict feedback systems with unmodeled dynamics and fuzzy dead zone via output feedback[J]. IEEE Transactions on Cybernetics, 2017, 47(9): 2400-2412.

[12] Obuz S, Klotz J R, Kamalapurkar R, et al. Unknown time-varying input delay compensation for uncertain nonlinear systems[J]. Automatica, 2017, 76: 222-229.

[13] Wang D, Huang J. Neural network-based adaptive dynamic surface control for a class of uncertain nonlinear systems in strict-feedback form[J]. IEEE Transactions on Neural Networks, 2005, 16(1): 195-202.